普通高等院校机电工程类规划教材

# 机电一体化系统

王 丰 王志军 杨 杰 贺 静 编著

清华大学出版社

北京

## 内 容 简 介

本书以机电一体化系统基本组成要素为主线展开编写，共分为 7 章，主要包括绪论、机械系统、伺服系统、传感检测系统、计算机控制系统、机电一体化系统中的接口、典型机电一体化系统（足球机器人、模糊控制全自动洗衣机、自动驾驶汽车、自助柜员机、三坐标测量机、3D 打印机）。书后附有实用技术资料，涉及机械传动机构（滚珠丝杠副、谐波齿轮传动、同步带）、伺服系统（交流伺服系统、电液伺服阀）、传感器和控制器（单片机、PLC）等。

本书可作为高等院校机械设计制造及其自动化专业和机电工程专业教材，也可供从事机电一体化技术工作的工程技术人员参考。

**图书在版编目（CIP）数据**

机电一体化系统/王丰等编著.—北京：清华大学出版社，2017（2024.2重印）
（普通高等院校机电工程类规划教材）
ISBN 978-7-302-48643-5

Ⅰ．①机…　Ⅱ．①王…　Ⅲ．①机电一体化－高等学校－教材　Ⅳ．①TH-39

中国版本图书馆 CIP 数据核字(2017)第 260240 号

责任编辑：许　龙　刘远星
封面设计：傅瑞学
责任校对：刘玉霞
责任印制：曹婉颖

出版发行：清华大学出版社
　　　网　　　址：https://www.tup.com.cn，https://www.wqxuetang.com
　　　地　　　址：北京清华大学学研大厦 A 座　　　　　　邮　　编：100084
　　　社　总　机：010-83470000　　　　　　　　　　　　邮　　购：010-62786544
　　　投稿与读者服务：010-62776969，c-service@tup.tsinghua.edu.cn
　　　质量反馈：010-62772015，zhiliang@tup.tsinghua.edu.cn
印　装　者：天津鑫丰华印务有限公司
经　　　销：全国新华书店
开　　　本：185mm×260mm　　印　张：18.25　　　　字　　数：440 千字
版　　　次：2017 年 12 月第 1 版　　　　　　　　　　　印　　次：2024 年 2 月第 6 次印刷
定　　　价：55.00 元

产品编号：069981-02

# 前　言

作为一门新兴交叉学科,机电一体化打破了以往传统学科的划分,将精密机械技术、检测传感技术、伺服驱动技术、自动控制技术、信息处理技术、计算机技术和系统总体技术等多种技术有机结合为一体。随着机电一体化的产生和迅速发展,全球范围内掀起机电一体化的热潮,而机电一体化也越来越显示出强大的威力,使得粗笨的传统机械产品向轻薄小巧智能化的机电一体化产品方向发展。要想彻底改变目前我国机械工业的面貌,缩短与国外先进国家的差距,大力发展机电一体化是必由之路。作为培养人才的摇篮,目前许多高等院校的机电类专业普遍开设了机电一体化方面的相关课程,以适应社会对机电一体化复合人才的需求。本书希望机械设计制造及其自动化和机电工程等专业的高校学子及相关工程技术人员、研究人员能够从系统、整体的层面上了解并掌握机电一体化的实质,进而真正灵活地运用相关技术进行机电一体化系统(产品)的分析、设计及开发。

本书以机电一体化系统组成为主线,系统介绍了机电一体化基本组成要素及其控制策略,并以6个典型产品为例介绍了机电一体化系统在机械工业和社会生活中的应用,从而使读者对机电一体化有系统、清晰、全面的了解和掌握。机电一体化所涉及的学科知识非常广泛,本书在内容安排上尽量避免与有关课程的交叉和重叠,而是着重体现"电为机用,机电结合"的特色。机电一体化也是有着旺盛生命力的学科,新技术、新产品不断涌现,本书力求引入近年来机电一体化领域先进的发展成果,对新型执行元件、电液伺服系统、机器视觉、智能传感器、微型传感器、智能控制算法等进行了详细介绍。

全书共分7章,主要包括:第1章绪论,第2章机械系统,第3章伺服系统,第4章传感检测系统,第5章计算机控制系统,第6章机电一体化系统中的接口,第7章典型机电一体化系统。书后附录提供了一些对于教学和工程实践都十分实用且经过作者细心甄选的技术资料,包括日本 THK 滚珠丝杠副、日本哈默纳科谐波齿轮传动、盖奇同步带、德国西门子伺服系统、美国 MOOG 电液伺服阀、德国 TURCK 传感器、美国英特尔 MCS-51 单片机和德国西门子 S7-200 系列 PLC 等。

参加本书编著工作的有王丰、王志军、杨杰、贺静,全书由王丰统稿和定稿。除第1章由杨杰、第7章由王志军和贺静共同编著外,其余均由王丰完成。此外,研究生唐宇轩为本书的文字录入、图表制改、资料整理付出了许多努力。

在编写过程中,作者参阅了大量相关教材、技术手册和科技文献,书中部分技术资料来源于互联网,作者在此对其作者一并表示衷心的感谢。由于机电一体化涉及的学科较多,限于作者的水平和经验,书中难免存在疏漏之处,恳请读者和专家提出宝贵意见。

作　者

2017 年 5 月

# 目　录

# 第1章 绪 论

## 1.1 机电一体化系统的基本概念及其应用

### 1.1.1 机电一体化的含义及主要内容

机电一体化是以大规模集成电路(LSI)和微型电子计算机为代表的微电子技术向机械工业渗透过程中逐渐形成的一个新概念,是各种相关技术有机结合的一种新形式。它打破了传统的机械工程、电子工程、信息工程、控制工程等学科的划分,形成了一种融机械技术、微电子技术、控制技术、信息技术等多种技术为一体的新兴的交叉学科。

"机电一体化"一词最早起源于日本,是日本的《机械设计》杂志副刊于1971年提出的。它的词首取自于Mechanics(机械学),词尾取自于Electronics(电子学),拼合成了一个日本造的英语词汇Mechatronics,通常译为"机电一体化"或"机械电子学"。

关于机电一体化的含义有很多,如在最早提出这一概念的日本,研究机电一体化技术的先驱——东京大学名誉教授渡边茂指出:"机电一体化是机械工程中采用微电子技术的体现";1984年日本《机械设计》杂志副刊指出:"机电一体化就是利用微电子技术,最大限度地发挥机械能力的一种技术";富士通"法纳克公司"技术管理部长小岛利夫指出:"机电一体化是将机械学与电子学有机结合而提供的更为优越的一种技术"。1981年日本振兴协会经济研究所指出:"机电一体化乃是机械的主功能、动力功能、信息功能和控制功能上引进微电子技术,并将机械装置与电子装置用相关软件有机结合而构成的系统的总称"。美国是机电一体化产品开发和应用最早的国家。1984年美国机械工程师协会ASME的一个专家组在提交给美国国家科学基金会的报告中提出了关于"现代机械系统"的定义:"由计算机信息网络协调与控制的,用于完成包括机械力、运动和能量流等动力学任务的机械和(或)机电部件相互联系的系统"。该定义所涉及的现代机械系统实质上是指机电一体化系统。

关于机电一体化的定义之所以出现这么多的表述,是由于各自对机电一体化的认识不同,因而各自的出发点和着眼点也不同,而且社会生产和科学技术的发展也不断赋予机电一体化以新的内容。

从技术层面讲,机电一体化是按系统工程的观点,将机械技术、微电子技术、信息技术、控制技术等相关技术进行有机的综合,以实现机电系统整体最优化的技术和方法。其中,"有机的综合"表明机电一体化并非将相关的多学科技术简单地拼凑在一起,而是体现了相互交叉、渗透复合的设计思想;"整体最优化"则凸显了机电一体化的基本目标,即机电一体化系统应从整体上(包括功能、效率、能耗、精度、可靠性、适应性等方面)达到综合最优化。

随着国民经济和科学技术的不断发展,机电一体化的应用越来越广泛,其发展也越来越迅速,因此又有了"光机电一体化""机电仪一体化""机电液一体化"等提法,这也表明了多学科先进技术间交叉与融合越来越普遍。

机电一体化主要包括技术和产品两方面内容：机电一体化技术主要包括技术原理和使机电一体化产品（或系统）得以实现、使用和发展的技术；机电一体化产品主要是指机械系统和微电子系统有机结合，从而具有更强的功能和更新的性能的新产品。归纳起来，机电一体化产品分为机械电子化产品和机电有机结合产品两大类。

机械电子化产品是在机械产品的基础上采用微电子技术，使产品在质量、性能、功能、效率、节能等方面有所提高，甚至使产品结构发生质的变化，具有新的功能，属于机电一体化产品的初级形式。这类产品种类很多，又可细分为：①机械本身的主要功能被电子取代，如自动照相机，它采用微型电动机驱动电子快门，以自动曝光、自动对焦和自动卷片机构取代机械式照相机的机械功能；②机械式信息处理机构被电子元件取代，如利用石英振子，液晶显示及微电子驱动电路取代了机械式钟表的齿轮、发条、游丝，使其计时精度和走时持续时间大幅度提高的电子钟表；③机械式控制机构被电子式机构取代，如凸轮机构被微机控制系统代替的自动缝纫机；④采用微电子技术而使控制功能增强，如银行自动柜员机（ATM）和数控机床。

机电有机结合产品是指机械技术与电子技术相融合的产品，如工业机器人和自动售货机等。此类产品开辟了单靠机械技术或单靠电子技术都无法达到的新领域，属于机电一体化产品的高级形式。

### 1.1.2　机电一体化的应用领域

目前，机电一体化已渗入国民经济和社会生活的方方面面，与我们的日常生活和工作的联系越来越密切。机电一体化的应用领域即机电一体化产品的服务对象领域包括工业生产、运输包装、储存销售、社会服务、家庭日用、科学研究、国防武器等。各应用领域的典型产品如表 1.1 所示。

**表 1.1　机电一体化应用领域及典型产品**

| 应用领域 | 典型产品 |
| --- | --- |
| 工业生产 | 工业机器人（见图 1.1），计算机数控机床（CNC），虚拟轴机床，电火花线切割机床，加工中心（MC），柔性制造系统（FMS），数字化工厂（DF），计算机集成制造系统（CIMS），光电跟踪切割机，模块化生产加工系统（MPS） |
| 交通运输 | 汽车（无级变速装置、防抱死制动系统（ABS）、电子点火装置、安全气囊），自动驾驶汽车（见图 1.2），自动引导车（AGV） |
| 储存销售 | 仓储机器人（见图 1.3），自动化立体仓库，自动售货机，自动售票机 |
| 社会服务 | 服务机器人（送货机器人（见图 1.4）、餐厅机器人（见图 1.5）），办公自动化（OA）设备（复印机、打印机、传真机、扫描仪），医疗器械（CT 机、X 射线机、核磁共振成像、微创手术器），金融服务（ATM 机），文教、体育、娱乐用机电一体化产品（教育机器人（见图 1.6）、答题卡自动阅卷机、娱乐机器人、足球机器人、电子玩具、虚拟现实体验中心（见图 1.7）、4D 影院、智能跑步机） |
| 家庭日用 | 微波炉，全自动洗衣机，数码相机，变频空调，全自动洗碗机，扫地机器人，擦窗机器人 |
| 科学研究 | 三坐标测量仪，扫描隧道显微镜，3D 打印机，三维激光扫描仪 |
| 民用 | 飞机，自动旋转门，音乐喷泉，立体车库 |
| 国防军事 | 雷达跟踪系统、电磁炮 |
| 航空航天 | 各种航天器（空间探测器、宇宙飞船、航天飞机）（见图 1.8） |

图 1.1　富士康 FOXBOT 机器人

图 1.2　自动驾驶技术"解放"了人的手和脚

(a)

(b)

图 1.3　仓储机器人

(a) 亚马逊 Kiva 机器人；(b) 天猫 Geek＋机器人

(a)　　　　　　　　　　　　　(b)

图 1.4　送货机器人

（a）DHL 用于递送快递包裹的无人机；（b）Starship Technologies 智能配送机器人

图 1.5　餐厅机器人

图 1.6　奇幻工房的教育机器人达奇 Dash 和达达 Dot

图 1.7　虚拟现实体验

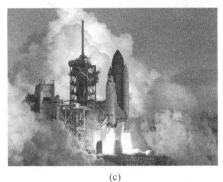

图 1.8　航天器

(a)"玉兔"号月球车；(b) 与天宫 2 号对接中的神舟 11 号飞船；

(c) 哥伦比亚号航天飞机

## 1.2　机电一体化系统的基本组成及相关技术

### 1.2.1　机电一体化系统的基本组成

物质、能量和信息是工业三大要素。机电一体化系统不但和普通机械系统一样要解决物质流和能量流，而且还要解决信息流。其结构、组成及工作过程都是围绕着这三方面进行的。其中，物质是机电一体化系统需要处理的对象（如原料和毛坯等），能量是系统处理物质过程中所需要的动力（如电能、液压能、气动能等），而信息则用来控制系统如何利用能量对物质进行处理（如各种操作指令和控制指令等）。信息的处理过程尤为复杂，且功能强大，可以使整个系统具有更好的柔性，这一点显著地体现了机电一体化系统与普通机械系统的区别。

虽然机电一体化系统的形式多种多样，结构繁简有别，功能也各有不同，但是概括起来，一个较为完善的机电一体化系统应包括机械本体、动力部分、检测装置、控制器和执行元件等五大组成要素，如图 1.9 所示。各要素之间通过接口实现物质、能量和信息的传递和交换，从而有机融合为一个完整的系统。

图 1.9 中虚线箭头表示系统中物质流的流向，粗线箭头和细线箭头则分别表示系统中能量流和信息流的流向。控制器、检测装置和执行元件均需要来自于动力部分的能量，而机

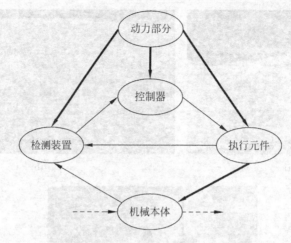

图 1.9　机电一体化系统的基本组成

械本体、检测装置、控制器和执行元件之间会产生信息的流动。能量通过执行元件作用于机械本体，实现对物质的处理，而这一过程必须在控制器的控制下才能得以完成。下面将详细介绍机电一体化系统五大组成要素的主要功能。

**1. 机械本体**

机械本体包括机械传动装置和机械结构装置，其中，机械结构装置又包括机身、机架、连接紧固件等。机械本体的主要功能是使构造系统的各组成部分按照一定的时间和空间关系布置在一定的位置上，并保持特定的关系。为了充分发挥机电一体化的优势，机械本体在结构形式、制造材料、加工工艺、几何尺寸等方面必须适应高精度、高可靠性和轻量小巧化等要求。

**2. 动力部分**

动力部分包括电源、液源和气源等，其功能是按照机电一体化系统的功能要求为系统提供能量和动力，从而保证系统的正常运行。机电一体化的显著特征之一是用尽可能小的动力输入获得尽可能大的动力输出。

**3. 检测装置**

检测装置包括各类传感器、变换器、仪器仪表等，用于检测在运行过程中系统本身和外界环境的各种参数和状态的变化，将其转变为可识别信号，并传送给控制器，经过信息处理后生成相应的控制信息。因此，检测装置是实现机电一体化系统自动控制的关键环节。机电一体化系统对检测装置的要求是检测精度高、抗干扰能力强、体积小、便于安装和维护、价格低廉。

**4. 控制器**

控制器是机电一体化系统的核心部分，通常由电子电路（逻辑电路、A/D 与 D/A 转换、I/O 接口）、计算机（单片机、PLC 或数控装置）组成。它将来自各传感器的检测信息和外部输入命令进行处理，按照一定的程序发出相应的控制信号，通过输出接口送往执行元件，从而控制整个系统有目的地运行，并达到预期的控制目标。机电一体化系统要求控制器具有较快的信息处理速度、较强的抗干扰能力、较好的可靠性、完善的自诊断功能，实现信息处理智能化。

**5. 执行元件**

执行元件一般采用电气式、液压式、气动式机构(如电动机、电磁铁、液压缸、液压马达、气缸、气动马达等),将输入的各种形式的能量(电能、液压能、气压能)转换成机械能,以驱动机械本体的运动,完成驱动或操作功能。由于执行元件的动作需要较大的驱动功率,且往往不能受控制器输出的控制信号直接驱动,因此在执行元件与控制器之间需要相应的驱动器或驱动电路。机电一体化系统要求执行元件效率高、响应速度快、维修方便,对外部环境中水、油、温度、尘埃等都能很好地适应,尽可能实现产品的组件化、标准化和系列化。

本书在阐述机电一体化应用时(如 1.1.2 节和第 7 章),尽量列举具备上述五大构成要素的产品,因此并未涉及诸如智能手机、共享单车、条码阅读器、汽车导航系统、激光陀螺仪、激光准直仪等实例。

## 1.2.2　机电一体化的共性关键技术

从工程学角度看,机电一体化技术是微电子学、机械学、控制工程、计算机技术等多学科综合发展的产物,是利用多学科方法对机械产品与制造系统进行设计的一种集成技术,所涉及的技术领域非常广泛。

机电一体化六大共性关键技术包括机械技术、伺服传动技术、传感检测技术、计算机与信息处理技术、自动控制技术、系统总体技术。

**1. 机械技术**

对于机电一体化系统来说,机械本体在质量、体积方面都占有绝大部分,如工作机和传动装置一般都采用机械结构。这些机械结构的设计和制造问题都属于机械技术的范畴。机械技术是机电一体化技术的基础,然而它已不再是单一地完成系统各构件间的连接,其结构、重量、体积、刚性与耐用性等对机电一体化都有着重要的影响。

与传统机械相比,机电一体化系统中的机械部分要求精度更高、刚度更大、可靠性更好、结构更新颖,因此,机电一体化系统对机械本体和机械技术都提出了新的要求。因此必须研究如何使机械技术与机电一体化技术相适应,如对结构进行优化设计、采用新型复合材料以使机械本体既减轻重量、缩小体积,以改善在控制方面的快速响应特性,又不降低机械的静、动刚度;研究高精度导轨、精密滚珠丝杠、高精度主轴轴承和高精度齿轮等,以提高关键零部件的精度和可靠性;开发新型复合材料以提高刀具、磨具的质量;通过零部件的模块化、标准化、系列化设计,以提高系统的设计、制造和维修水平。

**2. 伺服传动技术**

伺服传动技术的主要研究对象是执行元件及其驱动装置。执行元件有电动、气动、液压等类型,机电一体化产品中多采用步进电动机、直流伺服电动机、交流伺服电动机、电液马达等。执行元件一方面通过电气接口向上与计算机相连,以接收计算机的控制指令,另一方面又通过机械接口向下与机械传动和执行机构相连,以实现规定动作,因此伺服驱动技术是直接执行各种有关操作的技术,对机电一体化系统的动态性能、稳态精度、加工性能、产品质量产生决定性的影响。

**3. 传感检测技术**

传感检测技术的关键器件是传感器。在机电一体化系统中,传感器作为系统的感受器官将各种内部和外部信息变换成系统可识别的、与被测量有确定对应关系的有用电信号,并将这些信号输送到信息处理装置,因此传感器技术是实现自动控制的关键技术,它直接影响机电一体化系统的自动化程度。如数控机床在加工过程中,利用力传感器或声发射传感器将刀具磨损情况检测出来,与给定值比较,当刀具磨损到一定程度时,机械手自动换刀,以保障安全运行和确保加工质量。

机电一体化系统要求传感器能快速、精确、可靠地获取信息,并能经受各种严酷环境的考验。但是,目前传感器的发展还难以满足控制系统的要求。不少机电一体化系统不能达到满意的效果或无法达到设计要求的关键原因就在于没有合适的传感器,因此,大力开展传感器的研究对于机电一体化的发展具有重要意义。

**4. 计算机与信息处理技术**

计算机技术包括计算机软件技术、硬件技术、网络与通信技术、数据库技术等。信息处理技术包括信息的输入、变换、运算、判断、决策、输出。实现信息处理的工具主要是计算机,因此,计算机技术与信息处理技术是密切相关的。

在机电一体化系统中,计算机信息处理部分起指挥整个系统运行的作用。信息处理是否正确、及时,直接影响到系统工作的质量和效率。因此,计算机与信息处理技术已成为促进机电一体化发展和变革最为活跃的因素。

**5. 自动控制技术**

在机电一体化中,自动控制主要解决如何提高产品精度、提高加工效率、提高设备的有效利用率等方面的问题。

自动控制技术包括在控制理论的指导下,进行控制装置或控制系统的设计;设计完成后进行系统仿真和现场调试;最后使研制的系统可靠地投入运行。由于控制对象种类繁多,各自的控制要求也不同,所以自动控制技术的内容极其丰富,如高精度定位控制、速度控制、自适应控制等。

**6. 系统总体技术**

系统总体技术是从整体目标出发,用系统的观点和方法,将各种相关技术协调配合、综合运用,从而达到整个系统的最优化。其中,系统的观点和方法是指将总体分解成若干个相互有机联系的功能单元,并将功能单元逐层分解,生成功能更为单一、具体的子单元,直至寻找到一个可实现的技术方案。

系统总体技术包括的内容很多,接口技术是其重要内容之一。机电一体化系统各组成要素之间通过接口才能连接成为一个有机的整体,接口技术所要解决的主要矛盾是在机械和电气部分进行连接时电气系统的快速性与机械系统的大惯性之间的矛盾。

系统总体技术是最能体现机电一体化设计特点的技术,其原理和方法还在不断地发展和完善中。

因此,机电一体化技术是一种复合技术,对于从事机电一体化技术和机电一体化产品研究的科技工作者来说,既要对机电一体化的各项相关技术有全面深入的了解,又要能从系统工程的角度出发,通过系统总体设计使各相关技术形成有机的结合,并着力研究和解决技术融合过程中产生的新问题。

# 1.3　机电一体化的目的及发展趋势

## 1.3.1　机电一体化的目的

机电一体化的目的是使系统(产品)实现高附加价值化,具体表现为多功能化、高效高可靠化、结构小巧轻量化和省材料省能源化。

### 1. 多功能化

机械制造业绝不仅仅要求单机自动化,而是要求实现一条生产线、一个车间、一个工厂甚至更大规模的自动化,因此机电一体化产品应具备多种功能。以数控机床为例,除了具备计算机通信和联网功能外,还应具备很强的图形功能、刀具轨迹描述、CAD/CAM 一体化及网络监控等多种功能。

### 2. 高效高可靠化

由于广泛采用大规模集成电路和新结构、新器件,机电一体化产品的结构大为简化,而且电子装置的采用减少了可动部件的数量,使得机械磨损减少,故障率降低。

### 3. 结构小巧轻量化

机电一体化产品的控制装置和显示部件普遍采用大规模集成电路,使产品的体积和质量可以做成传统产品的几分之一或十几分之一。近年来,微机电技术的迅速发展又推动产品由小型化、轻型化向微型化方向不断发展。

### 4. 省材料省能源化

机电一体化产品的小型、轻量乃至微型化使节省材料成为可能。另外,由于采用了低能耗的驱动机构及最佳调节控制,产品的能源利用率也不断提高。

## 1.3.2　机电一体化的发展趋势

机电一体化是机械、电子、光学、控制、计算机、信息等多学科的交叉融合,它的发展和进步依赖并促进了相关技术的发展和进步。机电一体化的发展趋势主要体现在以下几个方面。

### 1. 智能化

智能化是 21 世纪机电一体化的一个重要发展方向。人工智能在机电一体化技术中的研究日益得到重视,机器人和数控机床的智能化就是其重要应用。智能机器人通过视觉、触觉和听觉等各类传感器检测工作状态,根据实际变化过程反馈信息并做出相应的判断和决定。数控机床的智能化则体现在利用多种传感器对切削前后和加工过程中的各种参数进行监测,并通过计算机系统作出判断,自动对异常现象进行调整与补偿。随着制造自动化程度的提高,出现了智能制造系统(intelligent manufacturing system,IMS)来模拟人类的制造活动,其目的在于取代或延伸制造过程中人的部分脑力劳动,并对人类的制造智能进行收集、存储、完善、共享、继承和发展。

概括地讲,机电一体化的智能化就是将人工智能、神经网络、模糊控制等现代控制理论和技术应用到机电一体化系统(或产品)中,使其具有一定的智能,以期达到更高的控制目标。

## 2. 轻量化和微型化

对于机电一体化产品而言,除了机械主体部分,其他部分均涉及电子技术,电子设备正朝着小型化、轻量化、多功能、高可靠方向发展,因此机电一体化中具有智能、动力、运动、感知特征的组成部分也逐渐向轻量化、小型化方向发展。

机电一体化微型化的研究领域之一是微电子机械系统(micro electro mechanical system,MEMS),即利用集成电路的微细加工技术,将机构及其驱动器、传感器、控制器及电源集成在一个多晶硅上,整个尺寸缩小到几个毫米甚至几百微米。科学家预言,MEMS将在工业、农业、航天、军事、生物医学、航海及家庭服务等各个领域中广泛应用,其发展将促使现有的某些行业或领域发生深刻的技术革命。

## 3. 标准化和模块化

标准化和模块化极大地促进了机电一体化新产品的开发,是机电一体化发展的重要趋势。

机电一体化产品中普遍使用的产品单元(如驱动单元、运动控制单元等)可以进行模块化设计和生产。在新产品研发过程中,用户选择标准模块,不但可以降低产品的开发成本,提高产品的可靠性,而且可以使产品的研制周期大为缩短。

## 4. 系统化

系统化一方面表现为机电一体化系统的体系结构进一步采用开放式和模式化的总线结构,系统可灵活组态,任意组合;另一方面表现为通信功能大大加强,除了 RS-232 外,机电一体化系统(或产品)中常用的通信接口还有 RS-422 和 RS-485 等。

分布式数控(distributed numerical control,DNC)是机电一体化系统化的一个典型应用,也是未来制造业的发展方向。

## 5. 绿色化

机电一体化的绿色化主要是指产品使用时不污染生态环境,报废后能回收利用。随着生活水平的不断提高和社会的不断发展,保护环境、回归自然的理念越来越深入人心,因此绿色产品的概念应运而生。绿色产品是指在其设计、制造、使用和销毁的生命过程中,要符合特定的环境保护和人类健康的要求,力求对生态环境无害或危害极小,而资源利用率最高。设计绿色的机电一体化产品顺应时代的要求,具有光明的发展前景。

## 6. 人格化

未来的机电一体化更加注重产品与人之间的关系。机电一体化的人格化包括两层含义:①机电一体化产品的最终使用对象是人,如何赋予机电一体化产品以人类的智能、情感和人性显得越来越重要,特别是家用机器人,其发展的最高境界就是人机一体化;②模仿自然界中的生物机理研制各种机电一体化产品。事实上,许多机电一体化产品都是受到动物的启发研制出来的。例如,麻省理工学院仿生机器人实验室的机械工程师们受壁虎启发,经过研究壁虎脚趾的构造,历时 5 年制造出一种黏脚机器人(stickybot),它的爪子上覆盖着由多聚材料微丝制成的黏合剂涂层,从而使之能够借助范德华力在竖直的木板、涂漆金属和玻璃上自如地行走。

# 习题与思考题

1.1　试说明机电一体化的含义。

1.2　机电一体化的基本结构要素有哪些？其基本要求是什么？各部分的功能是什么？

1.3　机电一体化的共性关键技术包括哪些？在机电一体化系统中分别起什么作用？

1.4　机电一体化产品与传统机电产品的主要区别是什么？

1.5　简述机电一体化的发展趋势。

1.6　列举生活或生产中机电一体化产品的应用实例,并分析各产品中的机电一体化五大要素。

1.7　如何理解机电一体化中的机电有机结合？

# 第2章 机械系统

典型的机电一体化系统通常由控制部件、接口电路、功率放大电路、执行元件、机械系统、检测传感部件组成。其中,机械系统主要包括以下五大部分:

**1. 传动机构**

传动机构是一种把动力机产生的运动和动力传递给执行机构的中间装置。

**2. 导向支承部件**

导向和支承部件用于对机械结构提供良好的导向和支承作用,从而保障机械系统中的各个运动部件能够安全、准确地完成特定方向的运动。

**3. 执行机构**

执行机构是在操作指令的要求和动力源的带动下用来完成预定操作任务的执行装置,一般要求它具有较高的灵敏度、精确度以及良好的重复性、可靠性。

**4. 轴系部件**

轴系部件包括轴、轴承以及安装在轴上的传动部件(如齿轮、带轮等),其作用是传递转矩和精确的回转运动。

**5. 机座或机架**

机座或机架是机械系统的基础部件,一方面它用来支承其他零部件并承受其全部重量以及工作载荷,另一方面它还起到保证各零部件之间相对位置的基准作用。

## 2.1 机械系统数学模型的建立

### 2.1.1 机械系统中的基本物理量及其等效换算

机械系统是指存在机械运动的装置,它们遵循物理学的力学定律(牛顿第二定律)。机械运动包括两种基本形式,即直线运动(移动)和旋转运动(转动),分别如图 2.1 和图 2.2 所示。

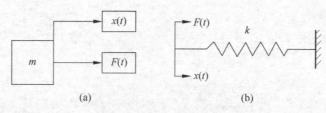

图 2.1　机械直线运动系统

(a) 力-质量系统;(b) 力-弹簧系统

图 2.1(a)和图 2.2(a)分别是力-质量系统和转矩-转动惯量系统。在不考虑其他阻力的情况下可分别建立如下表达式:

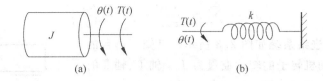

图 2.2　机械旋转运动系统

(a) 转矩-转动惯量系统；(b) 力矩-扭力弹簧系统

$$F(t) = ma = m\,\frac{\mathrm{d}^2 x(t)}{\mathrm{d}t^2} \tag{2.1}$$

$$T(t) = J\varepsilon = J\,\frac{\mathrm{d}^2 \theta(t)}{\mathrm{d}t^2} \tag{2.2}$$

对于如图 2.1(b) 和图 2.2(b) 所示的物理量模型，平动弹簧和扭转弹簧的弹性分别用线性刚度系数和扭转刚度系数表示，其表达式分别为

$$F(t) = kx(t) \tag{2.3}$$

$$T(t) = k\theta(t) \tag{2.4}$$

**1. 质量与转动惯量的等效换算**

质量 $m$ 可看成是储有直线运动动能的性能参数，而转动惯量 $J$ 则是储有旋转运动动能的性能参数。一个给定元件的转动惯量取决于元件相对于转动轴的几何位置和部件的密度。在一个机电一体化系统中，经常包含若干个具有一定质量和转动惯量的直线运动部件和旋转运动部件。在进行执行元件设计时，其额定转矩、加减速控制及制动方案的选择应与各部件的质量和转动惯量相匹配，因此，要将各部件的质量和转动惯量等效转换到执行元件的输出轴或其他基准部件上，从而计算出基准部件所承受的等效质量或等效转动惯量。

质量和转动惯量等效换算的原则是换算前后动能不变。假设某一系统由 $m$ 个移动部件和 $n$ 个转动部件组成，$m_i$ 和 $v_i$ 是移动部件的质量和重心的运动速度，$J_j$ 和 $\omega_j$ 为转动部件的转动惯量和角速度，则换算前系统运动部件的动能总和为

$$E = \frac{1}{2}\sum_{i=1}^{m} m_i v_i^2 + \frac{1}{2}\sum_{j=1}^{n} J_j \omega_j^2 \tag{2.5}$$

如果基准部件 k 是转动部件 (如电动机)，则换算后的总动能为

$$E_k = \frac{1}{2} J_{eq}^{k} \omega_{k}^2 \tag{2.6}$$

式中　$J_{eq}^{k}$ ——向基准部件 k 换算后的等效转动惯量；

　　　$\omega_k$ ——基准部件 k 的角速度。

则

$$J_{eq}^{k} = \sum_{i=1}^{m} m_i \left(\frac{v_i}{\omega_k}\right)^2 + \sum_{j=1}^{n} J_j \left(\frac{\omega_j}{\omega_k}\right)^2 \tag{2.7}$$

如果基准部件 k 是移动部件 (如工作台)，则换算后的总动能为

$$E_k = \frac{1}{2} m_{eq}^{k} v_{k}^2 \tag{2.8}$$

式中　$m_{eq}^{k}$ ——换算到基准部件 k 的等效质量；

　　　$v_k$ ——基准部件 k 的移动速度。

则
$$m_{eq}^{k} = \sum_{i=1}^{m} m_i \left(\frac{v_i}{v_k}\right)^2 + \sum_{j=1}^{n} J_j \left(\frac{\omega_j}{v_k}\right)^2 \tag{2.9}$$

**例1** 某机床进给系统如图 2.3 所示。已知工作台的
总质量为 $m_T$，电动机转子的转动惯量为 $J_m$，轴Ⅰ、轴Ⅱ的
转动惯量分别为 $J_1$ 和 $J_2$，两齿轮齿数分别为 $Z_1$ 和 $Z_2$，模
数均为 $m$。求：①换算到电动机轴上的等效转动惯量 $J_{eq}^m$；
②换算到工作台的等效质量 $m_{eq}^T$。

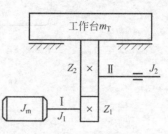

图 2.3　某进给系统

**解：** 假设电动机及轴Ⅰ、轴Ⅱ的角速度分别为 $\omega_m$、$\omega_1$、
$\omega_2$，工作台的移动速度为 $v_T$。

（1）换算前的总动能为
$$E = \frac{1}{2} J_m \omega_m^2 + \frac{1}{2} J_1 \omega_1^2 + \frac{1}{2} J_2 \omega_2^2 + \frac{1}{2} m_T v_T^2 \tag{2.10}$$

换算后的总动能为
$$E_k = \frac{1}{2} J_{eq}^m \cdot \omega_m^2 \tag{2.11}$$

则
$$J_{eq}^m = J_m + J_1 + J_2 \left(\frac{\omega_2}{\omega_m}\right)^2 + m_T \left(\frac{v_T}{\omega_m}\right)^2 \tag{2.12}$$

由传动关系知
$$\frac{\omega_2}{\omega_m} = \frac{\omega_2}{\omega_1} = \frac{Z_1}{Z_2} \tag{2.13}$$
$$v_T = \omega_2 \cdot r = \omega_2 \cdot \frac{mZ_2}{2} \tag{2.14}$$

故
$$\frac{v_T}{\omega_m} = \frac{\omega_2}{\omega_m} \cdot \frac{mZ_2}{2} = \frac{Z_1}{Z_2} \cdot \frac{mZ_2}{2} = \frac{mZ_1}{2} \tag{2.15}$$

将式（2.13）和式（2.15）代入式（2.12），得
$$J_{eq}^m = J_m + J_1 + J_2 \left(\frac{Z_1}{Z_2}\right)^2 + m_T \left(\frac{mZ_1}{2}\right)^2 \tag{2.16}$$

（2）换算前的总动能同式（2.10），而换算后的总动能为
$$E_k = \frac{1}{2} m_{eq}^T \cdot v_T^2 \tag{2.17}$$

则
$$m_{eq}^T = J_m \left(\frac{\omega_m}{v_T}\right)^2 + J_1 \left(\frac{\omega_1}{v_T}\right)^2 + J_2 \left(\frac{\omega_2}{v_T}\right)^2 + m_T \tag{2.18}$$

根据传动关系，有
$$\frac{\omega_1}{v_T} = \frac{\omega_m}{v_T} = \frac{2}{mZ_1}, \quad \frac{\omega_2}{v_T} = \frac{2}{mZ_2} \tag{2.19}$$

将式（2.19）代入式（2.18），得
$$m_{eq}^T = (J_m + J_1) \left(\frac{2}{mZ_1}\right)^2 + J_2 \left(\frac{2}{mZ_2}\right)^2 + m_T \tag{2.20}$$

**2. 刚度系数的等效换算**

机械系统中的各个部件在工作时承受力和（或）力矩的作用，从而产生伸缩和（或）扭转
等弹性变形，而这些变形将影响整个系统的精度和动态性能。在机械系统的数学建模中，需
要将其换算成等效线性刚度系数或扭转刚度系数。刚度系数等效换算的原则是换算前后势

能不变。

**例 2** 对于如图 2.4 所示的传动系统,轴 I～轴 III 的扭转刚度系数分别为 $k_1$～$k_3$。求:传动链向轴 I 换算后的等效扭转刚度系数 $k_{eq}^{I}$。

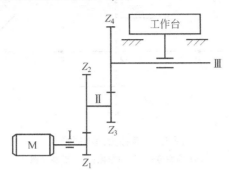

图 2.4 丝杠传动系统

**解**:假设轴 I～轴 III 的输入转矩分别为 $T_1$～$T_3$、扭转角分别为 $\theta_1$～$\theta_3$。

换算前的总势能为

$$U = \frac{1}{2}k_1\theta_1^2 + \frac{1}{2}k_2\theta_2^2 + \frac{1}{2}k_3\theta_3^2 \tag{2.21}$$

换算后的总势能为

$$U_k = \frac{1}{2}k_{eq}^{I}\theta_{eq}^2 \tag{2.22}$$

式中 $\theta_{eq}$ ——轴 I 在输入转矩 $T_1$、扭转刚度系数 $k_{eq}^{I}$ 下产生的扭转角。

故

$$k_{eq}^{I}\theta_{eq}^2 = k_1\theta_1^2 + k_2\theta_2^2 + k_3\theta_3^2 \tag{2.23}$$

由式(2.4)可知

$$\theta_1 = \frac{T_1}{k_1}, \quad \theta_2 = \frac{T_2}{k_2}, \quad \theta_3 = \frac{T_3}{k_3}, \quad \theta_{eq} = \frac{T_1}{k_{eq}^{I}} \tag{2.24}$$

将式(2.24)代入式(2.23),得

$$\frac{T_1^2}{k_{eq}^{I}} = \frac{T_1^2}{k_1} + \frac{T_2^2}{k_2} + \frac{T_3^2}{k_3}$$

即

$$\frac{1}{k_{eq}^{I}} = \frac{1}{k_1} + \frac{1}{k_2}\left(\frac{T_2}{T_1}\right)^2 + \frac{1}{k_3}\left(\frac{T_3}{T_1}\right)^2 \tag{2.25}$$

由传动关系可知

$$\frac{T_2}{T_1} = \frac{Z_2}{Z_1}, \frac{T_3}{T_1} = \frac{Z_2 Z_4}{Z_1 Z_3} \tag{2.26}$$

将式(2.26)代入式(2.25),得

$$\frac{1}{k_{eq}^{I}} = \frac{1}{k_1} + \frac{1}{k_2}\left(\frac{Z_2}{Z_1}\right)^2 + \frac{1}{k_3}\left(\frac{Z_2 Z_4}{Z_1 Z_3}\right)^2 \tag{2.27}$$

**3. 阻尼系数的等效换算**

当两个物体产生相对运动或有运动趋势时,接触面之间就产生了摩擦力。摩擦力一般是非线性的,而且往往取决于接触表面性质、表面压力以及相对运动速度。通常摩擦力可分为三种类型,即静摩擦、动摩擦(库仑摩擦)和黏性摩擦(黏滞摩擦),其方向均与运动方向或运动趋势方向相反。

静摩擦 $F_s$（如图 2.5(a)所示）存在于物体处于静止状态并有运动趋势时，最大值发生在运动开始前的一瞬间。当运动一开始，静摩擦立即消失而代之以其他形式的摩擦（动摩擦）。

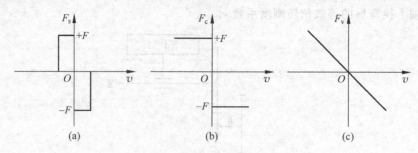

图 2.5　摩擦力的不同形式

(a) 静摩擦；(b) 动摩擦；(c) 黏性摩擦

动摩擦 $F_c$（如图 2.5(b)所示）只存在于物体正在运动时，是两个相互接触的物体作相对滑动时接触面对运动物体的阻力，是一种大小与速度无关的恒值阻滞力。

黏性摩擦 $F_v$ 有线性和非线性两种形式。线性黏性摩擦是指随着物体运动速度的增加，摩擦力呈线性增加（如图 2.5(c)所示）。对于作直线运动的机械系统，有

$$F_v = Bv = B\frac{\mathrm{d}x(t)}{\mathrm{d}t} \tag{2.28}$$

对于作旋转运动的机械系统，则有

$$T = B\omega = B\frac{\mathrm{d}\theta(t)}{\mathrm{d}t} \tag{2.29}$$

黏性摩擦也称黏性阻尼力，式(2.28)和式(2.29)中的 $B$ 为黏性阻尼系数。另外，黏性摩擦在系统简图中可用阻尼器来表示。

机械系统在工作过程中，相互运动的部件间存在着不同形式的阻力，如摩擦阻力、流体阻力以及负载阻力等。在机械系统建模时，这些力都需要换算成与速度有关的黏性阻尼力，然后根据换算前后黏性阻尼力所做的功相等这一原则，求出等效黏性阻尼系数。

**例 3**　传动系统同图 2.4。已知工作台与导轨间的黏性阻尼系数为 $B$，丝杠导程为 $l_0$。求：换算到轴 I 的等效黏性阻尼系数 $B_{eq}^I$。

**解：**假设工作台的运动速度为 $v_T$、位移为 $S$，轴 I ~ 轴 III 的角速度分别为 $\omega_1 \sim \omega_3$，轴 I、轴 III 的角位移分别为 $\theta_1$、$\theta_3$，丝杠转速为 $n_3$。

换算前黏性阻尼力所做的功为

$$W = F \cdot S = Bv_T \cdot S \tag{2.30}$$

换算后黏性阻尼力所做的功为

$$W_k = T\theta = B_{eq}^I \cdot \omega_1 \cdot \theta_1 \tag{2.31}$$

则

$$B_{eq}^I = B \cdot \frac{v_T}{\omega_1} \cdot \frac{S}{\theta_1} \tag{2.32}$$

由传动关系知

$$v_T = \frac{n_3 l_0}{60}, \quad \omega_3 = \frac{2\pi n_3}{60}, \quad \omega_3 = \frac{Z_1 Z_3}{Z_2 Z_4}\omega_I \tag{2.33}$$

故
$$\frac{v_T}{\omega_1} = \frac{v_T}{\omega_3} \cdot \frac{\omega_3}{\omega_1} = \frac{l_0}{2\pi} \cdot \frac{Z_1 Z_3}{Z_2 Z_4} \tag{2.34}$$

由于丝杠(即轴Ⅲ)每转一周,工作台便前进一个导程 $l_0$,即
$$S = l_0, \quad \theta_3 = 2\pi$$

于是有
$$\frac{S}{\theta_1} = \frac{S}{\theta_3} \cdot \frac{\theta_3}{\theta_1} = \frac{l_0}{2\pi} \cdot \frac{Z_1 Z_3}{Z_2 Z_4} \tag{2.35}$$

将式(2.34)和式(2.35)代入式(2.32),可得
$$B_{eq}^I = B \cdot \left(\frac{l_0}{2\pi}\right)^2 \cdot \left(\frac{Z_1 Z_3}{Z_2 Z_4}\right)^2 \tag{2.36}$$

### 2.1.2　机械系统建模

用来描述物理系统动态特性的数学表达式称为系统的数学模型,它包括多种形式,如微分方程、传递函数和频率特性等。本书介绍的是构建传递函数形式的机械系统数学模型,具体方法为:首先根据 2.1.1 节中所介绍的换算原则,将机械系统中的各个物理量向某一基准部件(如电动机轴)换算,得到等效转动惯量、等效黏性阻尼系数及等效扭转刚度后,便可按单一部件对系统进行建模。然后根据物理学基本力学定律,建立系统的动力学方程,并对其进行拉普拉斯变换(简称拉氏变换),最后便可得到系统的传递函数 $G(s)$。

现以如图 2.6 所示的数控机床传动系统为例,介绍机械系统数学模型(传递函数)的构建方法。该系统由二级齿轮减速器、轴、丝杠副及直线运动工作台等组成。

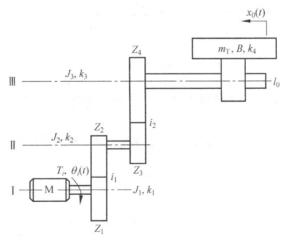

图 2.6　数控机床进给传动系统示意

$\theta_i(t)$—伺服电动机输出轴转角;$x_0(t)$—工作台位移;$i_1$、$i_2$—二级减速器的减速比;$J_1 \sim J_3$—轴Ⅰ～轴Ⅲ及轴上部件的转动惯量;$m$—工作台质量;$B$—工作台黏性阻尼系数;$l_0$—丝杠基本导程;$k_1 \sim k_3$—轴Ⅰ～轴Ⅲ的扭转刚度系数;$k_4$—丝杠螺母副及螺母底座部分的轴向刚度系数;$T_i$—伺服电动机的输出转矩

将各直线运动部件和旋转运动部件的基本物理量向电动机轴(轴Ⅰ)换算后得到:

等效转动惯量 $\quad J_{eq}^m = J_1 + \frac{J_2}{i_1^2} + \frac{J_3}{(i_1 i_2)^2} + \frac{m_T \left(\frac{l_0}{2\pi}\right)^2}{(i_1 i_2)^2} \tag{2.37}$

等效黏性阻尼系数　　　　$B_{eq}^{m} = \dfrac{B\left(\dfrac{l_0}{2\pi}\right)^2}{(i_1 i_2)^2}$　　　　　　(2.38)

等效扭转刚度系数　　　　$k_{eq}^{m} = \dfrac{1}{\dfrac{1}{k_1} + \dfrac{1}{\dfrac{k_2}{i_1^2}} + \dfrac{1}{\dfrac{k_{34}^{Ⅲ}}{(i_1 i_2)^2}}}$　　　　(2.39)

式中　$k_{34}^{Ⅲ}$ ——$k_3$、$k_4$ 换算到轴 Ⅲ 上的扭转刚度系数。

设 $\theta_3$ 为在丝杠左端输入转矩 $T_3$ 及扭转刚度系数 $k_3$ 的作用下，轴 Ⅲ 产生的扭转角；$\delta$ 为在 $T_3$ 及轴向刚度系数 $k_4$ 的作用下，丝杠和工作台之间产生的弹性变形；$\Delta\theta_3$ 为与弹性变形 $\delta$ 相对应的丝杠附加扭转角。

先将轴向刚度 $k_4$ 向轴 Ⅲ 换算，求得附加扭转刚度系数 $k_4^{Ⅲ}$。

由　　　　　　　　　$\dfrac{1}{2}k_4^{Ⅲ}\Delta\theta_3^2 = \dfrac{1}{2}k_4\delta^2$

得　　　　　　　$k_4^{Ⅲ} = k_4 \cdot \left(\dfrac{\delta}{\Delta\theta_3^2}\right) = k_4 \cdot \left(\dfrac{l_0}{2\pi}\right)^2$　　　　(2.40)

由换算原则得

$$\dfrac{1}{2}k_3\theta_3^2 + \dfrac{1}{2}k_4^{Ⅲ}\Delta\theta_3^2 = \dfrac{1}{2}k_{34}^{Ⅲ}\theta_Ⅲ^2 \tag{2.41}$$

式中　$k_{34}^{Ⅲ}$ ——$k_4^{Ⅲ}$ 和 $k_3$ 转化到轴 Ⅲ 上的等效扭转刚度；

$\theta_Ⅲ$ ——在转矩 $T_3$ 和扭转刚度系数 $k_{34}^{Ⅲ}$ 的作用下，轴 Ⅲ 产生的扭转角。

因为 $\theta_3 = T_3/k_3$，$\Delta\theta_3 = T_3/k_4^{Ⅲ}$，$\theta_Ⅲ = T_3/k_{34}^{Ⅲ}$，则

$$k_{34}^{Ⅲ} = \dfrac{1}{\dfrac{1}{k_3} + \dfrac{1}{k_4^{Ⅲ}}} = \dfrac{1}{\dfrac{1}{k_3} + \dfrac{1}{k_4\left(\dfrac{l_0}{2\pi}\right)^2}} \tag{2.42}$$

由已知条件可知，$\theta_i(t)$ 为系统输入量，$x_0(t)$ 为系统输出量。设 $\theta$ 和 $\theta_3$ 为 $x_0(t)$ 等效到轴 Ⅰ 和轴 Ⅲ 上的转角。

以电动机轴（轴 Ⅰ）为研究对象，根据动力平衡原理，建立动力学方程为

$$J_{eq}^{m}\ddot{\theta} + B_{eg}^{m}\dot{\theta} + k_{eq}^{m}\theta = T_i = k_{eq}^{m}\theta_i(t) \tag{2.43}$$

由传动关系知　　　$\dfrac{x_0(t)}{\theta_3} = \dfrac{l_0}{2\pi}$，　$\theta = i_1 i_2 \cdot \theta_3$

则　　　　　　　$\theta = \left(\dfrac{2\pi}{l_0}\right) \cdot (i_1 i_2) \cdot x_0(t)$　　　　　(2.44)

将式（2.44）代入式（2.43），得

$$J_{eq}^{m} \cdot \dfrac{d^2 x_0(t)}{dt^2} + B_{eq}^{m} \cdot \dfrac{dx_0(t)}{dt} + k_{eq}^{m} \cdot x_0(t) = \dfrac{l_0}{2\pi} \cdot \dfrac{1}{i_1 i_2} \cdot k_{eq}^{m} \cdot \theta_i(t) \tag{2.45}$$

对式（2.45）进行拉普拉斯变换，得

$$J_{eq}^{m} \cdot s^2 X_0(s) + B_{eq}^{m} \cdot s X_0(s) + k_{eq}^{m} \cdot X_0(s) = \dfrac{l_0}{2\pi} \cdot \dfrac{1}{i_1 i_2} \cdot k_{eq}^{m} \cdot \theta_i(s) \tag{2.46}$$

经整理，得到系统的传递函数为

$$G(s) = \frac{X_0(s)}{\theta_i(s)} = \frac{l_0}{2\pi} \cdot \frac{1}{i_1 i_2} \cdot k_{eq}^m \cdot \frac{1}{J_{eq}^m s^2 + B_{eq}^m s + k_{eq}^m}$$

$$= \frac{l_0}{2\pi} \cdot \frac{1}{i_1 i_2} \cdot \frac{k_{eq}^m / J_{eq}^m}{s^2 + \frac{B_{eq}^m}{J_{eq}^m} s + \frac{k_{eq}^m}{J_{eq}^m}}$$

$$= \frac{l_0}{2\pi} \cdot \frac{1}{i_1 i_2} \cdot \frac{\omega_n^2}{s^2 + 2\zeta\omega_n s + \omega_n^2} \qquad (2.47)$$

式中　$\omega_n$——机械系统的固有频率

$$\omega_n = \sqrt{\frac{k_{eq}^m}{J_{eq}^m}} \qquad (2.48)$$

$\zeta$——机械系统的阻尼比

$$\zeta = \frac{B_{eq}^m}{2\sqrt{J_{eq}^m k_{eq}^m}} \qquad (2.49)$$

$\omega_n$ 和 $\zeta$ 是二阶系统的两个特征参数。对于不同的系统,可由不同的物理量确定。对于机械系统而言,它们由惯量(质量)、阻尼系数、刚度系数等结构参数所决定。

## 2.2　传 动 机 构

常用的传动机构包括齿轮传动、螺旋传动、蜗轮蜗杆传动、带传动等线性传动机构以及连杆机构、凸轮机构等非线性传动机构。

### 2.2.1　传动机构的功能及要求

传统的传动机构是一种转矩、转速变换器,将执行元件产生的运动和动力传递给负载,其目的是使执行元件与负载之间在转矩和转速方面得到最佳匹配,即将执行元件输出的高转速、低转矩变换成负载所需要的低转速、高转矩。

在机电一体化系统中,机械传动部件不再仅仅是转矩、转速变换器,已成为伺服系统的组成部分,并对伺服系统的伺服特性有很大影响,特别是其传动类型、传动方式、传动精度、动态特性及传动可靠性(均为机械传动技术性能的决定因素)对机电一体化系统的精度、稳定性和快速响应性有着重大的影响。

为使机械系统具有良好的伺服性能,机电一体化对传动机构提出了低间隙、低摩擦、低惯量、高刚度、高谐振频率、适当的阻尼比等要求。为满足这些要求,应从以下几个方面采取措施:

(1) 间隙的存在会使传动机构在反向运动时产生空程,从而影响系统的稳定性和精度。因此,应采取消隙机构以缩小甚至消除反向死区误差。

(2) 传动机构的静摩擦应尽可能小,动摩擦应是尽可能小的正斜率,若为负斜率则易引起低速爬行,从而降低工作精度、缩短使用寿命。因此,具有较高要求的机电一体化系统经常采用低摩擦阻力的传动机构,如滚珠丝杠副等。

(3) 惯量影响伺服系统的精度、稳定性和动态响应。大惯量势必造成系统响应慢。而且,惯量越大,阻尼比 $\zeta$ 越小,则系统振荡增强,稳定性下降。此外,大惯量会使系统的机械常数增大,固有频率降低,容易产生谐振,于是限制了伺服系统的带宽,进而影响了伺服精度。因此,适当增大惯量只在改善低速爬行时有利,机械系统在不影响刚度的情况下应尽量减小惯量。为此,在进行传动机构设计时应合理选择传动比,以减小等效到执行元件输出轴上的等效转动惯量,从而达到提高伺服系统快速响应性能的目的。

(4)较低的刚度和谐振频率容易使系统产生谐振,从而影响其稳定性。为提高传动部件的刚度,可采取以下措施:利用预紧的方法提高滚珠丝杠副的传动刚度;在条件允许的情况下采用直接驱动(DDR)技术,即通过大扭矩、宽调速的直流或交流伺服电动机直接驱动执行机构,以减少中间传动机构,缩短传动链长度;丝杠支承方式采用两端轴向固定或预拉伸支承结构。

(5)阻尼比会影响系统的稳定性及灵敏度。机械传动系统通常可用二阶线性微分方程来描述,因此是一个二阶系统。从力学意义上讲,二阶系统是一个振荡环节。因此,机械系统在运行过程中极易产生振动。阻尼比的大小对传动系统的振动特性有不同的影响。大阻尼比能抑制振动的最大振幅,且使振动快速衰减,但同时也会使系统的稳态误差增大、精度降低。因此,阻尼比的大小要适当。实际应用中,一般取阻尼比为 $0.4 \leqslant \zeta \leqslant 0.8$。

此外,传动机构还应满足体积小、重量轻、传动转矩大、可靠性高等要求。因此,可通过采用复合材料来提高刚度和强度、减轻重量、缩小体积等方法以确保系统实现轻薄小巧化、高速化和高可靠性化。

## 2.2.2　齿轮传动的传动比及传动级数确定

在伺服系统中,常利用机械变换装置将执行元件输出的高转速、低转矩变换为负载运动需要的低转速、高转矩,以此来加速负载。应用最为广泛的变换装置是齿轮减速装置。

当应用齿轮传动机构传递转矩时,需要满足以下要求:①足够的刚度;②转动惯量尽可能小,以便在获得同一加速度时所需转矩小,或在传递同一驱动力矩时加速度响应快;③无间隙,因为齿轮的啮合间隙会造成传动死区,当死区位于闭环之内时往往会使伺服系统产生自激振荡,从而造成系统不稳定。

### 1. 齿轮传动比的最佳匹配选择

齿轮传动机构的输入为高转速、低转矩,输出为低转速、高转矩,其传动比 $i$ 应满足驱动部件与负载之间转矩和转速的匹配要求。以伺服驱动为例,电动机要克服的负载转矩有两种,即峰值负载转矩和均方根负载转矩,分别对应于电动机恶劣的工作状况以及电动机长期连续地在变载荷下工作的状况。由于负载特性和工作条件不同,可有不同的最佳传动比选择方案。

(1)"负载峰值转矩最小"方案。假设换算到电动机轴上的负载峰值转矩为 $T_{LP}^m$。令 $\dfrac{dT_{LP}^m}{di} = 0$,可得等效负载峰值转矩最小时的最佳传动比。

(2)"负载均方根转矩最小"方案。假设换算到电动机轴上的负载均方根转矩为 $T_{LR}^m$。令 $\dfrac{dT_{LR}^m}{di} = 0$,可得等效负载均方根转矩最小时的最佳传动比。

在满足负载和转速要求的前提下,伺服电动机与负载通过"换算负载峰值(或均方根)转矩最小"原则确定总传动比时,电动机克服负载峰值(或均方根)转矩所消耗的功率最小,从该意义上讲,最佳传动比实现了功率的最佳传递。

（3）"转矩储备最大"方案。电动机输出的额定转矩 $T_m$ 和等效负载峰值转矩之差 $T_{LP}^m$ 为电动机的转矩储备，即 $\Delta T = T_m - T_{LP}^m$。令 $\dfrac{d(\Delta T)}{di} = 0$，可得转矩储备最大时的最佳传动比。

（4）"负载角加速度最大"方案。在伺服电动机驱动负载的传动系统中，通常采用"负载角加速度最大"原则选择总传动比，以提高伺服系统的响应速度。

在图 2.7 所示的传动系统模型中，转动惯量为 $J_m$、输出转矩为 $T_m$ 的伺服电动机通过传动比为 $i$ 的齿轮传动机构克服摩擦负载转矩 $T_f$ 以驱动转动惯量为 $J_L$、转矩为 $T_L$ 的惯性负载。设齿轮系传动效率为 $\eta$；传动比为 $i = \dfrac{\theta_m}{\theta_L} = \dfrac{\dot{\theta}_m}{\dot{\theta}_L} = \dfrac{\ddot{\theta}_m}{\ddot{\theta}_L} > 1$；$T_L$ 和 $T_f$ 换算到电动机轴上分别为 $\dfrac{T_L}{i}$ 和 $\dfrac{T_f}{i}$；$J_L$ 换算到电动机轴上的转动惯量为 $\dfrac{J_L}{i^2}$；齿轮传动机构换算到电动机轴上的等效转动惯量为 $J_{eq}^m$。

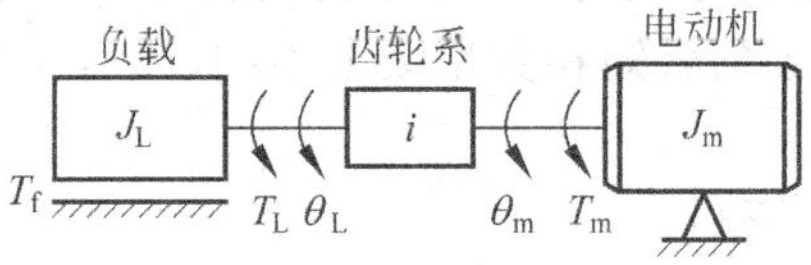

图 2.7　电动机驱动齿轮传动机构和负载的传动模型

按动力学基本定律，电动机轴上的加速度转矩为

$$T_a = T_m - \left( \frac{T_L + T_f}{i\eta} \right) = \left( J_m + J_{eq}^m + \frac{J_L}{i^2 \eta} \right) \ddot{\theta}_m = \left( J_m + J_{eq}^m + \frac{J_L}{i^2 \eta} \right) i \ddot{\theta}_L \quad (2.50)$$

整理得

$$\ddot{\theta}_L = \frac{T_m i \eta - (T_L + T_f)}{(J_m + J_{eq}^m) \cdot i^2 \eta + J_L} \quad (2.51)$$

令 $d\ddot{\theta}_L / di = 0$，即可得到负载角加速度最大时的传动比为

$$i = \frac{T_L + T_f}{T_m \eta} + \sqrt{\left( \frac{T_L + T_f}{T_m \eta} \right) + \frac{J_L}{\eta (J_m + J_{eq}^m)}} \quad (2.52)$$

令 $\eta = 100\%$，$T_L = T_f = J_{eq}^m = 0$，则

$$i = \sqrt{\frac{J_L}{J_m}} \quad 或 \quad \frac{J_L}{i^2} = J_m \quad (2.53)$$

因此，齿轮系传动比的最佳值是 $J_L$ 换算到电动机轴上的负载转动惯量 $J_L/i^2$ 恰好等于电动机转子的转动惯量 $J_m$。

利用上述四种方案进行最佳总传动比选择均是针对某一方面而言，其结果有可能存在差异。此外，在进行具体选择时，除了应考虑伺服电动机与负载的最佳匹配外，还要考虑总传动比对系统的稳定性、精确度以及快速性的影响。对于系统的稳定性而言，总传动比 $i$ 值偏大，会使系统的相对阻尼系数增大，振荡得到抑制，稳定性提高。对于系统的响应特性而言，$i$ 小于最佳值，会使加速度下降，而 $i$ 大于最佳值，将使加速度收敛为一固定值。因此，总传动比 $i$ 值偏大使系统的响应特性得到提高，但会影响负载的快速性。对于系统的低速稳定性而言，由于电枢反应、电刷摩擦和低速不稳定性，可能导致系统产生爬行现象。$i$ 值偏大可有效避免低速爬行的发生，但是传动级数的增多，会使系统的传动精度、效率、刚度及固有频率降低。因此,运用哪种原则进行总传动比的选择应加以综合考虑。

**2. 传动形式选择及各级传动比的最佳分配原则**

在总传动比确定下来之后,应选择合适的传动机构配置在伺服电动机和负载之间,从而使驱动部件和负载之间的转矩和转速达到合理匹配。

齿轮传动形式分单级传动和多级传动。若总传动比较大,采用单级传动虽然可以简化传动链结构,有利于提高传动精度、减少空程误差、提高传动效率,但是单级传动比不应过大,否则大齿轮的尺寸过大会加大整个传动系统的轮廓尺寸,结构反而不紧凑。另外,如果大、小两个齿轮的尺寸相差甚远,不但会加剧小齿轮的磨损,而且转动惯量也将增大。因此,在机电一体化机械系统中,总传动比较大的传动机构通常采用多级齿轮传动副串联组成齿轮系,并对各级传动比进行合理分配,以满足动态性能和传动精度的要求。

下面以圆柱齿轮传动链为例,介绍传动级数和各级传动比的最佳分配原则。这些原则对其他形式的齿轮传动链也有指导意义。

传动装置有大功率传动装置和小功率传动装置之分。大功率传动装置所传递的转矩较大,通常采用中模数或大模数齿轮机构;小功率传动装置则传递的转矩较小,往往采用小模数齿轮机构。由于二者所传递的转矩在数量级上不同,因而所采用的传动比分配方法也有所不同。

1)"等效转动惯量最小"原则

利用"等效转动惯量最小"原则设计的齿轮传动机构,换算到电动机轴上的等效转动惯量最小,可使其具有良好的动态性能。

(1) 小功率传动装置。图 2.8 为电动机驱动的二级齿轮传动机构,传动比分别为 $i_1$、$i_2$;不计轴和轴承的转动惯量;各齿轮的转动惯量为 $J_1 \sim J_4$,并假设各主动齿轮的转动惯量相同;各齿轮均近似看作实心圆柱体,齿宽 $B$ 和比重 $\gamma$ 均相同,其分度圆直径分别为 $d_1 \sim d_4$;假设传动效率为 100%。

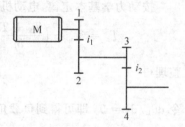

图 2.8　二级齿轮传动机构

该齿轮传动机构等效到电动机轴上的转动惯量为

$$J_{\mathrm{eq}}^{\mathrm{m}} = J_1 + \frac{J_2 + J_3}{i_1^2} + \frac{J_4}{i^2} \qquad (2.54)$$

因为

$$J_1 = J_3 = \frac{\pi B \gamma}{32g} d_1^4, \quad J_2 = \frac{\pi B \gamma}{32g} d_2^4, \quad J_4 = \frac{\pi B \gamma}{32g} d_4^4$$

所以

$$\frac{J_2}{J_1} = \left(\frac{d_2}{d_1}\right)^4 = i_1^4, \quad \frac{J_4}{J_1} = \left(\frac{d_4}{d_1}\right)^4 = \left(\frac{d_4}{d_3}\right)^4 = i_2^4$$

即

$$J_2 = J_1 \cdot i_1^4, \quad J_4 = J_1 \cdot i_2^4 = J_1 \cdot \left(\frac{i}{i_1}\right)^4$$

则

$$J_{\mathrm{eq}}^{\mathrm{m}} = J_1 \left(1 + i_1^2 + \frac{1}{i_1^2} + \frac{i^2}{i_1^4}\right) \qquad (2.55)$$

令 $\dfrac{\partial J_{\mathrm{eq}}^{\mathrm{m}}}{\partial i_1} = 0$,则

$$i_1^6 - i_1^2 - 2i^2 = 0 \quad \text{或} \quad i_1^4 - 1 - 2i_2^2 = 0$$

得
$$i_2 = \sqrt{\frac{i_1^4 - 1}{2}}$$

当 $i_1^4 \gg 1$ 时,有

$$i_2 \approx \frac{i_1^2}{\sqrt{2}} \quad \text{或} \quad i_1 \approx (\sqrt{2} \cdot i_2)^{\frac{1}{2}} \approx (\sqrt{2} \cdot i)^{\frac{1}{3}}$$

推广到 $n$ 级齿轮传动,则有

$$i_1 = 2^{\frac{2^n - n - 1}{2(2^n - 1)}} \cdot i^{\frac{1}{2^n - 1}}, \quad i_k = \sqrt{2} \cdot \left(\frac{i}{2^{\frac{n}{2}}}\right)^{\frac{2^{(k-1)}}{2^n - 1}} \quad (k = 2, 3, 4, \cdots, n) \quad (2.56)$$

**例 4**　有总传动比 $i = 80$、传动级数 $n = 4$ 的小功率传动装置,试按等效转动惯量最小原则分配传动比。

**解:**

$$i_1 = 2^{\frac{2^4 - 4 - 1}{2(2^4 - 1)}} \cdot 80^{\frac{1}{2^4 - 1}} = 1.7268$$

$$i_2 = \sqrt{2} \cdot \left(\frac{80}{2^{\frac{4}{2}}}\right)^{\frac{2^{(2-1)}}{2^4 - 1}} = 2.1085$$

$$i_3 = \sqrt{2} \cdot \left(\frac{80}{2^{\frac{4}{2}}}\right)^{\frac{2^{(3-1)}}{2^4 - 1}} = 3.1438$$

$$i_4 = \sqrt{2} \cdot \left(\frac{80}{2^{\frac{4}{2}}}\right)^{\frac{2^{(4-1)}}{2^4 - 1}} = 6.9887$$

经验算, $i = i_1 i_2 i_3 i_4 \approx 80$,故分配结果可用。

在传动级数未知的情况下,可用如图 2.9 所示曲线确定小功率传动装置的传动级数。该曲线以传动级数 $n$ 为参变量,反映了齿轮系中换算到电动机轴上的等效转动惯量 $J_{eq}^m$ 与第一级主动齿轮的转动惯量 $J_1$ 之比与总传动比 $i$ 之间的关系。

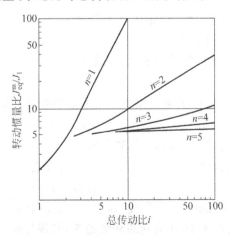

图 2.9　用于小功率传动装置确定传动级数的经验曲线

（2）大功率传动装置。大功率传动装置传递的转矩大,各级齿轮的模数、齿宽、分度圆直径等参数均逐级增加,因此小功率传动装置传动比计算通式中的假设对大功率传动装置并不适用,即式(2.56)不能用于大功率传动的齿轮传动系统。大功率传动装置的传动级数与各级传动比的确定一般借助于如图 2.10～图 2.12 所示曲线进行。

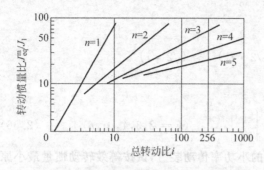

图 2.10　用于大功率传动装置确定传动
　　　　级数的经验曲线

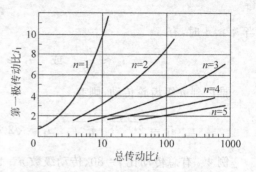

图 2.11　用于大功率传动装置确定第一级
　　　　传动比的经验曲线

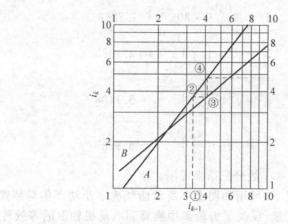

图 2.12　用于大功率传动装置确定第一级齿轮副以后各级传动比的经验曲线

**例 5**　对于某个总传动比 $i$ 为 256 的大功率传动装置,试按"等效转动惯量最小"原则,确定其传动级数并分配各级传动比。

**解**：查图 2.10,对于 $i=256$ 的传动装置,可选 $n=3$、4、5。当 $n=3$ 时,$J_{eq}^{m}/J_1 = 70$；$n=4$ 时,$J_{eq}^{m}/J_1 = 35$；$n=5$ 时,$J_{eq}^{m}/J_1 = 26$。

为了兼顾转动惯量比 $J_{eq}^{m}/J_1$ 的数值大小以及传动装置结构的紧凑性,最终选取 $n=4$。查图 2.11,得到第一级传动比 $i_1 = 3.3$。在图 2.12 的横坐标轴上由 $i_1 = 3.3$ 先找到①点,由该点作垂直线与 A 线相交于②点,在纵坐标轴上查得 $i_2 = 3.7$。通过该点作水平线与 B 线相交于③点,在横坐标轴上查得 $i_3 = 4.24$。由③点作垂直线与 A 线交于④点,在纵坐标轴上查得 $i_4 = 4.95$。经验算,$i = i_1 i_2 i_3 i_4 = 256.26$,故分配结果可用。

由上述分析可得出以下几点结论：①按"等效转动惯量最小"原则确定传动级数和分配各级传动比时,无论传递功率大小,由高速级到低速级,各级传动比的分配次序均为"先小后大"；②传动级数越多,总等效转动惯量越小,但级数增加到一定数值后,总等效转动惯量的减小并不显著,反而会增大传动误差,并使结构复杂化,因此,从结构紧凑性、复杂性以及传动精度(齿隙影响)和经济性等方面考虑,传动级数太多并不合理,故设计时应多方面权衡利弊加以考虑；③越接近高速级的轴,其转动惯量对总等效惯量的影响越大,尤其是电动机轴

及其后一级轴的惯量。对于如图 2.13 所示的四级齿轮
传动,换算到电动机轴上的总等效惯量为

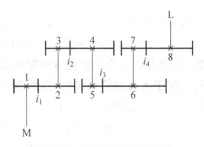

图 2.13 四级齿轮传动机构

$$J_{eq}^{m} = J_1 + \frac{J_2 + J_3}{i_1^2} + \frac{J_4 + J_5}{(i_1 i_2)^2}$$

$$+ \frac{J_6 + J_7}{(i_1 i_2 i_3)^2} + \frac{J_8}{(i_1 i_2 i_3 i_4)^2} = \sum_{k=1}^{n} \frac{J_k}{i_{km}^2}$$

式中 $i_{km}$——第 $k$ 个齿轮至电动机轴的传动比;

$J_k$——第 $k$ 个齿轮的转动惯量。

由此可见,对换算到电动机轴上的总等效惯量影响最大的为 $J_1$,其次为 $J_2$ 和 $J_3$。

2)"重量最轻"原则

产品轻薄小巧化是机电一体化的目标之一。因此,重量限制通常是传动装置设计中应考虑的一个重要问题,特别是对于航天航空设备上的传动装置,采用"重量最轻"原则来分配各级传动比尤为必要。

一般来说,可按"等效转动惯量最小"原则来分配前几级的传动比。当传动比较大时,由于换算惯量与传动比的平方成反比,所以后几级的惯量换算到电动机轴上后将大为减小。这时,减小等效转动惯量已不再是突出问题,而应着重考虑减轻重量。

(1) 小功率传动装置。仍以如图 2.8 所示的二级齿轮减速传动装置为例,假设所有主动小齿轮的模数和齿数相同,齿宽相等;轴和轴承重量予以忽略;各齿轮为实心圆柱体,则各齿轮的重量之和为

$$W = \pi \cdot \gamma \cdot B \left[ \left( \frac{d_1}{2} \right)^2 + \left( \frac{d_2}{2} \right)^2 + \left( \frac{d_3}{2} \right)^2 + \left( \frac{d_4}{2} \right)^2 \right] \tag{2.57}$$

由于

$$d_1 = d_3, \quad d_2 = i_1 \cdot d_1, \quad d_4 = i_2 \cdot d_3 = \frac{i}{i_1} d_1$$

则

$$W = \frac{1}{4} \pi \cdot \gamma \cdot B \cdot d_1^2 \left[ 2 + i_1^2 + \left( \frac{i}{i_1} \right)^2 \right]$$

令

$$\frac{\partial W}{\partial i_1} = 0,$$

得

$$i_1 - i^2 i_1^{-3} = 0$$

即

$$i = i_1 i_2 = i_1^2$$

则

$$i_1 = i_2 = i^{\frac{1}{2}}$$

推广到 $n$ 级传动,可得到

$$i_1 = i_2 = \cdots = i_n = i^{\frac{1}{n}} \tag{2.58}$$

由此可见,对于小功率传动装置,各级传动比彼此相等可使传动装置的重量最轻。这一结论是在假设各主动小齿轮模数和齿数均相同的条件下导出的。若大齿轮的模数和齿数也彼此相同,则分度圆直径均相等,因而各级传动副的中心距也相同。这样设计的齿轮传动称为曲回式传动链(图 2.14)。如某无人驾驶高空侦察机上遥控方向舵的小功率传动装置采用了这种曲回式结构,各级齿轮的齿数分别为 $z_1 = 9$、$z_2 = 63$、$z_3 = 14$、$z_4 = 48$、$z_5 = z_7 = z_9 = z_{11} = z_{13} = z_{15} = z_{17} = 16$、$z_6 = z_8 = z_{10} = z_{12} = z_{14} = z_{16} = z_{18} = 46$,总传动比 $i \approx 39000$。显而易见,这种

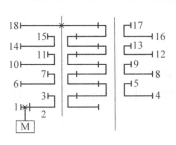

图 2.14 曲回式齿轮传动链

结构虽然传动比很大,却可以做到结构十分紧凑。

(2) 大功率传动装置。小功率传动装置在推导时所做的假设并不适用于大功率传动装置,因为大功率传动装置传递扭矩较大,故要求齿轮模数大,齿轮齿宽应逐级增加而不是相同。对于大功率传动装置,应根据图 2.15 和图 2.16 的经验曲线进行传动比分配,其中的虚线分别用于总传动比 $i<10$ 和 $i<100$。

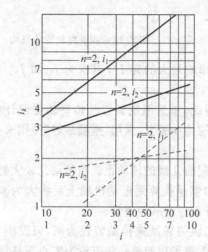

图2.15 用于二级大功率传动装置传动比分配的经验曲线

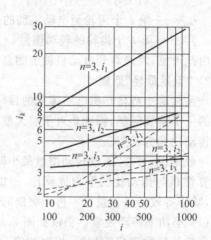

图2.16 用于三级大功率传动装置传动比分配的经验曲线

**例 6** 对于 $n=2$、$i=40$ 的大功率传动装置,试按"重量最轻"原则分配各级传动比。

**解**:对于该二级大功率传动装置,由于 $i>10$,故应按图 2.15 中的实线来确定各级传动比,查得 $i_1=9.1$、$i_2=4.4$。经验算,$i=i_1i_2=40.04$,故可用。

**例 7** 某大功率传动装置 $n=3$,$i=202$,试按"重量最轻"原则分配各级传动比。

**解**:查图 2.16 中的实线,得 $i_1=12$、$i_2=5$、$i_3=3.4$。经验算,$i=i_1i_2i_3=204$,故可用。

可见,对于大功率传动装置,按"重量最轻"原则来分配传动比,从高速级到低速级,各级传动比一般按"先大后小"的次序处理。

3)"输出轴转角误差最小"原则

输出轴转角误差是由传动误差和空程误差造成的,按照这一原则分配传动比有利于提高系统的传动精度。对于 $n$ 级齿轮传动系统,各级齿轮的转角误差换算到末级输出轴的总转角误差为

$$\Delta\varphi_{eq}^{L} = \sum_{k=1}^{n} \frac{\Delta\varphi_k}{i_{(kn)}} \tag{2.59}$$

式中 $\Delta\varphi_k$ ——第 $k$ 个齿轮的转角误差;

$i_{(kn)}$ ——第 $k$ 个齿轮的转轴至第 $n$ 级输出轴之间的传动比。

对于如图 2.13 所示的四级齿轮传动机构,设各齿轮的转角误差为 $\Delta\varphi_1 \sim \Delta\varphi_8$。根据式(2.59),换算到末级输出轴上的总转角误差为

$$\Delta\varphi_{eq}^{L} = \frac{\Delta\varphi_1}{i} + \frac{\Delta\varphi_2+\Delta\varphi_3}{i_2 \cdot i_3 \cdot i_4} + \frac{\Delta\varphi_4+\Delta\varphi_5}{i_3 \cdot i_4} + \frac{\Delta\varphi_6+\Delta\varphi_7}{i_4} + \Delta\varphi_8 \tag{2.60}$$

　　为方便起见,假设各齿轮的转角误差大致相同,均为 $\Delta\varphi$,总传动化 $i=300$,各级传动比分别按以下三种方法进行分配。

　　(1) 各级传动比取成递减(如 $i_1=8$, $i_2=5$, $i_3=3$, $i_4=2.5$),则总转角误差为

$$\Delta\varphi_{eq}^{L} = \Delta\varphi\left(\frac{1}{300} + \frac{2}{37.5} + \frac{2}{7.5} + \frac{2}{2.5} + 1\right) \approx 2.123\Delta\varphi$$

　　(2) 各级传动比取成递增(如 $i_1=2.5$, $i_2=3$, $i_3=5$, $i_4=8$),则总转角误差为

$$\Delta\varphi_{eq}^{L} = \Delta\varphi\left(\frac{1}{300} + \frac{2}{120} + \frac{2}{40} + \frac{2}{8} + 1\right) \approx 1.356\Delta\varphi$$

　　可见,各级传动比逐级递减时总转角误差比逐级递增时大 36%。

　　(3) 各级传动比取成递增,并提高末级传动比(如 $i_1=2$, $i_2=3$, $i_3=4$, $i_4=12.5$),则总转角误差为

$$\Delta\varphi_{eq}^{L} = \Delta\varphi\left(\frac{1}{300} + \frac{2}{150} + \frac{2}{50} + \frac{2}{12.5} + 1\right) \approx 1.215\Delta\varphi$$

　　比较(2)和(3)两种情况,提高末级传动比,使总转角误差下降了 10%。

　　通过以上分析可以看到:①各级传动比按"先小后大"原则进行分配,可使总输出轴转角误差较小,从而提高机电一体化系统齿轮传动机构的运动传递精度,降低齿轮的加工误差、安装误差及回转误差对输出转角精度的影响;②最末一级齿轮的转角误差和传动比对总转角误差影响较大,因此设计时最末两级的传动比应取大一些,并尽量提高最末一级齿轮副的加工精度(或采用消隙装置),这样能够有效减小总转角误差;③若要减少总转角误差,则传动级数应尽量取小一些,因为多一级传动则多一项误差,级数越小则总转角误差越小。因此,为提高传动精度、减少转角误差,必须减少传动级数,增加低速传动比,提高低速级的制造和安装精度,将各级传动比按"先小后大"的次序排列。

　　以上原则从三个不同的特殊要求出发进行传动比分配,其结果可能有相互矛盾之处,如装置的传动比较大,则传动级数应该增多,但是从减少转角误差的角度却希望传动级数要少。因此,在齿轮传动机构设计中,在确定传动级数和分配各级传动比时应根据具体情况,结合系统的具体要求和工作条件,灵活运用上述原则,抓住主要矛盾,做到统筹兼顾。

### 2.2.3　谐波齿轮传动

　　谐波传动(harmonic drive)是 20 世纪 50 年代中期随着空间技术发展而迅速发展起来的新型机械传动,其传动原理是由美国学者 C. Walt Musser 于 1959 年提出的,已成功应用于空间技术、能源、通信、机床、仪器仪表、机器人、汽车、造船、纺织、冶金、印刷机械、医疗机械等领域。

**1. 谐波齿轮传动的基本构件**

　　谐波齿轮传动与小齿差行星齿轮传动十分相似,由带有内齿圈的刚轮(rigid gear)、带有外齿圈的柔轮(flexible gear)和波形发生器(wave generator)三个基本构件组成,分别相当于行星系中的中心轮、行星轮和系杆。三个构件中任何一个皆可为主动件,而其余两个中一个为从动件,另一个固定。应用较多的刚轮和柔轮为带凸缘环状刚轮和杯形柔轮,其结构分别如图 2.17 和图 2.18 所示。

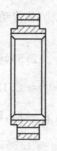

图 2.17　带凸缘环状刚轮

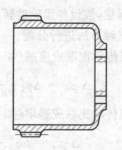

图 2.18　杯形柔轮

柔轮的外齿与刚轮的内齿齿形为三角形或渐开线，周节 $t$ 相同，但齿数 $Z$ 不同，刚轮比柔轮要多几个齿，一般为 2～3，即 $t_g = t_r$、$Z_g - Z_r = 2 \sim 3$。

常用的波形发生器有双滚轮和柔性轴承凸轮两种形式，其结构如图 2.19 所示。

按刚轮和柔轮的齿数差，波形发生器又可分为双波发生器（刚轮和柔轮齿数相差 2）和三波发生器（齿数差为 3），其中最为常用的是双波传动。

**2. 谐波齿轮传动的工作原理**

刚轮的刚度较大，不易发生变形。柔轮的刚度小，未装配前为薄圆筒形。若刚轮固定，将波形发生器装入柔轮。如图 2.20 所示，由于波形发生器的长径比柔轮内径略大，故二者装配在一起时，柔轮被迫产生弹性变形而由原来的圆筒形变为椭圆形。因此，柔轮长轴两端的轮齿与刚轮的轮齿完全啮合；柔轮短轴两端的轮齿与刚轮的轮齿完全脱开；柔轮长轴与短轴之间的齿则逐步啮入和啮出。

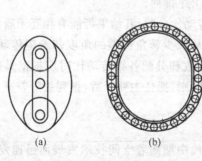

图 2.19　波形发生器
（a）双滚轮式；（b）柔性轴承凸轮式

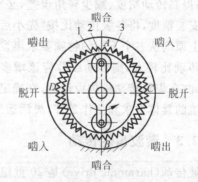

图 2.20　谐波齿轮传动
1—波形发生器；2—柔轮；3—刚轮

当高速轴带动波形发生器连续转动时，柔轮上原来与刚轮啮合的齿逐渐啮出、脱开、啮入、啮合，这样柔轮就相对于刚轮沿着与波形发生器相反的方向低速旋转，并通过低速轴输出运动。对于双波传动，当波形发生器逆时针转一圈时，刚轮和柔轮间的相对位移为 2 个齿距。

若将柔轮固定，由刚轮输出运动，其工作原理同上，只是刚轮的转向与波形发生器的转动方向相同。

当波形发生器连续转动时，迫使柔轮的长短轴发生变化，齿的啮合和脱开位置随之连续改变，于是轮齿变形也随之变化。柔轮上任何一点的径向变形量 $\Delta$ 是随转角 $\Phi$ 变化的变量,柔性变形在柔轮圆周的展开图上是一谐波,故称这种传动为谐波传动。谐波齿轮传动正是依靠柔性齿轮产生的这种可控弹性变形波引起两轮齿间的相对错齿来传递动力和运动的,因此它与一般的齿轮传动具有本质上的差别。

**3. 谐波齿轮传动的特点**

与一般齿轮传动相比,谐波齿轮传动具有以下优点:

(1) 传动比大。单级谐波齿轮的传动比为 50～500,多级和复式传动的传动比可达30000 以上。

(2) 不仅可用于减速,还可用于增速。当波形发生器为主动件时为减速;而当波形发生器为从动件时为增速。

(3) 承载能力大。由于谐波齿轮传动中同时啮合的齿数多(当传递额定输出转矩时,同时接触的齿数可达总齿数的 30%～40%以上),且齿与齿之间是面接触,因而能承受较大的载荷。

(4) 传动精度高。由于啮合齿数较多,因而误差可得到均化。另外,柔轮和刚轮的齿侧间隙主要取决于波形发生器的最大外形尺寸及两齿轮的齿形尺寸,通过微量改变波形发生器的半径来调整柔轮变形量,可以使齿隙很小,甚至是无齿隙,大大减小了回差。在同样制造条件下,谐波齿轮的传动精度比一般齿轮的传动精度至少高一级。

(5) 传动平稳,噪声低。两轮轮齿的啮入和啮出均按正弦规律变化,加之在啮入和啮出的过程中,齿轮的两侧都参与工作,无突变载荷和冲击,且无噪声。

(6) 传动效率高。单级谐波传动的效率一般为 69%～96%。当传动比增大时,效率亦不会显著下降。

(7) 可以向密封空间传递运动和动力。当柔轮被固定后,既可以作为密封传动装置的壳体,又可以产生弹性变形,完成错齿运动,从而达到传递运动和动力的目的。因此,谐波齿轮能够在密闭空间和有辐射或有害介质的环境下正常工作,可用来驱动在高真空、有原子辐射或其他有害介质的空间工作的传动机构,这一点是其他现有传动机构所无法比拟的。

(8) 零件少,体积小,重量轻。在传动比和承载能力相同的条件下,可比一般齿轮传动的零件少一半,体积和重量可减少 1/2～1/3。

(9) 成本高。柔轮材料性能要求高,而且柔轮和波形发生器制造工艺复杂,造成了谐波传动的高制造成本。

**4. 谐波齿轮传动的传动比计算**

谐波齿轮传动是行星传动的一种变形,因而谐波齿轮传动装置的传动比可按行星轮系求传动比的方法来计算。

对于谐波齿轮传动,设刚轮、柔轮和波形发生器的角速度分别为 $\omega_g$、$\omega_r$ 和 $\omega_H$,其齿数分别为 $Z_g$、$Z_r$ 和 $Z_H$,则有

$$i_{rg}^H = \frac{\omega_r^H}{\omega_g^H} = \frac{\omega_r - \omega_H}{\omega_g - \omega_H} = \frac{Z_g}{Z_r} \tag{2.61}$$

式中　　$\omega_r^H$——柔轮相对于波形发生器的相对角速度;

　　　　$\omega_g^H$——刚轮相对于波形发生器的相对角速度。

(1) 柔轮固定,波形发生器输入,刚轮输出。

因

$$i_{rg}^H = \frac{-\omega_H}{\omega_g - \omega_H} = \frac{Z_g}{Z_r}$$

故

$$i_{\mathrm{Hg}} = \frac{\omega_{\mathrm{H}}}{\omega_{\mathrm{g}}} = \frac{Z_{\mathrm{g}}}{Z_{\mathrm{g}} - Z_{\mathrm{r}}} \tag{2.62}$$

设 $Z_{\mathrm{r}} = 200$、$Z_{\mathrm{g}} = 202$，则 $i_{\mathrm{Hg}} = 101$。$i_{\mathrm{Hg}} > 0$，说明在柔轮固定时，刚轮（输出）与波形发生器（输入）转向相同；而 $|i_{\mathrm{Hg}}| > 1$，说明为减速运行。

（2）刚轮固定，波形发生器输入，柔轮输出。

因

$$i_{\mathrm{rg}}^{\mathrm{H}} = \frac{\omega_{\mathrm{r}} - \omega_{\mathrm{H}}}{-\omega_{\mathrm{H}}} = \frac{Z_{\mathrm{g}}}{Z_{\mathrm{r}}}$$

故

$$i_{\mathrm{Hr}} = \frac{\omega_{\mathrm{H}}}{\omega_{\mathrm{r}}} = \frac{Z_{\mathrm{r}}}{Z_{\mathrm{r}} - Z_{\mathrm{g}}} \tag{2.63}$$

设 $Z_{\mathrm{r}} = 200$、$Z_{\mathrm{g}} = 202$，则 $i_{\mathrm{Hr}} = -100$。$i_{\mathrm{Hr}} < 0$，说明在刚轮固定时，柔轮（输出）与波形发生器（输入）转向相反；而 $|i_{\mathrm{Hr}}| > 1$，说明为减速运行。

（3）刚轮固定，柔轮输入，波形发生器输出。

因

$$i_{\mathrm{rg}}^{\mathrm{H}} = \frac{\omega_{\mathrm{r}} - \omega_{\mathrm{H}}}{-\omega_{\mathrm{H}}} = \frac{Z_{\mathrm{g}}}{Z_{\mathrm{r}}}$$

故

$$i_{\mathrm{rH}} = \frac{\omega_{\mathrm{r}}}{\omega_{\mathrm{H}}} = \frac{Z_{\mathrm{r}} - Z_{\mathrm{g}}}{Z_{\mathrm{r}}} \tag{2.64}$$

设 $Z_{\mathrm{r}} = 200$、$Z_{\mathrm{g}} = 202$，则 $i_{\mathrm{rH}} = -0.01$。$i_{\mathrm{rH}} < 0$，说明在刚轮固定时，柔轮（输入）与波形发生器（输出）转向相反；而 $|i_{\mathrm{rH}}| < 1$，说明为增速运行。

（4）柔轮固定，刚轮输入，波形发生器输出。

因

$$i_{\mathrm{rg}}^{\mathrm{H}} = \frac{-\omega_{\mathrm{H}}}{\omega_{\mathrm{g}} - \omega_{\mathrm{H}}} = \frac{Z_{\mathrm{g}}}{Z_{\mathrm{r}}}$$

故

$$i_{\mathrm{gH}} = \frac{\omega_{\mathrm{g}}}{\omega_{\mathrm{H}}} = \frac{Z_{\mathrm{g}} - Z_{\mathrm{r}}}{Z_{\mathrm{g}}} \tag{2.65}$$

设 $Z_{\mathrm{r}} = 200$、$Z_{\mathrm{g}} = 202$，则 $i_{\mathrm{gH}} = \frac{1}{101}$。$i_{\mathrm{gH}} > 0$，说明在柔轮固定时，刚轮（输入）与波形发生器（输出）转向相同；而 $|i_{\mathrm{gH}}| < 1$，说明为增速运行。

**5. 谐波齿轮减速器**

《谐波传动减速器》(GB/T 14118—1993)标准有 12 个机型 60 种传动比规格，同一种机型包括若干种传动比。该减速器分小机型（图 2.21(a)）和大机型（图 2.21(b)）两种机型：小机型的柔轮和输出轴做成一体（整体式），而大机型的柔轮和输出轴组装为一体（组装式）。

谐波传动减速器产品型号由产品代号、规格代号和传动精度等级三部分组成，各部分之间相隔一个字。产品代号用 XB、XBZ 表示，其中 Z 表示减速器与支座连接。规格代号由用短划线分开的机型号和传动比组成，其中机型号以柔轮内径表示。传动精度等级用 A、B、C和 D 表示，依次为 1 级、2 级、3 级和 4 级。

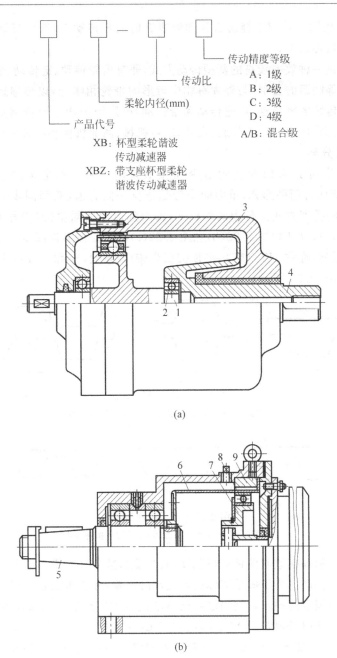

传动精度等级
A：1级
B：2级
C：3级
D：4级
A/B：混合级

传动比

柔轮内径(mm)

产品代号
XB：杯型柔轮谐波
传动减速器
XBZ：带支座杯型柔轮
谐波传动减速器

(a)

(b)

图 2.21  谐波传动减速器

（a）小机型；（b）大机型

1—波形发生器的椭圆轮；2—波形发生器的柔性轴承；3、9—刚轮；4、6—柔轮

5—输出轴；7—波形发生器的凸轮；8—柔性轴承

## 2.2.4  同步带传动

早在 1900 年，已有人开始研究同步带(synchronous belt)传动并多次提出专利，而其实用化却是在第二次世界大战以后。1940 年，美国尤尼罗尔(Unirayal)橡胶公司首先加以开

发。1946 年有人将同步带用于缝纫机针和缠线管的同步传动上,取得显著效益,从此被逐渐应用到其他机械传动上。

同步带传动是一种效率较高的新型传动方式,兼有齿轮传动、链传动、带传动三者之长。带的工作表面有等间距的齿形,与外周有相应齿形的带轮相啮合,以传递运动和动力,可在许多领域中替代传统的链传动、齿轮传动和带传动,已广泛应用于机械制造、汽车、飞机、纺织、轻工、化工、冶金、矿山、军工、仪表、食品、农业机械、商业机械和办公机械的传动中。

**1. 同步带的分类**

同步带按齿形可分为梯形齿同步带和弧形齿同步带。梯形齿同步带分为单面带(图 2.22(a))和双面带两种形式,单面同步带是指仅一面有齿,双面同步带则两面均有齿。双面同步带按齿的排列方式又分为两种形式,即对称齿双面同步带(代号 DA)和交错齿双面同步带(代号 DB),分别如图 2.22(b)和图 2.22(c)所示。弧形齿同步带又包括三种系列,即圆弧齿带(H 系列,亦称 HTD 带)、平顶圆弧齿带(S 系列,亦称 STPD 带)和凹顶抛物线齿带(R 系列),如图 2.23 所示。

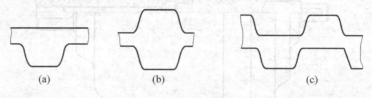

(a)　　　　　　　　　(b)　　　　　　　　　(c)

图 2.22　梯形齿同步带

(a) 单面带;(b) 对称齿双面带;(c) 交错齿双面带

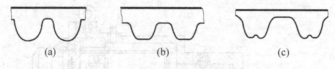

(a)　　　　　　　　　(b)　　　　　　　　　(c)

图 2.23　弧形齿同步带

(a) 圆弧齿;(b) 平顶圆弧齿;(c) 凹顶抛物线齿

同步带有节距制和模数制两种规格制度,其主要参数分别为带齿节距和模数。目前,节距制已被列为国际标准。为了满足国际技术交流的需要,除了东欧各国仍采用模数制外,包括中国在内的其他国家的同步带规格制度已逐渐统一为节距制。按节距的不同,同步带分为 7 种型号,即 MXL(最轻型)、XXL(超轻型)、XL(特轻型)、L(轻型)、H(重型)、XH(特重型)和 XXH(超重型),如表 2.1 所示。随着节距的增大,同步带的各部分尺寸及其所传递的功率也随之增大。

表 2.1　同步带型号及节距

| 型　号 | MXL | XXL | XL | L | H | XH | XXH |
|---|---|---|---|---|---|---|---|
| 节距/mm | 2.032 | 3.175 | 5.080 | 9.525 | 12.700 | 22.225 | 31.750 |

**2. 同步带的结构**

同步带一般由带背、承载绳、带齿和包布层组成,其结构如图 2.24 所示。

承载绳用来传递动力,同时保证同步带在工作时节距不变。因此,承载绳应具有较高的强度以及在拉力作用下不伸长的特性。目前常用的材料有钢丝、玻璃纤维和芳香族聚酰胺纤维。

带背用以连接和包覆承载绳,在运转过程中要承受弯曲应力,因此应具有良好的柔韧性和耐弯曲疲劳性能,以及与承载绳之间良好的黏结性能。

带齿直接与钢制的带轮相啮合并传递扭矩,故要求具有较高的抗剪切强度和耐磨性,以及良

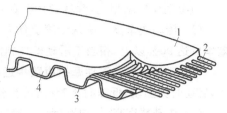

图 2.24　同步带结构
1—带背；2—承载绳；3—包布层；4—带齿

好的耐油性和耐热性。在工作过程中,带齿应与带轮齿槽正确啮合,因而对其节距分布和几何参数都提出了很高的要求。

带背和带齿一般采用相同材料制成,常用的有聚氨酯橡胶和氯丁橡胶。聚氨酯橡胶同步带具有优异的耐油性和耐磨性,适用于工作温度为 $-20\sim+80℃$、环境比较干燥、中小功率的高速运转场合；氯丁橡胶同步带的耐水解、耐热、耐冲击性能均优于前者,且传动功率范围大,特别适用于大功率传动中,工作温度范围为 $-34\sim+100℃$。

在以氯丁橡胶为基体的同步带上,其表面还覆盖有包布层,用以增强带齿的耐磨性以及提高带的抗拉强度,一般采用尼龙或锦纶丝制成。

**3. 同步带的特点**

与一般带传动相比,同步带传动具有以下特点：① 准确同步不打滑,可获得精确的传动比；②传动比范围大,一般可达 10；③允许的线速度高,可达 50m/s；④带轮直径较 V 形带传动小得多,且不需要大的张紧力,轴和轴承上所受载荷小,使带轮轴和轴承的尺寸都可减小,因此结构较为紧凑；⑤传动效率高,可达 98%；⑥传动平稳,具有缓冲、减振能力,噪声小；⑦无须润滑,没有污染；⑧中心距要求严格,安装精度要求高；⑨带和带轮制造工艺复杂,制造成本高。

## 2.2.5　滚动螺旋传动

螺旋传动机构又称丝杠螺母副传动机构,主要用于运动形式的变换,也就是将旋转运动转变为直线运动或将直线运动转变为旋转运动。螺旋传动机构分为滚动螺旋传动机构和滑动螺旋传动机构,后者结构简单,成本低,具有自锁功能,但是摩擦阻力大,传动效率低。

**1. 滚珠丝杠副的组成及特点**

滚珠丝杠副(ball screw)是一种新型螺旋传动机构,在丝杠和螺母滚道之间放入适量的

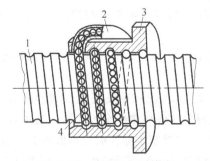

图 2.25　滚珠丝杠副构成
1—丝杠；2—反向器；3—螺母；4—滚珠

滚珠,使丝杠和螺母之间的摩擦由普通螺旋传动机构的滑动摩擦变为滚动摩擦。滚珠丝杠副由丝杠、螺母、滚珠及回珠引导装置(反向器)等组成,如图 2.25 所示。丝杠和螺母上均制有半圆弧形沟状螺旋滚道,它们套装在一起便形成滚珠的螺旋滚道。工作时,螺母与需作直线运动的零部件相连。丝杠转动,滚珠沿螺旋滚道滚动,并带动螺母直线运动。滚动数圈后,滚珠从滚道的一端滚出,并沿回珠引导装置返回另一端,重新进入滚道,从而构成闭合循环回路。

与滑动丝杠副相比,滚珠丝杠副具有以下特点。

(1) 传动效率高。滚珠沿滚道作点接触滚动运动,工作中摩擦阻力小,灵敏度高,传动效率可达 90% 以上,相当于滑动丝杠副的 3～4 倍。

(2) 运动平稳。滚动摩擦因数接近于常数,几乎与运动速度无关,动、静摩擦力相差极小,启动时无颤动,低速时无爬行,可精密地控制微量进给,确保运动的平稳性。

(3) 传动精度高,轴向刚度好。滚珠丝杠副属于精密机械传动机构,本身就具有较高的加工精度。通过采用专门的预紧装置可完全消除丝杠和螺母间的轴向间隙而产生过盈,进一步保证了传动精度。适当的预紧力还有助于提高轴向刚度,能够满足各种机械传动的要求。

(4) 耐用性好。钢珠滚动接触处均经过硬化处理和精密磨削,且运动过程属于纯滚动,相对磨损甚微,故具有较高的使用寿命和精度保持性。一般地,滚珠丝杠副的使用寿命为滑动丝杠副的 4～10 倍以上。

(5) 同步性好。由于滚珠丝杠副运动平稳、反应灵敏、无阻滞、无滑移,当采用多套相同的滚珠丝杠副驱动多个相同的运动部件时,其启动的同时性、运动中的速度和位移等都具有准确的一致性,可获得较好的同步运动。

(6) 传动具有可逆性。滚珠丝杠副既可以将回转运动变为直线运动,又可将直线运动变为回转运动,且逆传动效率与正传动效率几乎相同,因此丝杠和螺母均可作为主动件。

(7) 不能自锁。对于垂直安装的滚珠丝杠副,下降时当传动停止后,螺母所带机构将在重力作用下下滑而无法立即停止运动,因而在用于垂直方向传动(如升降机构)时,必须附加自锁或制动装置。

(8) 经济性差,成本高。由于结构及工艺都较为复杂,滚珠丝杠和螺母等零件的加工精度和表面粗糙度要求高,故制造成本较高,价格往往以毫米计。

### 2. 滚珠丝杠副的主要尺寸参数

如图 2.26 所示,滚珠丝杠副的主要尺寸参数如下。

公称直径 $d_0$:指滚珠与螺纹滚道在理论接触角状态时包络滚珠球心的圆柱直径。它是滚珠丝杠副的特征尺寸,应在标注中标出。

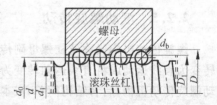

图 2.26　滚珠丝杠副的主要参数

基本导程 $l_0$:指丝杠相对于螺母旋转 $2\pi$ 弧度时,螺母上基准点的轴向位移,即丝杠旋转一圈时,螺母轴向移动 $l_0$ 的距离。其大小应根据系统的精度要求确定,当精度要求较高时应选取较小的 $l_0$,反之则选取较大的 $l_0$。

行程 $l$ 是指丝杠相对于螺母旋转任意弧度时,螺母上基准点的轴向位移。它与基本导程的关系为 $l = nl_0$。($n$ 为丝杠旋转圈数)。

此外,滚珠丝杠副的尺寸参数还有丝杠螺纹外径(大径)$d$、丝杠螺纹底径(小径)$d_1$、滚珠直径 $d_b$、螺母螺纹底径(大径)$D$、螺母螺纹内径(小径)$D_1$ 和丝杠螺纹全长 $l_s$ 等。其中,丝杠螺纹全长 $l_s$=工作台行程+螺母长度+2×余程(余程可根据基本导程的大小由表 2.2 选择)。值得注意的是,滚珠螺母应在有效行程(即丝杠螺纹全长-2×余程)内运动,必要时应在行程两端配置限位,以避免螺母越程脱离丝杠轴而使滚珠脱落。

表 2.2 基本导程与余程　mm

| 基本导程 | 2.5 | 3 | 4 | 5 | 6 | 8 | 10 | 12 | 16 | 20 |
|---|---|---|---|---|---|---|---|---|---|---|
| 余程 | 10 | 12 | 16 | 20 | 24 | 32 | 40 | 45 | 50 | 60 |

**3. 滚珠丝杠副的结构形式**

按用途和制造工艺不同,滚珠丝杠副的结构形式有多种,主要从螺纹滚道法向截面形状、滚珠循环方式、滚珠丝杠副轴向间隙调整与预紧方式等方面进行区别。

1) 螺纹滚道法向截面形状

螺纹滚道法向截面形状及其尺寸是滚珠丝杠副最基本的结构特征。我国生产的滚珠丝杠副的螺纹滚道有单圆弧形(图 2.27(a))和双圆弧形(图 2.27(b))两种。滚珠与滚道表面接触点处的公法线与过滚珠中心的丝杠轴向垂直线间的夹角 $\beta$ 称为接触角,理想的接触角为 $45°$。

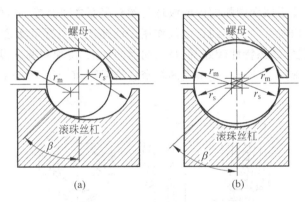

图 2.27　螺纹滚道法向截面形状

丝杠滚道半径 $r_s$(或螺母滚道半径 $r_m$)与滚珠直径 $d_b$ 的比值称为适应度。适应度对滚珠丝杠副承载能力的影响很大,一般为 $0.25\sim0.55$。

单圆弧形螺纹滚道的接触角随轴向载荷的大小而变化,故不易控制,其传动效率、轴向刚度和承载能力均不稳定。但是在滚道磨削加工时,砂轮成型比较简单,容易获得较高的加工精度。双圆弧形螺纹滚道的接触角在工作过程中基本不变,因而传动效率、轴向刚度及承载能力较为稳定。滚道截面形状由不同圆心的两个圆弧组成,二者的相交处有一小空隙,这样就使得滚珠与滚道底部不直接接触,可容纳一定的润滑油和脏物,以减小摩擦和磨损。因此,双圆弧形滚道是目前普遍采用的滚道形式。但是加工型面时砂轮的修整、加工及检验均比较困难,故加工成本较高。

2) 滚珠循环方式

按滚珠在整个循环过程中与丝杠表面的接触情况,滚珠丝杠副中滚珠的循环方式可分为内循环和外循环两类。

(1) 内循环。内循环是指在循环过程中滚珠始终与丝杠表面保持接触的循环方式。按反向器结构的不同,又可分为固定式和浮动式。

① 固定反向器式(G)。固定反向器式内循环的结构如图 2.28 所示。在螺母的侧面孔内,装有接通相邻滚道的反向器。利用反向器上的回珠槽,引导滚珠沿滚道滚动一圈后越过

丝杠螺纹滚道顶部,进入相邻滚道,从而形成一个内循环回路。

在固定反向器式内循环中,滚珠在每一个循环中绕经螺纹滚道的圈数(工作圈数)仅为1圈,因而循环回路短,滚珠数量少,滚珠循环流畅,效率高。此外,反向器径向尺寸小,零件少,装配简单。其不足之处在于反向器的回珠槽具有空间曲面,结构复杂,加工困难,装配和调整均不方便。

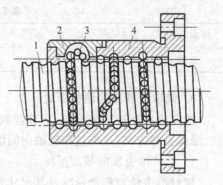

图 2.28　固定反向器式内循环
1—丝杠;2—反向器;3—滚珠;4—螺母

② 浮动反向器式(F)。浮动反向器式内循环的结构如图 2.29 所示。这种反向器上的安装孔有 $0.01\sim0.015$mm 的配合间隙,反向器弧面上加工有圆弧槽,槽内安装一拱形片簧,片簧外有弹簧套。借助拱形片簧的弹力,始终给反向器一个径向推力,从而使得位于回珠圆弧槽内的滚珠与丝杠表面之间保持一定的压力。于是,槽内滚珠替代了定位键,而对反向器起到自定位作用。浮动式反向器可实现回珠圆弧槽进出口的自动对接,通道流畅,摩擦特性较好,但是反向器的加工、装配和调试很困难,吸振性能差,故适用于高速、高灵敏度、高刚性、高精度的精密进给系统,而不适用于重载系统。

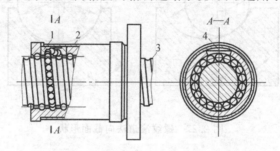

图 2.29　浮动反向器式内循环
1—反向器;2—弹簧套;3—丝杠;4—拱形片簧

(2) 外循环。外循环中的滚珠在循环返回时,将离开丝杠表面而在螺母体内或体外作循环运动,有以下三种结构形式。

① 螺旋槽式(L)。螺旋槽式外循环如图 2.30 所示,在螺母外圆柱面上直接铣出螺旋线形的凹槽作为滚珠循环通道,凹槽的两端均有通孔分别与螺纹滚道相切,螺纹滚道中装入两个挡珠器用来引导滚珠通过这两个孔,用套筒或螺母座内表面覆盖凹槽,从而构成滚珠的循环回路。其特点是结构简单,易于制造,螺母径向尺寸小,承载能力较强。由于螺旋凹槽与通孔连接处的曲率半径小,滚珠的流畅性较差,因此挡珠器端部容易磨损,刚度较差,只适用于一般工程机械。

② 插管式(CT)。插管式外循环的结构如图 2.31 所示,它是利用一个外接弯管代替螺旋槽式中的凹槽。在螺母上钻出两个与螺纹滚道相切的通孔,把弯管的两端分别插入两孔内,用弯管的端部或其他形式的挡珠器引导滚珠进出弯管,以构成滚珠的循环回路。弯管利用外加压板和螺钉固定。插管式的优点是结构简单,加工方便,适于批量生产;可做成多圈多列,以提高承载能力,在大导程多头螺旋传动中优势显著,故广泛用于高速、重载、精密定位系统中。其缺点是弯管突出在螺母的外表面,径向尺寸大;若用弯管端部作挡珠器,则较

易磨损。

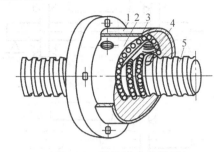

图 2.30　螺旋槽式外循环
1—套筒；2—螺母；3—滚珠；4—挡珠器；5—丝杠

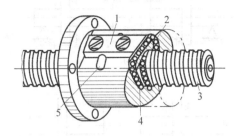

图 2.31　插管式外循环
1—压板；2—螺纹滚道；3—丝杠；4—滚珠；5—套管

③ 端盖式(D)。端盖式外循环的结构见图 2.32。该结构在螺母上钻出一个轴向通孔作为滚珠回程通道，螺母两端装有铣出短槽的端盖或套筒，短槽端部与螺纹滚道和轴向通孔相切，并引导滚珠进出回程通道，从而构成滚珠的循环回路。其特点是结构简单、紧凑，工艺性好，但是短槽与螺纹滚道和通孔之间的吻接处圆角不易准确加工，滚珠通过短槽时容易卡住，从而影响了其性能，故应用较少。

3）预紧方式

滚珠丝杠副所采取的预紧方式因螺母数量的不同而有所不同。单螺母预紧方法有变位导程预紧(B)和加大滚珠直径预紧(Z)；双螺母预紧方法有螺纹预紧(L)、齿差预紧(C)、垫片预紧(D)及弹簧预紧。预紧方法及其原理将在 2.2.6 节中作详细介绍。

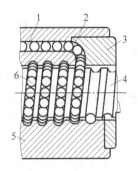

图 2.32　端盖式外循环
1—轴向通孔；2—短槽；3—端盖；4—丝杠；5—螺母；6—滚珠

**4. 滚珠丝杠副的支承方式**

丝杠的轴承组合、轴承座、螺母座以及与其他零件的连接刚性均对滚珠丝杠副的传动刚度和传动精度有很大影响，在设计和安装时应予以认真考虑。滚珠丝杠副的支承主要用来约束丝杠的轴向窜动，其次才是径向约束。为了提高轴向刚度，丝杠支承通常采用以止推轴承为主的轴承组合；仅当轴向载荷较小时，才使用向心推力球轴承来支承丝杠。如图 2.33 所示，滚珠丝杠副常用支承方式有以下几种。

(1) 单推-单推式。对于单推-单推方式，滚珠丝杠的两端均为单向止推轴承。其特点是轴向刚度较高；预拉伸安装时，预加载荷较大，轴承寿命低于双推—双推方案；适宜中速传动，精度高，也可采用双推—单推组合。

(2) 双推-双推式。双推-双推式是指滚珠丝杠两端均为双向止推轴承与向心球轴承的组合，并施加预紧力。该方案为两端固定，轴向刚度最高；预拉伸安装时，预加载荷较小，轴承寿命较高；适用于高刚度、高速度、高精度的精密丝杠传动。缺点是结构复杂，工艺困难，成本最高。此外，预拉伸及调整方法的实现较单推-单推方式复杂。

(3) 双推-简支式。在这种方案中，滚珠丝杠的一端安装双向止推轴承，另一端安装一个或两个向心球轴承，即一端固定、一端游动，以便使丝杠有热膨胀的余地。其特点是轴向刚度不高；双推端可预拉伸安装，预加载荷较小，轴承寿命较高；适用于中速、精度较高的

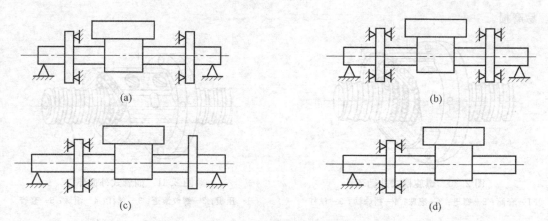

图 2.33　滚珠丝杠副支承方式

(a) 单推-单推式；(b) 双推-双推式；(c) 双推-简支式；(d) 双推-自由式

长丝杠传动系统。

（4）双推-自由式。双推—自由式支承方案在滚珠丝杠一端安装双向止推轴承，另一端则悬空呈自由状态。其特点为结构简单，轴向刚度、临界转速、压杆稳定性和承载能力都较低；双推端可预拉伸安装，适用于中小载荷和低速场合，尤其适合较短的丝杠或垂直安装的丝杠。

由于费用较低廉，普通机械中通常采用双推-简支和双推-自由支承形式，不同的是前者用于长丝杠，后者仅用于短丝杠。

滚珠丝杠副在工作时，会因摩擦或其他热源而导致受热伸长，单推-单推、双推-简支、双推-自由支承方式的预紧轴承将产生卸载，甚至可能产生轴向间隙。而对于双推-双推支承方式，卸载的结果是可能在两端支承中造成预紧力的不对称，因此要严格控制温升。

如前所述，滚珠丝杠副通常采取预拉伸安装，这样做的好处有以下几点：可减小丝杠因自重引起的弯曲；在推力轴承预紧力大于丝杠最大轴向载荷 1/3 的条件下，丝杠拉压刚度可提高 4 倍；丝杠不会因温升而伸长，工作中的温升只会减小预拉伸应力，而不会造成丝杠热膨胀，从而保持了丝杠精度。

## 2.2.6　传动机构的间隙调整

如前所述，机械传动机构中存在的间隙会造成空程误差，对系统的稳定性和传动精度产生不良影响。间隙的主要形式有齿轮传动的齿侧间隙以及丝杠螺母副的传动间隙等。为了保证系统具有良好的动态性能，在机电一体化系统中应尽可能避免出现间隙，否则应采取机械消除机构，以减小甚至消除齿侧间隙。

### 1. 齿轮机构的间隙调整

齿轮副完全无间隙地传动仅在理论上能够实现。事实上，齿轮在制造过程中不可能达到理想齿面的要求，因此加工误差总是不可避免的。另外，两个相互啮合的齿轮需要有微量的齿侧隙才能保证正常地工作，这是因为在两齿轮的非工作齿面之间留有一定的侧向齿隙，一方面可以用来储存润滑油，另一方面可以补偿由于摩擦温升而引起的热膨胀及弹性变形所带来的尺寸变化,以避免卡死。因此,应尽量采用齿侧间隙较小、精度较高的齿轮传动副。然而,为了降低制造成本,在实际中多采用以下消隙措施。

1) 圆柱齿轮传动

(1) 偏心套调整法。偏心套调整法亦称中心距调整法,是最常见且最简单的方式。如图 2.34 所示,电动机 1 的定位法兰上装有一偏心轴套 2,电动机通过偏心轴套装在箱体上。将减速箱 3 中相互啮合的一对齿轮中的齿轮 4 安装在电动机输出轴上。转动偏心轴套,可以调节两啮合齿轮的中心距,从而消除直齿圆柱齿轮正、反转时的齿侧间隙。

(2) 轴向垫片调整法。轴向垫片调整法如图 2.35 所示。齿轮 1、3 的节圆直径制成沿齿宽方向有较小锥度,于是齿轮的齿厚将在轴向产生变化。利用垫片 2 可以使齿轮 1 相对于齿轮 3 作轴向移动,从而消除两齿轮的齿侧间隙。装配时应反复调试轴向垫片的厚度,以便在减小齿侧间隙的同时,也能确保两齿轮灵活转动。

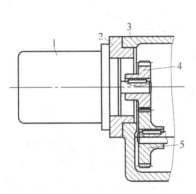

图 2.34　偏心套调整法

1—电动机；2—偏心套；3—减速箱；4,5—齿轮

图 2.35　轴向垫片调整法

1,3—齿轮；2—垫片

上述两种调整方法的共同特点都是结构简单,但齿侧隙调整后不能自动补偿,且在装配时需要反复调试。

(3) 双片薄齿轮错齿调整法。图 2.36 所示为双片薄齿轮错齿调整法。在一对啮合的直齿圆柱齿轮中,一个采用宽齿轮,另一个则由两个套装在一起的薄片齿轮 1、2 组成。两个薄齿轮齿数相同,并可作相对转动,其端面均布 4 个螺孔,分别安装制有通孔的凸耳 3、4。螺钉 5 穿过凸耳 4 的通孔与弹簧 8 的一端相连,弹簧的另一端钩在凸耳 3 上。转动螺母 7可调节螺钉 5 的伸出长度,以改变弹簧拉力大小,然后再由螺母 6 锁紧。装配后,薄片齿轮在弹簧的拉力作用下相对转动并错齿,1 的左齿面和 2 的右齿面分别与宽齿轮的左、右齿面接触,从而实现消隙。

这种调整方法的特点是齿侧间隙能够自动补偿,但结构比较复杂。在简易数控机床进给传动中,步进电动机和长丝杠之间的齿轮传动常用这种方式来消除齿侧隙。当然,弹簧拉力必须保证能够承受最大转矩。

双片薄齿轮错齿调整法不但可以消除齿轮本身误差引起的侧隙,还可以消除温度变化所引起的空程,但是无法消除轴承以及其他因素引起的齿隙。因此,齿轮传动机构仍存在一定量的空程。当传递转矩很小时,轴承间隙所引起的空程并无显著影响。当传递

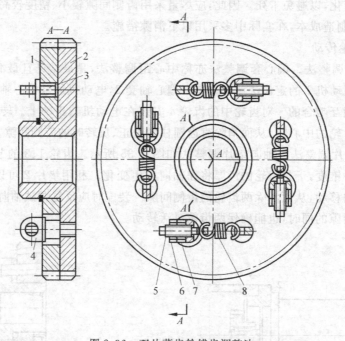

图 2.36　双片薄齿轮错齿调整法
1,2—薄齿轮；3,4—凸耳；5—螺钉；6—锁紧螺母；7—调节螺母；8—弹簧

转矩较大时,这部分空程便表现出来,但可随着所选取的弹簧力的增加而减少。当弹簧力为传递力的 5 倍时,空程为未消隙时的 25%;当弹簧力为传递力的 10 倍时,空程减小为未消隙时的 15%;当弹簧力为传递力的 10~20 倍时,空程可以忽略,但是摩擦磨损将大大增加。

2) 斜齿轮传动

斜齿轮传动消除齿侧间隙的方法和圆柱齿轮错齿调整法基本相同,也是用一个宽齿轮同时和两个齿数相同的薄片齿轮相啮合,不同的是在两个薄片斜齿轮的中间隔开一小段距离,这样一来,它们的螺旋线就错开了。

(1) 垫片错齿调整法。如图 2.37 所示,两个薄片齿轮通过平键与轴连接,互相不能相对回转。装配时,反复调整垫片的厚度,然后再用螺母拧紧,于是两齿轮的螺旋线就产生了错位,其左右两齿面分别与宽齿轮的左右齿面贴紧。

在实践中,通常采用试测法,即修磨不同厚度的垫片,再反复测试齿侧隙是否已消除及齿轮转动是否灵活,直至满足要求为止,因此调整起来比较费时,而且齿侧隙也不能自动补偿。结构比较简单是该方法的主要优点。

(2) 轴向压簧错齿调整法。图 2.38 为斜齿轮轴向压簧错齿调整法。两个薄片斜齿轮 1 和 2 用键滑套在轴上,弹簧 3 的轴向压力可用螺母 4 来调节,以改变 1 和 2 之间的距离,从而使两薄片斜齿轮的齿侧面分别贴紧在宽齿轮 5 齿槽的左右两侧面。弹簧力的大小必须调整恰当,过紧会导致齿轮磨损过快进而影响使用寿命,过松则起不到消除间隙的作用。这种调整方法的特点是齿侧隙可以自动补偿,但轴向尺寸较大,结构不够紧凑。

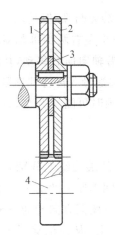

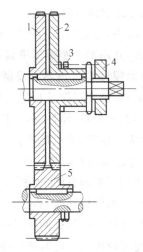

图 2.37　垫片错齿调整法　　　　　　　　　　图 2.38　轴向压簧错齿调整法

1,2—薄片齿轮；3—垫片；4—宽齿轮　　　　1,2—薄片齿轮；3—弹簧；4—调整螺母；5—宽齿轮

3）齿轮齿条传动

　　大型数控机床（如大型龙门铣床）的工作台行程较长，不宜采用滚珠丝杠副来实现进给运动，这是因为过长的丝杠容易下垂，从而影响其螺距精度及工作性能，同时丝杠的扭转刚度也会相应下降。因此，对于工作台行程很长的数控机床，通常采用齿轮齿条传动来实现进给运动。

　　齿轮齿条传动和其他齿轮传动一样都会存在齿侧隙，所以也要采取措施来消除间隙。当传动负载较小时，可采用如图 2.39 所示的双片薄齿轮错齿调整法。双片薄齿轮 1 的左右齿侧分别与齿条 2 的齿槽左右两侧贴紧，从而消除齿侧隙。当传动负载很大时，则可采用双传动链调整法来消除。图 2.40 中，齿轮 1、6 与齿条 7 相啮合，并用预紧装置 4 在齿轮 3 上预加载荷，于是齿轮 3 使左右与其相啮合的齿轮 2、5 分别带动齿轮 1、6 贴紧齿条 7 的左右侧齿槽，以达到消隙的目的。

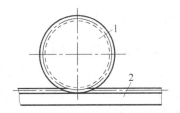

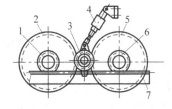

图 2.39　齿轮齿条双片薄齿轮错齿调整法　　　图 2.40　双传动链调整法

1—双片薄齿轮；2—齿条　　　　　　　　1,2,3,5,6—齿轮；4—预紧装置；7—齿条

**2. 滚珠丝杠副的间隙调整**

　　如果滚珠丝杠副中轴向有间隙或者在载荷作用下滚珠与滚道接触处发生弹性变形而引起间隙，那么当丝杠转动方向改变时将产生空程。这种空程是非连续性的，既影响传动精度，又会影响系统的稳定性。在实际应用中，通常采用预紧调整方法来消除轴向间隙，从而消除空程。根据结构特点的不同，预紧方法可分为以下几种类型。

1) 双螺母螺纹预紧调整法(L)

在图 2.41 中,左螺母 1 的外端制有凸缘,而右螺母 6 的外端无凸缘,但是加工有螺纹并伸出螺母座外,并用两个圆螺母锁紧固定。平键 3 的作用是防止左右两螺母相对转动。调整时,松开锁紧螺母 5,并旋转调整圆螺母 4,使丝杠副右螺母沿轴向向右移动,从而产生拉伸预紧,达到消除轴向间隙及预紧的目的。调整完毕后,转动圆螺母 5 再将其锁紧。该预紧方法的特点是结构简单,刚性好,工作可靠,调整方便;滚道磨损时可随时调整,只是预紧量不易掌握,故无法精确、定量地进行调整。

2) 双螺母齿差预紧调整法(C)

双螺母齿差预紧调整法(如图 2.42 所示)是在两个螺母的外端凸缘上分别制有齿数相差一个或多个齿的圆柱外齿轮,分别与用螺钉和定位销固定在螺母座上的两个内齿轮啮合。调整时,先取下内齿轮,根据间隙量的大小,将两个螺母相对螺母座同方向转动一定的齿数,然后把内齿轮复位固定。此时两个螺母之间产生了相对轴向位移,从而消除了轴向间隙并实现预紧。

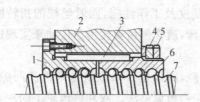

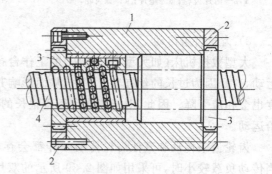

图 2.41　双螺母螺纹预紧调整法　　　　图 2.42　双螺母齿差预紧调整法

1—左螺母;2—螺母座;3—平键;4—调整螺母;　　1—螺母座;2—内齿轮;3—螺母(外齿轮);4—丝杠

5—锁紧螺母;6—右螺母;7—丝杠

当两个螺母向相同方向转动,每转过一个齿,所调整的轴向位移为

$$\Delta S = \left(\frac{1}{Z_1} - \frac{1}{Z_2}\right)l_0 \tag{2.66}$$

式中:$Z_1$ 和 $Z_2$ 分别为两个外齿轮的齿数,且 $Z_2 > Z_1$;$l_0$ 为丝杠导程。如果 $Z_1 = 99$,$Z_2 = 100$,$l_0 = 6\text{mm}$,则 $\Delta S = 0.6\mu\text{m}$。可见,这种预紧方法可实现定量调整及精密微调,调整方便,但结构较复杂,加工工艺和装配、调整性能差,宜用于高精度的传动和定位机构中。

如果两个螺母对旋预紧,则原理同上,只是将两个螺母相对反向旋紧,即可产生压缩预紧。

3) 双螺母垫片预紧调整法(D)

双螺母垫片预紧通常用螺栓来连接两个螺母的凸缘,并在凸缘间加有垫片(如图 2.43 所示)。通过调整或修磨垫片的厚度,使两螺母产生相对轴向移动,以达到消除间隙、产生预紧力的目的。加大垫片厚度为拉伸预紧;垫片减薄则为压缩预紧。

这种方法的特点是结构简单,装卸方便,刚度高,工作可靠,应用最为广泛。但是在使用过程中不能随时预紧,只能够在装配时进行间隙和预紧力调整,当滚道磨损时则不能随时调整,除非更换不同厚度的垫片,调整不但费时,而且不很准确,故适用于一般精度的机构中。

4) 弹簧预紧调整法

弹簧预紧如图 2.44 所示,两个螺母一个活动而另一个固定,利用弹簧 3 使两个螺母 2、4 之间始终有产生轴向位移的推动力,从而获得预紧。

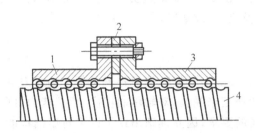

图 2.43 双螺母垫片预紧调整法

1—左螺母；2—垫片；3—右螺母；4—丝杠

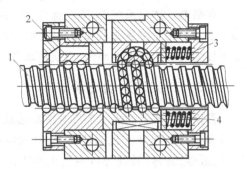

图 2.44 弹簧预紧调整法

1—丝杠；2—左螺母；3—弹簧；4—右螺母

弹簧预紧调整法的特点是能够自动消除在使用过程中因磨损或弹性变形产生的间隙,但是结构复杂,轴向刚度低,适用于轻载场合。

5) 单螺母变位导程预紧调整法(B)

变位导程预紧调整方法是在螺母体内的两列循环滚珠链之间的过渡区域内,将内螺纹进行变位,使基本导程 $l_0$ 变为 $l_0 + \Delta l_0$(如图 2.45 所示),于是两列滚珠产生轴向错位而实现预紧。该预紧方法的特点是结构简单紧凑,但在使用过程中不能自动调整间隙,且制造困难。

6) 单螺母滚珠过盈预紧调整法(Z)

如图 2.46 所示,这种方法一般用于双圆弧形滚道,通过安装直径比正常直径稍大的滚珠来达到过盈目的,从而实现消隙预紧。其特点是结构最简单,但预紧力不能过大且无法调整,主要用于轴向尺寸受到限制且预紧力较小的场合。

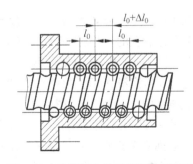

图 2.45 单螺母变位导程预紧调整法

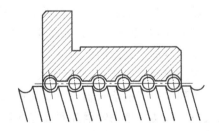

图 2.46 单螺母滚珠过盈预紧调整法

应当注意的是,在对滚珠丝杠副进行预紧时,预紧力的大小必须调整适当,即预紧力的大小应使得丝杠在承受最大轴向工作载荷时螺母副不出现轴向间隙为好。若预紧力过小,则不能保证无隙传动;而预紧力过大,则滚珠和滚道之间的接触刚度提高,传动精度高,但也使得滚珠和滚道之间的接触应力增大,从而驱动力矩增大,传动效率降低,使用寿命缩短。

可以证明,当预紧力为最大载荷的 1/3 时,对寿命和效率均无影响,将达到最佳工况。

# 2.3　支承部件

在机电一体化系统中,支承部件的作用是支承、固定和连接其他零部件,并确保这些零部件之间的相互位置要求和相对运动精度要求,因此是一种非常重要的部件。支承部件一般可分为回转运动支承部件、直线运动支承部件及机身(或基座)。

## 2.3.1　回转运动支承部件

常用的回转运动支承部件有滚动轴承、静压轴承、动压轴承、磁悬浮轴承等。随着刀具材料和精密与超精密机床的发展,机床主轴的转速越来越高,对轴承的精度、承载能力、刚度、抗振性、寿命、转速等各项指标都提出了更高的要求,因此逐渐出现了许多新型结构的轴承。

### 1. 滚动轴承

1) 标准滚动轴承

标准滚动轴承的尺寸规格已标准化、系列化,由专门生产厂家大量生产。标准滚动轴承主要根据转速、载荷、结构、尺寸要求等工作条件进行选择。一般来说,线接触轴承(滚柱、滚锥、滚针轴承)承载能力大,同时摩擦大,相应地极限转速较低。点接触球轴承则与之相反。推力球轴承由于对中性较差,故极限转速较低。如果单个轴承同时承受径向载荷和单向或双向轴向载荷,则结构简单,尺寸小,但滚动体受力不在最优方向,导致极限转速降低。如果轴系的径向载荷和轴向载荷分别由不同的轴承来承受,则受力状态较好,但结构复杂、尺寸较大。若径向尺寸受到限制,在轴颈尺寸相同的条件下,可成组使用轻、特轻、超轻系列轴承,虽然滚动体尺寸小,但是由于数量增加,因此刚度相差一般不超过 10%。通过滚针轴承来减小径向尺寸仅在低速、低精度条件下使用。

近年来,为适应各种不同的需求,开发出许多新型轴承应用于机电一体化产品。下面主要介绍空心圆锥滚子轴承和陶瓷滚动轴承。

(1) 空心圆锥滚子轴承。空心圆锥滚子轴承由英国 Gamet 公司最先开发,故也称Gamet 轴承。与一般圆锥滚子轴承不同,这种轴承的滚子是中空的,保持架整体加工,且与滚子之间无间隙,因此工作时大部分润滑油被迫通过滚子中间的小孔,从而使最不容易散热的滚子得到冷却。其余的润滑油则在滚子和滚道之间通过,起润滑作用。中空形式的滚子具有一定的弹性变形能力,故可吸收一部分的振动,起到缓冲吸振的作用。图 2.47 所示为双列和单列空心圆锥滚子轴承。双列轴承的两列滚子相差一个,使其刚度变化的频率不同,从而避免了振动。单列轴承外圈装有弹簧以用于预紧。双列和单列空心圆锥滚子轴承通常配套使用,一般将双列轴承用于前支承,而单列轴承用于后支承,适用于负载较大、精度较高,且有一定速度要求的机床主轴中。

(2) 陶瓷滚动轴承。陶瓷滚动轴承于 20 世纪 90 年代中期问世,其结构与一般的滚动轴承相同,只是所用材料不同。目前常用的陶瓷材料为 $Si_3N_4$。由于陶瓷热传导率低、不易发热、硬度高、耐磨性好,因此这种轴承极限转速高,精度保持性好,刚度高,寿命长,非常适合于在高速、高温条件下保持高精度地长时间运转,主要用于中、高速运动主轴的支承。

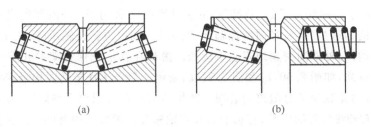

图 2.47 空心圆锥滚子轴承

(a) 双列轴承；(b) 单列轴承

2) 非标准滚动轴承

在精密机械或精密仪器中,有时因结构尺寸限制或为了满足特殊要求而无法采用标准滚动轴承,这时就需要根据使用要求自行设计非标准滚动轴承。

(1) 微型滚动轴承。图 2.48 所示为微型向心推力轴承,其尺寸 $D$ 的范围为 $4\text{mm} \geqslant D \geqslant 1.1\text{mm}$。轴承置于支承螺栓腔内,仅由杯形外圈和滚珠构成,而无内圈,故锥形轴颈与滚珠直接接触。图(a)通过调节支承螺栓 2 可消除滚珠和轴之间的间隙并预紧,再由锁紧螺母 1 紧固支承螺栓。图(b)则利用支承螺栓 2、弹簧 6 和调节螺钉 7 的共同作用来调整轴承间隙。

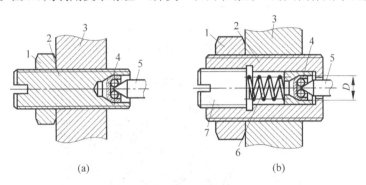

图 2.48 无内圈的微型滚动轴承

1—锁紧螺母；2—支承螺栓；3—支承；4—轴承；5—轴；6—弹簧；7—调节螺钉

当 $D > 4\text{mm}$ 时,轴承可带内圈,如图 2.49 所示。图(a)中碟形弹性垫圈用来消除轴承间隙。图(b)所示为向心轴承,其外圈内表面与内圈外表面均为 1∶12 的锥面,使用时可在外圈的端面加一预紧力以消除轴承间隙。另外,轴承内圈可以与轴一起从外圈和滚珠中取出,装拆十分方便。

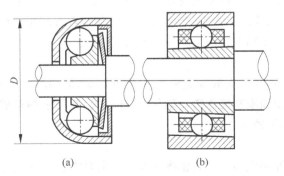

图 2.49 有内圈的微型滚动轴承

（2）密珠轴承。密珠轴承是一种新型的滚动摩擦支承，由内、外圈和密集于二者之间并具有过盈配合的钢珠组成，有径向密珠轴承（图2.50）和推力密珠轴承（图2.51）两种形式。

密珠轴承的内、外圈间密集地安装有滚珠。滚珠在其尼龙保持架的孔隙中以近似多头螺旋线的形式排列，如图2.50(b)和图2.51(b)所示。每个滚珠公转时均沿着各自的滚道滚动而互不干扰，因此减少了对滚道的磨损。密集的滚珠具有误差平均效应，有利于减小滚珠几何误差对主轴轴线位置的影响，有利于提高主轴精度。滚珠和内外圈之间保持有 $0.005\sim0.012mm$ 的预加过盈量，以消除间隙、增加刚度和提高轴的回转精度。

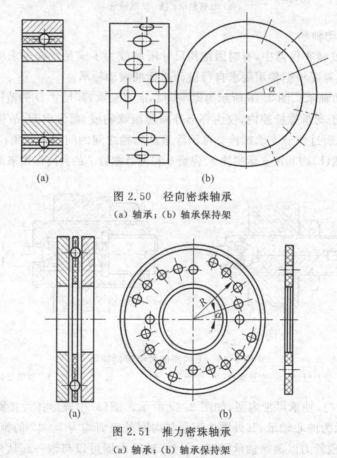

图 2.50　径向密珠轴承
(a) 轴承；(b) 轴承保持架

图 2.51　推力密珠轴承
(a) 轴承；(b) 轴承保持架

密珠轴承的特点是主轴回转精度高，且可长期保持，刚度好，磨损小，寿命长。在秒级数字显示光学分度头（图2.52）中，径向支承和轴向支承都采用密珠轴承，保证主轴回转灵活轻便，回转精度高（径向跳动和轴向跳动均在 $1\mu m$ 以内）。

**2. 滑动轴承**

滑动轴承有阻尼性能好、支承精度高、抗振性好和运动平稳等优点。按介质的不同，滑动轴承可分为液体滑动轴承和气体滑动轴承；按油（气）膜压强的形成方法，又可分为静压轴承、动压轴承和动静压轴承。

1）静压轴承

静压轴承是利用外部供油（气）装置将具有一定压力的液（气）体通过油（气）孔送入轴套油（气）腔，将轴浮起而形成压力油（气）膜，以承受载荷。其优点如下：刚度大；精度高，且

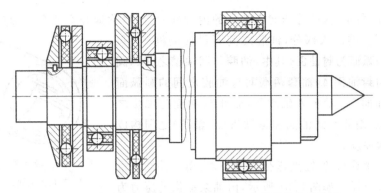

图 2.52　密珠轴承在数字式光栅分度头主轴部件中的应用

可长期保持；抗振性好；由于轴颈和轴承在工作中始终不会直接接触，处于完全流体摩擦状态，故摩擦阻力小；承载能力与滑动表面的线速度无关，故广泛用于中低速、重载、高精度的机械设备中，如液体静压轴承可用于主轴回转精度为 $0.025\mu m$ 的超精车床以及质量达 $500\sim2000t$ 的天文台光学望远镜的旋转部件。静压轴承根据介质可分为液体静压轴承和气体静压轴承；按承受载荷方向可分为向心轴承、推力轴承及向心推力轴承。

（1）液体静压轴承

① 液体静压轴承工作原理。液体静压系统包括液压静压轴承、节流器和供油装置三部分，如图 2.53 所示。

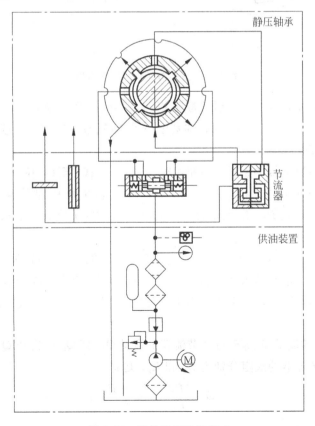

图 2.53　液体静压系统组成

　　如图 2.54 所示,液体静压向心轴承的内圆柱面上,对称地开有四个矩形油腔 2。油腔为轴套内表面上的凹入部分,油腔之间开设回油槽 3。包围油腔四周的弧面为封油面,其中,油腔与回油槽之间的圆弧面称为周向封油面 4,轴套两端面与油腔之间的圆弧面称为轴向封油面 1。轴装入轴承后,轴承封油面与轴颈之间有适量间隙,因此在封油面和运动表面(轴颈)之间构成的间隙为油膜厚度。

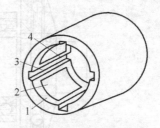

图 2.54　液体静压向心轴承

1—轴向封油面;2—油腔;

3—回油槽;4—周向封油面

　　为了达到承载目的,需要进行流量补偿,用于补偿流量的元件称为节流器。如图 2.55 所示,由油泵提供的压力为 $P_s$ 的油液经过节流器中的小孔和孔端与金属薄膜片间厚度为 $h_{g0}$ 的节流缝隙降压为 $P_r$(第一次节流),然后进入相应的油腔,再经过封油面第二次节流降压后形成油膜,余油经由回油槽流回油箱。

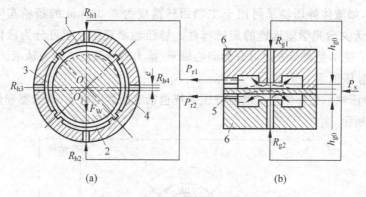

图 2.55　液体静压轴承工作原理

　　空载时(不计轴重),四个节流器的液阻相同,即 $R_{g1}=R_{g2}=R_{g3}=R_{g4}$,此时四个油腔的压力相等,即 $P_{r1}=P_{r2}=P_{r3}=P_{r4}$,轴和轴套中心重合,轴被一层等厚油膜隔开,油膜厚度为 $h_0$,轴处于平衡状态。

　　当轴受径向载荷(如轴的重量 $F_w$)作用时,轴心 $O$ 下移 $e$ 至 $O_1$ 位置。于是,各油腔压力将发生变化:油腔 1 间隙增大($h_0+e$),液阻 $R_{h1}$ 减小,流量增大,油腔压力 $P_{r1}$ 降低;油腔 2 间隙减小($h_0-e$),液阻 $R_{h2}$ 增大,流量减小,油腔压力 $P_{r2}$ 升高;油腔 3、4 的间隙均未发生变化,故 $P_{r3}$ 和 $P_{r4}$ 压力不变。

　　油腔 1、2 之间的压力差产生大小为 $(P_{r2}-P_{r1})\cdot A$ 的力作用在轴颈上($A$ 为各油腔的有效承载面积,假设四个油腔的承载面积均相等),方向与 $F_w$ 相反。若 $(P_{r2}-P_{r1})\cdot A=F_w$,则轴处于新的平衡位置,即轴向下位移很小的距离 $e$。由于 $e\ll h_0$,故轴仍处在液体支承状态下旋转。

　　流经每个油腔的流量 $Q_h$ 等于流经节流器的流量 $Q_g$,即 $Q_h=Q_g=Q$。$P_s$ 为节流器进口前的油压,油腔和节流器的液阻分别为 $R_h$ 和 $R_g$,则有

$$Q=\frac{P_r}{R_h}=\frac{P_s-P_r}{R_g}$$

则油腔压力为

$$P_r = \frac{P_s}{1 + \dfrac{R_g}{R_h}}$$

对于油腔 1、2，有

$$P_{r1} = \frac{P_s}{1 + \dfrac{R_{g1}}{R_{h1}}}, \quad P_{r2} = \frac{P_s}{1 + \dfrac{R_{g2}}{R_{h2}}}$$

当轴受到径向载荷 $F_w$ 的作用而下移时，油腔液阻 $R_{h2} > R_{h1}$。同时，节流器液阻也发生变化，即 $R_{g2} < R_{g1}$。二者同时作用，使得 $P_{r2} \gg P_{r1}$，于是产生很大的向上推力，以平衡外载荷 $F_w$，因此轴的下降位移 $e$ 很小，甚至为零，也就是说油膜的刚度很大。

由液体静压轴承的工作原理可知，若不计轴重 $F_w$，压力油通入，先将轴托到轴瓦中心脱离接触，再无机械摩擦地启动轴；外部载荷（如轴重）的作用使轴偏离中心，但是油膜压力具有自动调节作用，因此将轴托向原位。

与普通滑动轴承和滚动轴承相比，液体静压轴承具有回转精度高、刚度大、抗振性好、转动平稳、使用寿命长等优点，能够适应不同负荷、不同转速的机械设备的要求，但是也存在一些不易解决的缺点。工作时，液体静压轴承的油温随转速的升高而升高，温升将导致热变形，从而影响主轴精度。此外，静压油回油时可能将空气带入油源，形成微小气泡悬浮于油中，且不易排出，使得静压轴承的刚度和动特性降低。

为了解决上述问题，可相应地采取一些措施，如提高静压油压力，以减小微小气泡存在对轴承刚度和动特性的不良影响；控制用油温度，使其基本达到恒温，也可用恒温水对轴承实施冷却。

②节流器。节流器的主要作用如下：一方面调节支承中各油腔的压力，使轴受载偏离中心时能自动地部分恢复；另一方面使油膜具有一定的刚度，以适应外部载荷的变化。因此，假如没有节流器，轴在承受载荷后将无法悬浮起来。

常用的节流器有小孔节流器、毛细管节流器和薄膜反馈节流器等。其中，小孔节流器和毛细管节流器的液阻不随外载荷变化，称为固定节流器；薄膜反馈节流器的液阻则随载荷的变化而变化，称为可变节流器。

小孔节流器的孔径远大于孔长，油液几乎没有沿程摩擦损失，通过小孔的流量与液体黏度无关，液体流动是紊流。其特点是尺寸小，结构简单，油腔刚度比毛细管节流器大，但温度变化会引起液体黏度变化，从而影响油腔工作性能。

毛细管节流器的孔长远大于孔径，其优点是温升变化小，液体流动是层流，工作性能稳定。缺点是轴向长度大，占用空间大。

如图 2.55(b) 所示，薄膜反馈节流器由两个中间有凸台的圆盒 6 以及两圆盒间的金属弹性薄膜片 5 组成。油液由薄膜两边的间隙 $h_{g0}$ 流入轴承上下油腔（左右油腔 3、4 另有一个节流器，图中未示出）。当轴不承受载荷时，薄膜片处于平直状态，两边的节流间隙相等，油腔压力 $P_{r1}$ 和 $P_{r2}$ 相等，轴与轴套同心。当轴受载后，上下油腔间隙发生变化，使得油腔压力发生变化，即 $P_{r2}$ 增大、$P_{r1}$ 减小。于是，节流薄膜向压力小的一侧弯曲，即向上凸起，导致上油腔阻力 $R_{g1}$ 增大、流量减小，而下油腔阻力 $R_{g2}$ 减小、流量增加，从而使上下油腔的压力差进一步增大以平衡外载荷，这就是薄膜的反馈作用。

(2) 气体静压轴承。气体静压轴承的工作原理与液体静压轴承相似，只是使用气体（一般为空气)作为润滑剂,并在轴颈和轴套间形成气膜。

与液体静压轴承相比,气体静压轴承的主要优点是:气体黏度极低,内摩擦很小,故摩擦损失小,不易发热,较适合于要求有极高转速和高精度的场合;由于气体的理化性能十分稳定,因此在支承材料允许的情况下可在高温、极冷、放射性等恶劣环境中正常工作;若以空气为润滑剂,来源十分方便,对环境无污染,并且润滑剂循环系统较液体静压轴承简单。其主要缺点是:承载能力低;对轴承的加工精度和平衡精度要求高;所用气体清洁度要求较高,必须进行严格过滤。气体静压轴承主要用于精密机械、仪器、医疗和核工程等领域中的高转速、小负荷设备中。

2) 动压轴承

动压轴承的工作原理是在轴旋转时,油(气)被带入轴与轴承间所形成的楔形间隙中。由于间隙逐渐变窄,使压强升高,将轴浮起而形成油(气)楔,以承受载荷(图 2.56)。与静压轴承不同,其承载能力与滑动表面的线速度成正比,故低速时承载能力很低。因此,动压轴承只适用于速度很高且速度变化不大的场合。

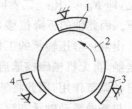

图 2.56　轴瓦靠球头浮动形成
油楔的短三瓦轴承
1,3,4—轴瓦;2—轴

3) 动静压轴承

动静压轴承综合了动压轴承和静压轴承的优点,工作性能良好。如动静压轴承用于磨床,磨削外圆时表面粗糙度可达 $Ra0.012$,磨削平面时达 $Ra0.025$。

动静压轴承的工作特性可分为静压启动、动压工作及动静压混合工作两种,后者在机电一体化系统中较多采用。

**3. 磁悬浮轴承**

磁悬浮技术是集电磁学、电子技术、控制工程、信号处理、机械学、动力学为一体的典型机电一体化技术,目前国内外研究的热点是磁悬浮轴承和磁悬浮列车。磁悬浮轴承又称为激励磁力轴承或磁轴承,是利用磁场力将轴无机械摩擦、无润滑地悬浮在空间的一种新型轴承,主要由轴承本身及其电气控制系统两部分组成。磁悬浮轴承是一种高速轴承,其最高速度可达 60000r/min。由于采用电磁和电子控制,无机械接触部分,无磨损,也无须润滑和密封,因而转速高,功耗小,可靠性远高于普通轴承。其缺点是在低速运行时,轴与轴承间存在电磁关系,会引起轴承座振动;而在高速时,磁力结合的动刚度较差。

磁悬浮轴承也分为向心轴承和推力轴承两类,均由转子和定子组成,其工作原理相同。图 2.57 为向心磁悬浮轴承原理图。

磁悬浮轴承的定子 6 上安装有电磁体,用来产生磁场使转子悬浮其中;转子 4 的支承轴颈处装有铁磁环;定子和转子之间以 0.3～1mm 的气隙隔开。当转子转动时,位移传感器 5 实时检测转子的偏心大小,并通过负反馈与基准信号(即转子理想位置)在比较单元 1 中进行比较,并产生偏差信号。调节单元 2 根据这一偏差信号进行调节,并将调节信号送到功率放大单元 3 进行放大,以改变电磁体电流,从而改变磁悬浮力(即对转子的吸力)的大小,使转子恢复至理想位置。

目前,磁悬浮轴承用于空间工业(如人造卫星的惯性轮、陀螺仪飞轮、低温透平泵)、机床工业(如大直径磨床、高精度车床)、轻工业(如透平分子真空泵、离心机、小型低温压缩机)、重工业(如压缩机、鼓风机、泵、汽轮机、燃气轮机、电动机、发电机)等领域。

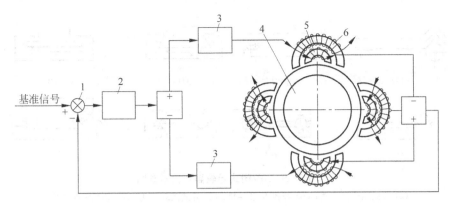

图 2.57　磁悬浮轴承原理图

1—比较单元；2—调节单元；3—功率放大单元；4—转子；5—位移传感器；6—定子

## 2.3.2　直线运动支承部件

直线运动支承部件主要是指直线运动导轨副(简称导轨)。如图 2.58 所示,导轨主要是由承导件和运动件两部分组成,其中承导件用来支承和限制运动件(如工作台、尾座等),使之按功能要求作正确的运动。

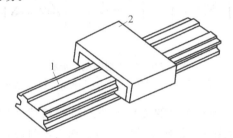

图 2.58　直线运动导轨副组成

1—承导件；2—运动件

**1. 导轨副的种类**

(1) 按接触面的摩擦性质,可分为滑动导轨、滚动导轨和流体介质摩擦导轨。

(2) 按结构特点,可分为开式导轨和闭式导轨(图 2.59)。开式导轨是指必须借助于运动件的自重或外载荷,才能保证在一定的空间位置和受力状态下,运动件和承导件的工作面保持可靠接触,从而保证运动件的规定运动。闭式导轨则借助于导轨副本身的封闭式结构,保证在变化的空间位置和受力状态下,运动件和承导件的工作面都能保持可靠的接触,从而保证运动件的规定运动。

(3) 按导轨副的基本截面形状,可分为三角形导轨、矩形导轨、燕尾形导轨、圆形导轨,如图 2.60 所示。

三角形导轨的特点是：①摩擦阻力大,导轨面上的支反力大于载荷,使摩擦力增大；②导向精度高,导轨承载面(顶面)和导向面(侧面)重合,在垂直载荷的作用下,磨损量能自动补偿,不会产生间隙；③顶角由载荷大小及导向要求而定,顶角越小,导向精度越高,但摩擦力增大,因此小顶角用于轻载精密机械,大顶角用于大型机械；④工艺性差,检修困难。

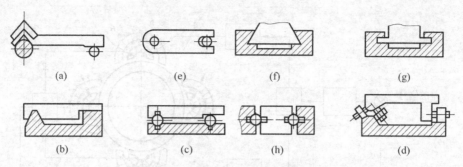

图 2.59　开/闭式导轨副结构示意图

(a) 开式圆柱面导轨；(b) 开式 V 形导轨；(c) 开式滚珠导轨；(d) 开式滚柱导轨；
(e) 闭式圆柱面导轨；(f) 闭式燕尾导轨；(g) 闭式直角导轨；(h) 闭式滚珠导轨

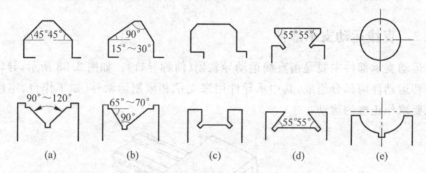

图 2.60　导轨副的截面形状

(a) 对称三角形；(b) 非对称三角形；(c) 矩形；(d) 燕尾形；(e) 圆形

　　矩形导轨的特点是：①导轨面上的支反力与外载荷相等，因而承载能力大；②承载面和导向面分开，故精度保持性好；③导向精度没有三角形导轨高，导向面的磨损直接影响导向精度，且磨损量不能自动补偿；④在材料、载荷、宽度相同情况下，摩擦阻力小于三角形导轨；⑤结构简单，加工维修较方便。

　　燕尾形导轨的特点是：①磨损后不能自动补偿间隙；②可承受颠覆力矩；③在承受颠覆力矩的条件下高度较小，当用于多坐标多层工作台时，使得总高度减小；④加工维修较困难。

　　圆形导轨的特点是：①制造方便，工艺性好；②磨损后难于调整和补偿间隙；③可同时作直线运动和旋转运动；④多用于只承受轴向载荷的场合。

　　这四种基本截面形状可适用于滑动摩擦导轨、滚动摩擦导轨及流体摩擦导轨。另外，以这四种基本截面形状为单元，可进行不同的组合，如双矩形、双三角形、矩-三角形等。

　　如图 2.60 所示，三角形又分为对称和非对称两类，而且每种截面形状的导轨又分为凸形和凹形两种。凸形导轨不易积存切屑及其他脏物，但也不易储存润滑油，因此适宜在低速场合应用。凹形导轨则与之相反，可在高速下工作，但必须进行良好的防护，以避免切屑等脏物落入导轨。

**2. 滑动导轨**

1) 金属-金属导轨

这种导轨目前在数控机床等机电一体化产品中较少使用，因为其静摩擦因数较大，动摩擦因数随速度而变化,且静摩擦因数和动摩擦因数的差值较大,容易出现低速爬行现象。

低速爬行是指在低速运行时,运动导轨不是作匀速运动而是时走时停或忽快忽慢的现象。其主要原因是摩擦面的静摩擦因数大于动摩擦因数,低速范围内的动摩擦因数随运动速度的变化而变化以及传动系统刚性不足。

将直线运动导轨副的传动系统和摩擦副简化为如图 2.61 所示的弹簧-阻尼系统,主动件 1 通过传动系统 2 带动运动件 3 在静导轨 4 上运动时,作用在导轨副内的摩擦力 $F$ 是变化的。当导轨副相对静止时,静摩擦因数较大。在导轨副开始运动的低速阶段,$F$ 变为动摩擦,动摩擦因数随导轨副相对滑动速度的增大而降低。当相对速度增大到某一临界值时,相对速度逐渐降低,此时,动摩擦因数随相对速度的减小而增大。由此来分析图 2.61 所示运动系统。

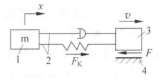

图 2.61　直线运动导轨副物理模型
1—主动件;2—传动系统;
3—运动件;4—静导轨

匀速运动的主动件 1 通过压缩弹簧来推动静止的运动件 3。运动件受到逐渐增大的弹簧力 $F_K$。当弹簧力小于静摩擦力时,3 不动。直到弹簧力刚刚大于静摩擦力时,3 开始运动。在低速阶段,动摩擦因数逐渐降低,动摩擦力也随之减小,3 的速度逐渐增大,同时拉长弹簧,作用在 3 上的弹簧力逐渐减小。当 $F_K = F$ 时,由于惯性,3 仍以较大速度继续移动,使弹簧进一步受到拉伸,$F_K$ 进一步减小,此时 $F_K < F$,3 产生负加速度而使其速度降低,于是动摩擦因数相应增加,动摩擦力也相应增大,3 的速度逐渐下降直至停止运动。主动件继续以匀速运动,重新压缩弹簧,爬行现象进入下一个周期。

低速爬行的产生不但限制了机电一体化系统的运行精度,而且降低了低速运动平稳性。低速运动平稳性是指在低速运动(如 0.05mm/min)或微量位移(如 0.001mm/次)时不出现爬行。为了防止爬行现象的出现,应采取以下措施:①改善摩擦性能,如采用贴塑导轨,其摩擦因数小且静摩擦因数与动摩擦因数相等;②变滑动摩擦为滚动摩擦,如采用滚动导轨,其摩擦因数小且静摩擦因数与动摩擦因数近似相等;③采用新型支承,如动静压导轨;④在普通滑动导轨上使用含有防爬行的极性添加剂的导轨油;⑤通过缩短传动链以及减少传动副数等方法提高传动系统刚度。

2) 塑料导轨

塑料导轨是在滑动导轨上镶装塑料而成,它具有以下优点:耐磨性好(但略低于铝青铜);摩擦因数较小,动、静摩擦因数差别小,无低速爬行现象,故运动平稳性好;定位精度较高,使用聚四氟乙烯材料时位移误差为 $2\mu m$,而一般的滑动导轨为 $10 \sim 20\mu m$;因塑料有吸振性能,故抗振性能好;工作温度适应范围广,可达 $-200 \sim +260$℃;抗撕伤能力强;加工性和化学稳定性好;工艺简单,成本低,使用维护方便等,因而得到了越来越广泛的应用。但是在使用时也不能忽视其缺点,即耐热性差,且易发生蠕变,因此必须做好散热。目前,塑料导轨在各类机床的动导轨及图形发生器工作台的导轨上都有应用,多与不淬火的铸铁导轨相搭配。

用作导轨的塑料主要有以聚四氟乙烯为基体的塑料及环氧树脂涂料两种。聚四氟乙烯(PTFE)是现有材料中干摩擦因数最小的一种($\mu = 0.04$),但纯 PTFE 的机械强度低,刚性差,耐磨性差,因而需加入填充剂以增加其耐磨性。在以 PTFE 为基体的各种塑料中,英国 Glacier 公司生产的 $D\mu$ 导轨板性能较好。

常用的塑料导轨材料有以下三种：

（1）贴塑导轨软带。贴塑导轨软带由美国 Shamban 公司于 20 世纪 60 年代最先开发制造，型号为 Turcite－B，是以聚四氟乙烯为基体，添加合金粉和氧化物等所构成的高分子复合材料，并制成软带状。将其粘贴在金属导轨上所形成的导轨称为贴塑导轨。在国内，1982年广州机床研究所成功研制出 TSF 贴塑导轨软带。

使用时，通常采用黏结剂将软带粘贴在需要的位置作为导轨表面。如图 2.62 所示，软带粘贴形式主要有平面式和埋头式两种。平面式多用于机械设备的导轨维修；而埋头式多用于新产品开发。粘贴埋头式软带的导轨加工有带挡边的凹槽，如图 2.62(b)所示。

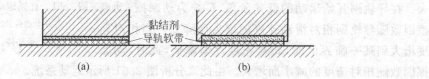

黏结剂
导轨软带

(a)　　　　　　　　　　　　(b)

图 2.62　贴塑导轨软带粘贴形式
(a) 平面式；(b) 埋头式

贴塑导轨软带可与铸铁或钢组成滑动摩擦副，也可以与滚动导轨组成滚动摩擦副。

（2）金属塑料复合导轨板。如图 2.63 所示，金属塑料复合导轨板分为内层、中间层和外层共三层。内层为钢板，以保证导轨板的机械强度和承载能力。在钢板上镀烧结成球状的青铜颗粒，形成多孔的中间层，再在中间层上真空浸渍聚四氟乙烯等塑料填料。当青铜与配合面摩擦而发热时，热膨胀系数远大于金属的塑料从颗

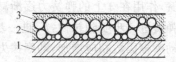

图 2.63　金属塑料复合导轨板
1—内层；2—中间层；3—外层

粒的孔隙中挤出，向摩擦表面转移，形成厚 0.01～0.05mm 的自润滑塑料层（即外层），因此这种塑料导轨板适用于润滑不良或无法润滑的导轨面上。这种材料还可保证较高的重复定位精度和满足微量进给时无爬行的要求。

金属塑料复合导轨板粘贴在动导轨上或同时用螺钉紧固的方法进行装配。这种复合导轨板以英国 Glacier 公司生产的 Dμ 和 Dx 导轨板最有代表性。国内的类似产品为北京机床研究所研制的 FQ-1 复合导轨板等。

（3）塑料涂层。常用塑料涂层材料有环氧涂料和含氟涂料。这两种材料都是以环氧树脂为基体，只是牌号和组成成分不同。环氧涂料具有摩擦因数小且稳定、防低速爬行及自润滑性能良好等优点，但是不易存放，而且黏度会逐渐变大。含氟涂料则克服了这些缺点。

在摩擦副的两配对面中，如果只有一面磨损严重，则可把磨损部分切除，涂敷塑料涂层，利用模具或另一摩擦面使其成形，固化后的塑料涂层成为摩擦副中的一个配对面，与另一个金属配对面组成新的摩擦副。

塑料涂层不但用于导轨副中，还可用于滑动轴承、蜗杆、齿条等各种摩擦副中，主要用于机械设备中摩擦副的修理或设备的改造，如改善导轨的运动特性特别是低速运动的稳定性；也可用于新产品设计等场合。

**3. 滚动导轨**

滚动导轨是在两导轨面之间放入滚珠、滚柱、滚针等滚动体，形成具有滚动摩擦的导轨。和滑动导轨相比，滚动导轨具有以下优点：①摩擦因数小（一般在 0.003～0.005），运动灵

活；②动静摩擦因数基本相同，故启动阻力小，不易产生爬行，低速运动稳定性好；③可以预紧，刚度高；④定位精度高，运动平稳，微量移动准确；⑤寿命长，使用耐磨材料制作，摩擦小，精度保持性好；⑥润滑方便，可以采用脂润滑，一次装填，可长期使用；⑦由专业厂生产，可以外购选用。其缺点是导轨面与滚动体间为点接触或线接触，所以抗振性差，接触应力大；对导轨表面硬度、表面形状精度和滚动体尺寸精度有较高要求，如果滚动体的直径不一致，会导致导轨表面高低不平，致使运动部件倾斜，从而产生振动，影响运动精度；结构复杂，制造困难，成本较高；对脏物比较敏感，必须设置防护装置。

按滚动体形状不同，滚动导轨分为滚珠导轨、滚柱导轨和滚针导轨三种，如图 2.64 所示。

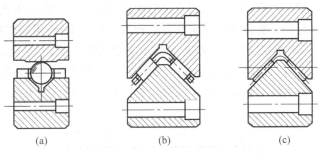

图 2.64　滚动导轨的结构形式
(a) 滚珠导轨；(b) 滚柱导轨；(c) 滚针导轨

滚珠导轨的特点是由于滚珠和导轨面之间是点接触，故摩擦阻力小，工艺性好，但导轨刚度低，承载能力差，多用于外载荷不大、行程较短的设备。

对于滚柱导轨和滚针导轨，滚动体和导轨面之间是短线接触，故增加了刚度，提高了承载能力，但运动灵活性不如滚珠导轨，适用于外载荷较大的场合。与滚柱导轨相比，滚针导轨径向尺寸小，结构紧凑，适用于导轨尺寸受限制的场合。

**4. 流体介质摩擦导轨**

静压导轨的工作原理与静压轴承类似，是在两个相对运动的导轨面之间，通入具有一定压力的液压油或气体，使两导轨间形成一层极薄的油膜或气膜，将运动导轨略微浮起，并且在工作过程中，油腔或气腔的压力随外载荷的变化而自动调节，从而保证导轨面之间始终处于纯流体摩擦状态下运行。

静压导轨有开式和闭式两种，闭式静压导轨不但可承受垂直方向的作用力，而且可承受水平方向的作用力及颠覆力矩。因此，需配置 4 个油腔，导轨上侧有 2 个，左、右侧各有 1 个。而开式静压导轨只能承受垂直方向的作用力，而不能承受水平方向的作用力及颠覆力矩。

静压导轨按工作介质还可分为液体静压导轨和气体静压导轨，其主要优点是油膜或气膜厚度基本保持恒定不变；摩擦因数小，因而摩擦发热小，导轨温升小；不会产生低速爬行；两导轨表面不直接接触，基本上没有磨损，可长期保持导向精度，且使用寿命长。对于液体静压导轨，其抗振性能较好，这是源于油液的吸振作用。由于气体具有可压缩性，气体静压导轨的刚度低于液体静压导轨，在重载场合不宜使用。所以液体静压导轨多用于中、大型机床和仪器，如磨床、镗床、三坐标测量仪等，而气体静压导轨多用于精密、轻载、高速的精密机械和仪器,如图形发生器、自动绘图机、三坐标测量机等。

在使用静压导轨时,液压油或空气必须保持清洁,因此液体静压导轨需配置一套具有良好过滤效果的供油装置,气体静压导轨也要求供应经过过滤的高质量的气源,导致结构复杂、成本较高。由于气体静压导轨使用的是经过除尘、除油、除湿处理后的空气,导轨内既没有灰尘和液体,也不会像液体静压导轨因漏油而造成环境污染,因此最适合作为食品、药品、医疗器械、精密仪器设备中的导轨副。

图 2.65 为闭式液体静压导轨工作原理图。当工作台 13 承受垂直外力 $F_V$ 作用而下降时,油腔间隙 $h_1$、$h_2$ 变小,而油腔间隙 $h_3$、$h_4$ 变大,于是流经节流器 7、8 的流量减小,其压力降也相应减小,使得油腔压力 $P_1$、$P_2$ 升高;流经节流器 9、10 的流量增大,其压力降也相应增大,使得油腔压力 $P_3$、$P_4$ 降低。当这四个油腔的压力差所产生的向上支承合力与 $F_V$ 相等时,工作台将稳定在新的平衡位置。当工作台受到水平外力 $F_H$ 作用向右移动时,左、右油腔间隙 $h_5$ 减小、$h_6$ 增大,两油腔压力 $P_5$、$P_6$ 产生的水平合力将与 $F_H$ 相平衡。当工作台承受颠覆力矩 $M$ 作用时,会使 $h_1$、$h_4$ 增大,而 $h_2$、$h_3$ 减小,四个油腔产生的反力矩与 $M$ 处于平衡状态,使工作台重新稳定在新的平衡位置。如果仅有油腔 1、2,则成为开式静压导轨。

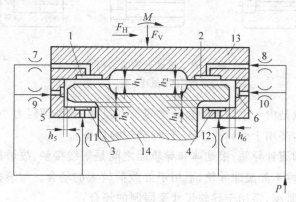

图 2.65　闭式液体静压导轨

1～6—油腔；7～12—节流器；13—工作台；14—导轨

# 习题与思考题

2.1　机电一体化系统设计时需要进行机械系统的哪些物理量换算? 换算原则是什么?

2.2　图 2.66 为一工作台驱动系统。已知:工作台质量 $m_T = 400\text{kg}$,丝杠导程 $l_0 = 5\text{mm}$,水平方向的切削分力 $F_1 = 800\text{N}$,垂直方向的切削分力 $F_2 = 600\text{N}$,工作台与导轨间的滑动摩擦因数为 0.2。其他参数见下表。求:转换到电动机轴 I 上的等效转动惯量和等效转矩。

| | 齿轮 | | | | 轴 | | 丝杠 | 电动机 |
|---|---|---|---|---|---|---|---|---|
| | $Z_1$ | $Z_2$ | $Z_3$ | $Z_4$ | I | II | | |
| $n/(\text{r/min})$ | 720 | 360 | 360 | 180 | 720 | 360 | 180 | 720 |
| $J/(\text{kg} \cdot \text{m}^2)$ | 0.01 | 0.016 | 0.02 | 0.032 | 0.024 | 0.004 | 0.012 | |

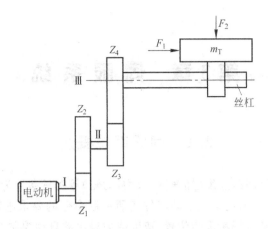

图 2.66　题 2.2 图

2.3　机电一体化系统对传动机构提出了哪些要求？应采取哪些措施来达到这些要求？

2.4　机电一体化系统中齿轮传动机构的作用有哪些？

2.5　在设计齿轮传动机构时，依据什么原则来确定传动级数和各级传动比？

2.6　已知某 4 级齿轮传动系统中各齿轮的转角误差相同，均为 0.005 弧度；各级传动比相同，均为 1.5。

（1）求该传动系统的最大转角误差 $\Delta\phi_{max}$。

（2）为减小 $\Delta\phi_{max}$，应采取什么措施？

2.7　简述谐波齿轮传动的优缺点。

2.8　设有一谐波齿轮减速器，其减速比为 100，柔轮齿数为 100。（1）求刚轮固定时该谐波减速器的刚轮齿数。（2）该减速器输出轴的转动方向与输入轴是否相同？

2.9　简述同步带传动的优缺点。

2.10　与滑动螺旋传动相比，滚动螺旋传动有哪些特点？

2.11　滚珠丝杠副的主要尺寸参数有哪些？分别说明其含义。

2.12　滚珠丝杠副的支承方式有哪些？各有何特点？

2.13　齿轮传动的齿侧间隙对传动系统有何影响？应采取什么措施予以消除？

2.14　如何消除滚珠丝杠副中丝杠螺母之间的轴向传动间隙？

2.15　现有一滚珠丝杠采用双螺母齿差式预紧调整。其基本导程为 6mm，一端齿轮齿数为 100，另一端齿轮齿数为 98。当两端的外齿轮向同一方向转过 2 个齿时，两个螺母之间的相对位移有多大？

2.16　简述液体静压轴承的工作原理。

2.17　什么是低速爬行现象？应采取什么措施来克服？

# 第3章 伺服系统

## 3.1 伺服系统概述

伺服系统是一种以位移、速度(加速度)或力(力矩)等机械参量为被控量,在控制命令的指挥下,控制执行元件工作,使机械运动部件按照控制命令的要求进行运动,具有良好的动态性能,从而使机械设备获得精确的位置、速度或力输出的自动控制系统。

大多数伺服系统具有检测反馈环节,因而伺服系统也是一种反馈控制系统。其基本设计思想是系统实时检测在各种外部干扰作用下被控对象输出量的变化,与指令值进行比较,并利用二者的偏差值进行自动调节,以消除偏差,使被控对象输出量能够迅速、准确地响应输入指令值的变化。由于伺服系统必须始终跟踪指定目标,因此伺服系统也称为随动系统或自动跟踪系统。

### 3.1.1 伺服系统的构成

伺服系统种类繁多,其组成和工作状况也不尽相同,但是无论多么复杂的伺服系统,一般都是包含比较元件、调节元件、功率放大元件、执行元件、检测反馈元件等几个部分,其基本组成框图如图3.1所示。

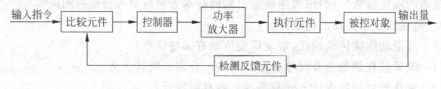

图3.1 伺服系统组成框图

**1. 比较元件**

比较元件是将输入的指令信号与系统的反馈信号进行比较,以获得控制系统动作的偏差信号,通常由专门的电子电路或计算机软件来实现。

**2. 控制器**

控制器通常由计算机或控制电路组成,其主要任务是对比较元件输出的偏差信号进行变换、处理,按照一定的控制算法生成相应的控制信号。常用的控制算法有PID控制、最优控制、模糊控制和神经网络控制等。

**3. 功率放大器**

功率放大器的作用是对控制信号进行放大,从而指挥执行元件按要求动作,主要采用各种电力电子器件构成。

**4. 执行元件**

执行元件是在控制信号的作用下,将输入的各种形式的能量转换成机械能,以驱动被控对象工作。机电一体化产品中多采用伺服电动机(包括交流伺服电动机、直流伺服电动机)和步进电动机为执行元件。

**5. 被控对象**

被控对象是指伺服系统中被控制的机构或装置,是完成系统目的之主体,一般包括机械负载和机械传动装置等。

**6. 检测反馈元件**

检测反馈元件是指对系统的被控制量(即被控对象的输出量)进行实时测量,将其转换成比较元件所需要的量纲并反馈到比较元件的装置,一般包括传感器及其转换放大电路等。

### 3.1.2　伺服系统的类型

**1. 按控制方式的不同可分为开环、全闭环和半闭环伺服系统**

1) 开环伺服系统

开环伺服系统是指没有检测反馈装置的伺服系统,也称开环系统或无反馈系统。通常用步进电动机作为伺服驱动装置。

图 3.2 是由步进电动机驱动齿轮减速装置和丝杠螺母副来带动工作台往复直线运动的开环系统,由于没有检测反馈装置,因此对工作台的实际移动量不进行检测。其原理为:步进电动机驱动电路接收从控制装置发出的脉冲指令,经环形分配和功率放大后,控制电动机的转动方向和转速大小。每输入一个脉冲指令,步进电动机就转动一定的角度(步距角),工作台就相应地移动一个距离,所以控制系统发出的脉冲数目决定了工作台移动的距离,而脉冲频率决定了工作台移动的速度。

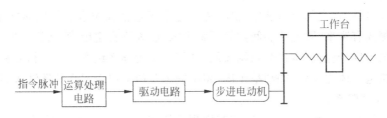

图 3.2　开环伺服系统组成简图

由于没有检测反馈,无法测出和补偿系统误差,工作台的定位精度主要取决于步进电动机和传动元件的累积误差。即使有误差,也无法自动纠正。因此,开环系统的定位精度较低,一般为±(0.01~0.03)mm。由于执行元件是步进式运动,每一步都有启动/制动的微观变化,故运动不平稳,影响了加工粗糙度,尤其是低速运行时更为明显。另外,工作台的移动速度也受到限制,它主要取决于步进电动机的最高运行频率。开环系统的优点是结构简单,控制容易,成本低,调整和维修比较方便。由于被控量不以任何形式反馈到输入端,故工作比较可靠,但是抗干扰能力差。因此,开环系统主要用于精度和速度要求不高、轻载或负载变化不大的场合,如简易数控机械、机械手、小型工作台、线切割机和绘图仪等。

2) 全闭环伺服系统

全闭环伺服系统是指具有直接测量系统输出的反馈装置的伺服系统,简称闭环系统。通常采用直流伺服电动机或交流伺服电动机作为驱动装置,较少使用步进电动机。

在图 3.3 所示的闭环伺服控制系统中,传感器安装在执行机构(工作台)上,直接检测目标运动的直线或回转位移。安装在工作台上的位移检测传感器(如直线感应同步器、光栅或磁栅)将工作台的直线位移量转换成反馈电信号,并与位置控制器中的参考值相比较,其偏差值经过驱动电路放大后,由伺服电动机驱动工作台向减小偏差的方向移动。若来自数控装置的脉冲指令不断产生,工作台就始终跟随移动,直至偏差值为零为止。

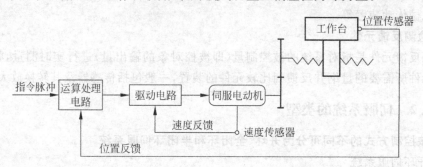

图 3.3　全闭环伺服系统组成简图

　　闭环系统是基于偏差的控制,可以补偿反馈回路中的系统误差,包括机械传动系统的传动误差和控制电路的误差,因此,闭环系统的定位精度主要取决于检测反馈装置的误差,而与控制电路、机械传动装置没有直接联系。如果采用较高精度的测量元件,则系统中传动链的误差、环内各元件的误差以及运动中造成的随机误差都可以得到补偿,大大提高了跟随精度和定位精度。为了增加系统的黏性阻尼,改善动态特性,在位置反馈回路内部还设有速度反馈回路,构成位置和速度双回路控制。所以,全闭环系统可以得到很高的精度和速度,其定位精度可达±(0.001~0.003)mm。

　　由图 3.3 可见,在全闭环系统中,机械传动链全部包括在位置反馈回路之中。因此,系统将受到机械固有频率、阻尼比和间隙等因素影响,成为不稳定因素,从而增加了系统设计、控制和调试的难度,制造成本也会急剧增加。因此,全闭环系统主要用于精度和速度较高的精密和大型机电一体化设备,如超精车床、超精铣床及精度要求很高的镗铣床等。

　　3) 半闭环伺服系统

　　半闭环系统和闭环系统一样也安装有检测反馈装置,却是从系统传动链中间部位取出检测反馈信号。在半闭环控制系统中,常将传感器安装在传动机构上,或直接安装在执行元件的驱动轴上,从而间接测量目标运动的直线或回转位移。如图 3.4 所示,工作台的位置可通过安装在电动机轴上或丝杠轴端的编码器间接获得。

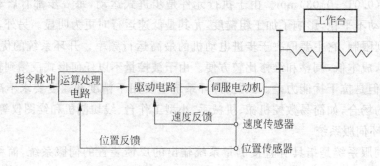

图 3.4　半闭环伺服系统组成简图

由于半闭环系统中有部分传动链位于系统闭环之外,故只能补偿反馈回路中的系统误差,其定位精度比全闭环的稍差,一般可达±(0.005~0.01)mm。由于在半闭环系统中,位置反馈回路中不包括机械系统,因此稳定性比闭环系统好,且结构比较简单,调整和维护也比较方便,广泛用于各种机电一体化设备中,如数控机床和加工中心的伺服进给系统。

**2. 按执行元件的不同可分为电气、液压、气动和电液伺服系统**

伺服系统采用的驱动技术与所使用的执行元件有关。根据执行元件的不同,伺服系统可分为电气伺服系统、液压伺服系统、气动伺服系统和电液伺服系统。在机电一体化产品中,电气伺服系统得到了广泛应用。根据所用伺服电动机的不同,又有直流伺服系统、交流伺服系统和步进伺服系统之分。

表 3.1 列出了各种伺服系统的特点。

**表 3.1　各种伺服系统的特点**

| 伺服系统类型 | | 执行元件 | 系统特点 |
| --- | --- | --- | --- |
| 电气伺服系统 | 直流伺服系统 | 直流伺服电动机 | 宜于微机控制,能实现定位伺服,过载性差,体积小,动力较大,无污染,应用广泛 |
| | 交流伺服系统 | 交流伺服电动机 | |
| | 步进伺服系统 | 步进电动机 | |
| 液压伺服系统 | | 液压缸 液压马达 | 工作平稳,响应速度快,输出力矩大,特别是低速运行时的性能更具优势;设备复杂(包括泵、阀、过滤器、管路等),体积大,维修费用高,液压油易泄漏而造成环境污染 |
| 气动伺服系统 | | 气缸 气动马达 | 气源方便,无泄漏污染,功率小,成本低,设备复杂。由于空气具有可压缩性,故定位精度不高,动作平稳性不好,实现伺服有一定的难度 |
| 电液伺服系统 | | 电液伺服马达 电液步进电动机 | 电气与液压相结合,信号处理部分(如信号检测反馈,信号放大变换)采用电气元件,而功率输出部分使用液压元件,充分发挥电气和液压两方面的优点;结构紧凑,响应速度快,输出转矩比电动机大,可直接驱动负载,过载能力强,定位精度高,适于重载的高加/减速驱动 |

## 3.1.3　伺服系统的基本要求

机电一体化要求伺服系统应满足稳定性好、精度高、响应速度快等基本要求,同时还要求体积小、重量轻、可靠性高、成本低、工作频率范围宽、抗外界干扰和负载能力强等。

**1. 稳定性**

伺服系统的稳定性是指当作用在系统上的扰动信号消失后系统能够恢复到原来的稳定状态下运行,或者当给系统输入一个新的指令信号后系统能够达到新的稳定运行状态的能力。如果伺服系统在受到外界干扰或输入指令信号作用时,其输出响应的过渡过程随着时间的延长而衰减,而且过渡过程持续的时间较短,则说明系统稳定性好;如果系统输出响应的过渡过程为愈加剧烈的振荡或者表现为等幅振荡,则属于不稳定系统。伺服系统在其工作范围内具有较高的稳定性是最基本的要求,是确保系统正常运行的基本条件。伺服系统的稳定性主要取决于系统的结构以及组成元件的参数(如惯性、刚度、阻尼、增益等),而与外界作用信号(包括指令信号和扰动信号等)的性质或形式无关,可通过自动控制理论所提供的方法加以判断并实施控制。

**2. 精度**

在伺服系统中,传感器的灵敏度和精度、伺服放大器的零点漂移和死区误差、机械传动装置的反向间隙和传动误差以及各元器件的非线性因素等都会影响系统的精度。伺服系统的精度是指系统输出复现输入指令的精确程度,以动态误差、稳态误差和静态误差三种形式来表现。稳定的伺服系统对于变化的输入信号的动态响应往往是一个振荡衰减过程。在动态响应过程中输出量与输入量之间的偏差为动态误差。当系统振荡衰减到一定强度后,动态响应过程结束,系统进入稳态过程,但输出量与输入量之间的偏差可能仍持续存在,该偏差即为系统的稳态误差。系统的静态误差是指系统组成元件的自身零件精度、装配精度以及干扰信号所引起的误差。

**3. 快速响应性**

快速响应性是指动态响应过程中系统输出能够快速跟随输入指令信号变化以及动态响应过程迅速结束的能力,是衡量伺服系统动态性能的重要指标。

伺服系统对输入指令信号的响应速度通常用系统的上升时间来描述,主要取决于系统的阻尼比。阻尼比越小则响应越快,但是过小的阻尼比会造成最大超调量增大以及调节时间加长,从而降低了系统的相对稳定性。伺服系统动态响应过程的迅速程度则由系统的调节时间(或过渡过程时间)来表征,主要取决于系统的阻尼比和固有频率。在阻尼比一定的情况下,固有频率的提高将缩短响应过程的持续时间。

上述三项基本性能要求是相互关联的,在进行伺服系统设计时,应在满足稳定性和精度的前提下,尽量提高系统的响应速度。

## 3.2 伺服系统的动态性能指标

### 3.2.1 时域性能指标

在一定条件下,伺服系统可简化为二阶系统。在现代数控机床中,其伺服进给系统大多为阻尼比小于1的欠阻尼系统,即所谓的软伺服系统,以利于轮廓轨迹的加工。二阶欠阻尼系统的单位阶跃响应曲线如图3.5所示。

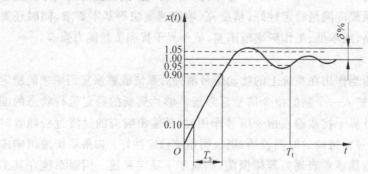

图 3.5　二阶系统单位阶跃响应曲线

（1）最大超调量 $\delta\%$：系统的最大输出响应值超过稳态值的百分数。

（2）上升时间 $T_s$：系统的输出响应由稳态值的 10% 上升到 90% 所需要的时间。

（3）调节时间 $T_t$：系统的输出响应与稳态值之间的偏差达到 2% 或 5%，并维持在此范围内所需要的时间。

（4）振荡次数：在调整时间内，系统的输出响应偏离稳态值的次数。

上升时间和调节时间表征过渡过程的快速响应性，而最大超调量和振荡次数表征过渡过程的稳定性。

### 3.2.2　频域性能指标

**1. 开环频域性能指标**

图 3.6 示出了开环伺服系统频率特性指标。

1）增益裕量（幅值裕量）$A_g$

相角位移 $\varphi(\omega)=-180°$ 时的角频率为相位穿越频率或相位交界频率 $\omega_g$。当 $\omega=\omega_g$ 时，Bode 图中与 0dB 线的距离为增益裕量 $A_g$。对于稳定的伺服系统，$A_g$ 应在 0dB 线以下。

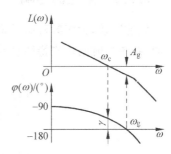

图 3.6　开环系统频率特性指标

2）相位裕量（相角裕量）$\gamma$

$L(\omega)=0$dB 时相频特性距 $-180°$ 线的相位差值为相位裕量 $\gamma$。对应的频率 $\omega_c$ 为幅值穿越频率或幅值交界频率、增益截止频率。稳定的伺服系统应具有正相位裕量，即 $\gamma$ 在 Bode 图的 $-180°$ 线以上。

**2. 闭环频域性能指标**

图 3.7 示出了闭环伺服系统频率特性指标。

1）谐振峰值 $M_r$

谐振峰值 $M_r$ 指闭环系统幅频特性的最大值。通常，$M_r$ 越大，系统单位过渡特性的超调量 $\delta\%$ 也越大。

2）谐振频率 $\omega_r$

谐振频率 $\omega_r$ 指闭环系统幅频特性出现最大值时的频率。

3）频带宽度

频带宽度指闭环系统频率特性幅值由初始值 1 衰减到 0.707 时的频率，即 $0\sim\omega_b$ 的频率范围，其中 $\omega_b$ 称为闭环截止频率，即闭环幅频特性衰减至 0.707 或 $-3$dB 处的频率。

由图 3.7 可见，伺服控制系统实际上是一个低通滤波器，$\omega>\omega_b$ 的噪声通过系统时会被很快地过滤掉。因此，$\omega_b$ 越大，频带越宽，系统的上升时间越短，表明系统对输入的响应速度越快，但抗高频噪声干扰的能力变差。

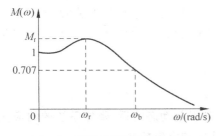

图 3.7　闭环系统频率特性指标

## 3.3　机械结构因素对伺服系统性能的影响

通过 2.1 节的分析可知,机械系统可抽象为二阶系统,故其性能与系统本身的阻尼比 $\zeta$ 和固有频率 $\omega_n$ 有关,而 $\zeta$ 和 $\omega_n$ 又与系统结构参数密切相关。因此,机械系统的结构参数(如惯量、黏性阻尼系数、弹性变形系数等)对伺服系统性能有很大影响。另外,机械结构中的非线性因素(如传动件的非线性摩擦、传动间隙、机械零部件的弹性变形等)对伺服系统性能也有较大影响。下面将就机械结构因素对伺服系统性能的影响进行分析和讨论,以便在进行机械结构设计和选型时合理考虑这些因素。

### 3.3.1　阻尼的影响

如前所述,大多数机械系统均可简化为如图 3.8 所示的二阶系统,由此可见,阻尼比 $\zeta$ 不同,系统的时间响应特性也不同。

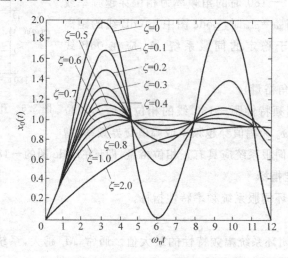

图 3.8　二阶系统的单位阶跃响应曲线

(1) $\zeta=0$(无阻尼)时,系统处于等幅持续振荡状态,将无法正常工作。

(2) $\zeta\geqslant1$(临界阻尼或过阻尼)时,系统响应为一单调上升曲线,即过渡过程无振荡,但响应时间较长。

(3) $0<\zeta<1$(欠阻尼)时,系统处于减幅振荡状态,其幅值衰减的程度取决于衰减系数 $\zeta\omega_n$。在 $\omega_n$ 确定以后,$\zeta$ 越小,则系统振荡越剧烈,过渡过程越长。反之,$\zeta$ 越大,则振荡幅度越小,过渡过程越平稳,系统稳定性越好,但响应时间也越长。一般取 $0.4<\zeta<0.8$,可保证系统具有较好的稳定性和动态响应特性。

### 3.3.2　摩擦的影响

摩擦对伺服系统的影响主要有两个方面,一方面是引起动态滞后,降低系统的响应速度,导致系统误差,而另一方面是引起低速爬行,影响系统的定位精度。

#### 1. 摩擦引起动态滞后和系统误差

在如图 3.9 所示的机械系统中,弹簧的刚度系数为 $k$,阻尼器的黏滞摩擦因数为 $B$。最初,系统处于静止状态,当输入轴以一定的角速度 $\omega$ 转动时,由于轴承处的静摩擦力矩 $T_s$ 的作用,在输入轴转角 $\theta_i \leqslant T_s/k$ 的范围内,输出轴将不会跟随运动,$T_s/k$ 即为静摩擦引起的传动死区。在传动死区内,系统对输入信号无响应,从而造成误差。

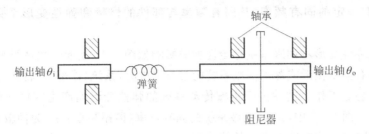

图 3.9　机械系统模型

输入轴继续以角速度 $\omega$ 运动。在 $\theta_i > T_s/k$ 后,输出轴也将以 $\omega$ 转动,但始终滞后于输入轴一个角度 $\Delta\theta$,即

$$\Delta\theta = \frac{B\omega}{k} + \frac{T_c}{k} \tag{3.1}$$

式中　$B\omega/k$——黏性摩擦引起的动态滞后;

　　　$T_c/k$——轴承动摩擦力矩引起的动态滞后。

滞后转角 $\Delta\theta$ 即为系统的稳态误差。

**2. 摩擦引起低速爬行**

由于存在非线性摩擦,机械系统在低速运行时常常会出现爬行现象,从而导致系统不稳定。爬行一般出现在某一临界转速以下,在高速运行时并不会出现。产生低速爬行的临界转速 $\omega_c$ 可由下式求得

$$\omega_c = \frac{2(T_s - T_c)}{(B_m + B)\left(1 + \dfrac{1-\zeta^2}{\zeta}\tan\phi_c\right)} \tag{3.2}$$

式中　$B_m$——电动机电磁黏性阻尼系数;

　　　$B$——机械系统黏性阻尼系数;

　　　$\zeta$——系统阻尼比,$\zeta = \dfrac{B_m + B}{2\sqrt{Jk}}$;

　　　$\phi_c$——出现爬行时系统的临界初始相位,可由
　　　　　　图 3.10 求出。

由以上分析可以看出,为改善伺服系统低速爬行现象,应尽量减小静摩擦和动、静摩擦之差值,以及适当增加系统的转动惯量 $J$ 和黏性阻尼系数 $B$,但 $J$ 的增加将降低系统的响应性能;而增加 $B$ 也将增加系统的稳态误差,因此在进行系统设计时应加以妥善处理。

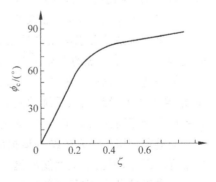

图 3.10　$\phi_c$-$\zeta$ 关系曲线

### 3.3.3　结构弹性变形的影响

**1. 结构谐振及其影响**

在分析机电一体化系统时,为了使问题简化,通常假定系统中的机械装置为绝对刚体,

即无任何结构变形。但是,机械装置实际上并非刚体,而是具有柔性,其物理模型为质量-弹性系统。因此,当伺服电动机经传动系统带动机械负载按指令运动时,传动系统中包括电动机轴在内的所有传动轴、齿轮、紧固件、联轴器、减速箱及床身等部件均将产生程度不同的弹性变形,并具有一定的固有频率,其固有频率与部件的惯量和弹性变形系数等结构因素有关。

　　传动装置弹性变形对伺服系统稳定性能的影响如图 3.11 所示。由图可见,当机械系统(或部件)的固有频率接近或落入伺服系统的带宽之中时,系统(或部件)将在 $\omega_n$ 附近产生自激振荡而无法稳定工作。这种由于机械传动系统的弹性变形而产生的振动称为结构谐振(或机械谐振)。图 3.11 中,$\omega_n$ 为机械系统的固有频率(谐振频率),$\omega_c$ 为伺服系统的上截止频率,它与系统精度、响应速度之间的关系为

$$\omega_c = 60\sqrt{\frac{\varepsilon_{Lmax}}{e}} \tag{3.3}$$

式中　$\varepsilon_{Lmax}$——负载最大角加速度$((°)/s^2)$;

　　　　$e$——伺服精度$(")$。

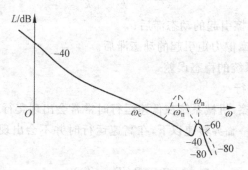

图 3.11　结构弹性变形对伺服系统性能的影响

　　因此,在伺服系统的工作频率范围内,不应包含机械系统(或部件)的固有频率,以免产生谐振。各部件的固有频率之间也应相应错开一定距离,以免造成振动耦合。机械传动系统中联轴器、减速器、丝杠螺母副、工作台等都可能是一个振荡环节,因此可能有多个谐振点。在诸多谐振频率中,以最低谐振频率为主导谐振频率。

　　如果伺服系统要求不太高且频带较窄,只要传动系统设计刚度足够大,则结构谐振频率 $\omega_n$ 通常远远高于系统的上截止频率 $\omega_c$,因此结构谐振问题并不突出。

　　但是随着对伺服系统的精度和快速响应性的要求越来越高,就必然要提高系统的频带宽度,从而可能导致机械系统的固有频率接近伺服系统的带宽,甚至可能落入带宽之内,使系统产生谐振而无法稳定工作,甚至导致机构损坏。

　　为避免伺服系统发生结构谐振而失去稳定性,机械系统的固有频率必须远离伺服系统的带宽。因此,伺服系统性能的提高,特别是系统带宽的提高将受到机械固有频率的限制。对于精密机械设计,应尽可能提高固有频率。随着伺服性能要求的提高,机械系统结构弹性变形对伺服性能的影响已经成为设计人员十分关注的问题。

**2. 减小或消除结构谐振的措施**

1) 提高机械系统固有频率,使之处在伺服系统的通频带之外

一般地,应使 $\omega_n \geqslant (8\sim10)\omega_c$。提高 $\omega_n$ 的措施主要有以下几个方面。

（1）提高传动系统刚度。

① 采用弹性模量较高的材料以及合理选择构件截面几何形状和尺寸,均可提高零件刚度。例如对于轴而言,抗扭刚度与直径的四次方成正比,故适当增大直径可有效提高轴的抗扭刚度。

② 增加对机械系统固有频率有较大影响的薄弱环节的刚度。机械系统的刚度薄弱环节有轴承和丝杠等,可通过预紧措施来加以改善。另外,在动力减速传动系统中,末级输出轴(负载轴)也是刚度薄弱环节。如图 3.12 所示的二级齿轮减速器,两级传动比分别为 $i_1$、$i_2$,轴 Ⅰ ～轴 Ⅲ 的刚度分别为 $k_1 \sim k_3$,则换算到输出轴 Ⅲ 上的等效刚度 $k_{\mathrm{eq}}^{\mathrm{Ⅲ}}$ 为

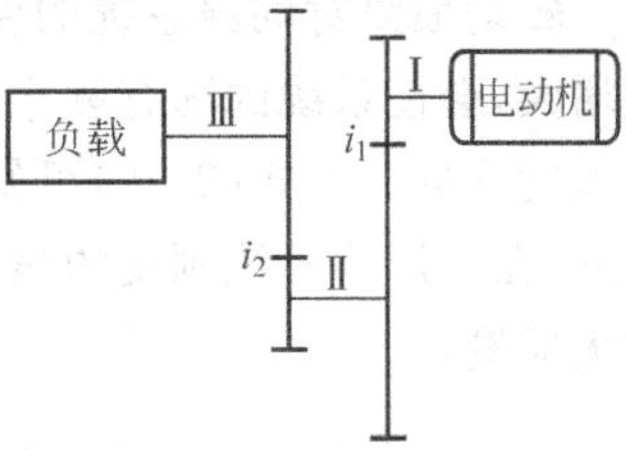

$$k_{\mathrm{eq}}^{\mathrm{Ⅲ}} = \cfrac{1}{\cfrac{1}{(i_1 i_2)^2} \cdot \cfrac{1}{k_1} + \cfrac{1}{i_2^2} \cdot \cfrac{1}{k_2} + \cfrac{1}{k_3}} \qquad (3.4)$$

图 3.12　二级齿轮传动装置

可见,末级输出轴的刚度对等效刚度的影响最大。因此,加大传动系统最后几根轴的刚度,特别是末级轴的刚度,可大大提高传动系统的刚度。另外,增大末级减速比可有效提高末级输出轴的等效刚度(如某伺服转台动力减速系统中,末级减速比高达 30)。

③ 取消齿轮传动装置。在伺服传动系统中,还可以采用低速大扭矩的力矩电动机直接驱动负载。这样做的好处是大大缩短了传动链长度,减小了惯性元件之间的距离,从而提高了传动系统刚度。另外,由于取消了刚度薄弱环节即齿轮减速传动装置,故消除了齿轮传动中齿隙对系统谐振频率的削减,可显著提高传动系统刚度。

（2）减小负载转动惯量。减小负载的转动惯量将有利于提高伺服系统的快速性和固有频率,却将导致传动刚度降低。因此,在不影响刚度的条件下,应尽量降低各部件的质量和惯量,以提高伺服系统的快速性、稳定性和准确性,并且可以降低成本。

2）提高机械阻尼,抑制谐振

提高机械阻尼是解决谐振问题的一种经济有效的方法。由式(2.49)可知,加大黏性阻尼系数 $B$,可增大阻尼比 $\zeta$,从而有效地降低振荡环节的谐振峰值。谐振峰值 $M_r$ 与阻尼比 $\zeta$ 之间的关系为

$$M_r = \frac{1}{2\zeta \sqrt{1 - \zeta^2}} \qquad (3.5)$$

图 3.13 直观地示出了二者之间的关系。只要使 $\zeta \geqslant 0.5$,机械谐振对系统的影响就会大大削弱。

提高机械阻尼的方法有以下几种。

（1）采用黏性联轴器。如某转台伺服电动机和减速器之间设置了液体黏性联轴器,由于液体的黏性,使系统的阻尼系数提高了一个数量级。

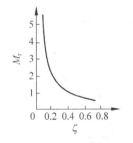

图 3.13　谐振峰值与阻尼比之间的关系

（2）采用阻尼器。在负载端设置液压阻尼器或电磁阻尼器,可明显提高系统阻尼。

（3）采用结构阻尼较大的结构或材料。通常螺栓连接的结构阻尼比焊接大,间断焊缝的阻尼比连续焊缝大。灰铸铁由于石墨的吸振作用,阻尼系数远大于钢,因而铸件广泛采用。但是近年来钢板焊接结构呈现出替代铸件的趋势,其原因是钢板焊接结构容易采用更

有利于提高刚度的筋板布置形式,加之钢板的弹性模量为铸铁的两倍,故提高谐振频率的效果更为显著。

### 3.3.4　惯量的影响

转动惯量对伺服系统的稳定性、精度以及动态响应均有影响。由式(2.48)可以看出,惯量增大,会使系统的固有频率下降,容易产生谐振,因而限制了伺服带宽,导致伺服精度和响应速度降低。由式(2.49)可知,惯量加大,则阻尼比减小,系统振荡加剧,从而稳定性变差。因此,在不影响系统刚度的情况下,应尽可能减小惯量,只有在改善低速爬行时才可以适当增大惯量。

### 3.3.5　传动间隙的影响

#### 1. 机械传动间隙

在伺服系统中,通常利用机械变速装置将执行元件输出的高转速、低转矩转换为被控对象运动所需要的低转速、高转矩。应用最广泛的变速装置是齿轮减速器,其传动间隙这一结构因素可用齿隙来表示。

理想的齿轮传动装置,其输入转角和输出转角之间呈线性关系,即

$$\theta_{\circ} = \frac{1}{i}\theta_{i} \tag{3.6}$$

式中　$\theta_i$——主动轮转角;

　　　$\theta_{\circ}$——从动轮转角;

　　　$i$——齿轮减速器传动比。

由于齿轮加工、装配、使用中存在的误差因素及传动装置正常工作的客观需要,即相互啮合的两齿轮非工作齿面之间必须留有一定的侧向间隙用来储存润滑油,并补偿由于温度和弹性变形所引起的尺寸变化,以避免齿轮卡死,故主动轮和从动轮之间必然存在齿隙。于是,实际齿轮传动的输入、输出转角之间不再是单值的线性关系,而是呈滞环特性(图 3.14)这是一种非单值的非线性关系。

图 3.14 中,$\Delta$ 为均匀分布在齿轮两侧的齿隙。当主动轮转角 $|\theta_i| < \Delta$ 时,从动轮并不转动,即 $\theta_{\circ} = 0$。当 $|\theta_i| > \Delta$ 时,即转过 $a$ 点后,两齿轮啮合,从动轮按线性关系跟随主动轮转动。当主动轮转至 $b$ 点时,需要换向。由于存在齿隙,从动轮并不立即反向转动,而是 $\theta_{\circ}$ 保持不变,直至主动轮转过 $2\Delta$ 后,即到达 $c$ 点,两个齿轮在另一侧齿面接触,从动轮才反向转动,并恢复 $\theta_{\circ}$ 和 $\theta_i$ 之间的线性关系。

当 $\theta_i$ 回到 0 时,即到达 $e$ 点,由于 $\theta_{\circ}$ 并不为 0,主动轮将继续反转到 $d$ 点,此时 $\theta_{\circ}$ 才为 0。因此,齿隙的存在使得传

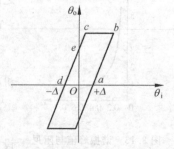

图 3.14　齿侧间隙的滞环特性

动装置在主动轮(输入轴)逆向运转时,造成从动轮(输出轴)转角的滞后,即产生了空程误差(回差)。

空程误差是指输入轴由正向转动变为反向转动时,输出轴转角的滞后量。因此,空程误差使输出轴不能立即跟随输入轴反向转动,即反向转动时,输出轴将产生滞后运动。

需要注意的是,定义空程误差时均是对转角而言,其单位为角分(′)或角秒(″)。在齿轮节圆上,空程误差具有线值的形式,即齿隙,单位为 $\mu m$。

$$\Delta\varphi = 6.88\,\frac{\Delta}{d} \tag{3.7}$$

式中　$\Delta\varphi$——空程误差(′);

　　　$\Delta$——在节圆上对应的线值空程误差($\mu m$);

　　　$d$——齿轮节圆直径(mm)。

空程误差并不一定只在反向时才有意义,即使是单向回转,空程误差对传动精度亦可能有影响。例如在单向回转中,当输出轴上受到一个与其回转方向一致的足够大的外力矩作用时,由于空程误差的存在,其转角可能产生一个超调量;或者当输入轴突然减速时,若输出轴上的惯性力矩足够大,由于空程误差的存在,输出轴的转角亦有可能产生超调量。

在伺服系统的多级齿轮减速传动中,各级齿轮的间隙影响各不相同。如一个三级传动链,各级传动比分别为 $i_1 \sim i_3$,齿隙分别为 $\Delta_1 \sim \Delta_3$。将所有的传动间隙都换算到输出轴,则总间隙为

$$\Delta_0 = \frac{\Delta_1}{i_2\,i_3} + \frac{\Delta_2}{i_3} + \Delta_3 \tag{3.8}$$

如果换算到输入轴,则总间隙为

$$\Delta_i = \Delta_1 + i_1\,\Delta_2 + i_1\,i_2\,\Delta_3 \tag{3.9}$$

由此可见,最后一级齿轮的传动间隙 $\Delta_3$ 影响最大。因此,为了减小间隙的影响,应尽可能提高末级齿轮的加工精度(如有的动力传动装置,前几级齿轮均采用 7 级精度,而末级齿轮选用 6 级),而且装配时应尽量减小最后一级齿轮的间隙。

**2. 传动间隙对伺服系统性能的影响**

图 3.15 为某旋转工作台直流伺服系统框图。该伺服系统共使用了 4 个齿轮传动装置,$G_2$ 用于传递动力,而 $G_1$、$G_3$、$G_4$ 均用于传递数据,它们分别处于系统中的不同位置:有的位于系统闭环之内($G_2$、$G_3$),有的位于系统闭环之外($G_1$、$G_4$)。齿轮传动装置在伺服系统中的位置不同,其间隙对系统性能的影响也有所不同。

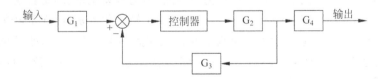

图 3.15　某转台直流伺服系统框图

1) 闭环之内前向通道上动力齿轮传动装置 $G_2$ 的齿隙影响系统的稳定性

系统初始时为静止状态,即输入轴和输出轴的转角 $\theta_i = \theta_o = 0$。若给系统一个输入信号,则电动机开始转动。

(1) 齿轮传动装置中不存在间隙。此时,输出轴转角仍为 0,因而出现误差 $e = \theta_i - \theta_o$ ($\theta_i > \theta_o$),在该误差信号的作用下,电动机经由传动装置驱动被控对象(如丝杠)朝减小误差的方向转动。当输出轴转角 $\theta_o = \theta_i$ 时,由于转动惯量的作用,被控对象不会马上停下来,而是冲过 $\theta_o = \theta_i$ 这一平衡位置,产生反向误差($\theta_i < \theta_o$)。于是,电动机的控制电压极性改变,电动机驱动丝杠反向转动。在无阻尼的情况下,上述过程不断重复,丝杠发生持续振荡。若系

统阻尼设计恰当,丝杠将来回摆动几次后停止在 $\theta_o=\theta_i$ 的平衡位置上。

（2）齿轮传动装置中存在间隙。当误差角 $e$ 出现后,电动机带动齿轮传动装置转动。由于 $G_2$ 存在齿侧间隙,当电动机在该齿隙范围内运动时,输出轴并不马上随之转动,被控对象仍静止,电动机基本上处于空载状态,故电动机轴具有较大的动能。当电动机转过齿隙后,输出轴才会带动被控对象旋转。此时,主动轮和从动轮的轮齿产生冲击接触,从动轮便以比不存在齿隙时大得多的速度转动。当 $\theta_o=\theta_i$ 时,同样由于转动惯量的作用,被控对象（丝杠）不会立即停下来,而是依靠惯性继续转动,并比无齿隙时更多地冲过平衡点,这使得系统具有较大的反向误差。此时,控制电压改变极性,电动机马上反向转动,于是主动齿轮在其驱动下也反向运动。反向时,由于齿隙的存在,主动轮的轮齿要穿越齿隙后才能带动从动轮旋转,继而带动丝杠反向转动。

这样,丝杠在 $\theta_o=\theta_i$ 附近的摆动并不完全像无齿隙时那样只是由于被控对象转动惯量的作用,而是又附加了在齿隙内所积累的动能作用。如果齿隙足够小,则在齿隙内积累的动能较小,加之系统阻尼的设计又较合理时,被控对象摆动的幅度将越来越小,来回摆动几次就会停止在 $\theta_o=\theta_i$ 平衡位置上,而不会出现持续振荡。但是,如果齿隙较大,即使转动惯量所引起的持续振荡能够被抑制,但是齿隙所造成的振荡依然存在。这时,被控对象就会反复摆动,即产生自激振荡。因此,闭环之内动力传动链 $G_2$ 中的齿轮间隙会影响伺服系统的稳定性。

但是 $G_2$ 中的齿隙在系统稳定的前提下对系统的精度并无影响。当输入轴静止时（$\theta_i=0$）,输出轴（被控对象）如果由于某种干扰作用在齿隙范围内发生游动,只要 $\theta_o\neq\theta_i$,与输出轴连接在一起的位置检测元件就能感受到,就会有反馈信号反馈到输入端,产生误差信号,于是控制器控制电动机动作。在系统稳定的前提下（即没有持续振荡）,这个校正作用会使被控对象恢复到 $\theta_o=\theta_i=0$ 的位置上。

2）闭环之内反馈数据通道中齿轮传动装置 $G_3$ 的齿隙既影响系统的稳定性,又影响系统的精度

（1）对系统精度的影响。在平衡状态下,$\theta_o=\theta_i$,故 $e=0$,输出轴不动作。如果被控对象在外力的作用下在 $G_3$ 齿轮间隙范围（$\pm\Delta_3$）内转动时,连接在 $G_3$ 输出轴上的检测元件仍处于静止状态,无反馈信号到输入轴,$e$ 仍然为 0,无法驱动电动机动作,即控制器不能校正此误差。当 $\theta_i\neq0$ 时,反馈到输入端的信号不仅包含输出轴的位置 $\theta_o$,而且还包含 $G_3$ 的齿隙量（$\pm\Delta_3$）,于是误差信号中也包含了这个齿隙量。在误差信号的作用下,驱动电动机使输出轴跟随输入信号 $\theta_i$ 动作,而输出轴的实际位置（$\theta_o\pm\Delta_3$）与期望位置（$\theta_i$）最多相差 $\pm\Delta_3$,因此 $G_3$ 的齿隙造成了系统误差。

（2）对系统稳定性的影响。$G_3$ 齿隙对系统稳定性的影响与 $G_2$ 相似。由于 $G_3$ 中存在齿隙（$\Delta_3$）,在丝杠运动过程中,由于惯量较大,所以输入轴上的齿轮在穿越 $\Delta_3$ 后将以很大的动量冲击输出轴上的齿轮。这种附加动能使 $G_3$ 输出轴的转角大于无齿隙时的转角。这一转角反馈到输入端后,便产生了附加误差信号,使丝杠产生附加运动。这一附加运动又通过存在齿隙的 $G_3$ 反馈到系统的输入端。上述过程不断重复。当齿隙 $\Delta_3$ 足够大时,将导致丝杠发生等幅持续振荡。

因此,为了确保系统精度和稳定性,对于带动位移检测传感器的数据传递齿轮 $G_3$ 应当采取消隙措施,或者不使用齿轮传动,而将位移传感器直接安装在输出轴上。

3）闭环前数据输入通道上齿轮传动装置 $G_1$ 和闭环后位置输出通道上齿轮传动装置 $G_4$

的齿隙对伺服稳定性无影响,但影响系统的精度

由于 $G_1$ 和 $G_4$ 存在齿隙,在传动装置逆运转时造成回程误差,使输出轴转角与输入轴转角之间呈非线性关系,输出滞后于输入,从而影响系统的精度。

## 3.4　伺服系统中的执行元件

### 3.4.1　执行元件的种类及其特点

在机电一体化系统(或产品)中,执行机构的运动(如数控机床的主轴转动、工作台的进给运动)都离不开执行元件为其提供动力。执行元件是驱动部件,是处于执行机构与控制装置之间接点部位的能量转换部件,它能够在电子装置的控制下,将输入的各种形式的能量转换为机械能,如电动机、液压缸和气缸等分别把输入的电能、液压能和气压能转换为机械能。目前,执行元件大多已系列化生产,因而可作为标准件来选用和外购。

根据所使用能量的不同,可以将执行元件分为电气式、液压式、气动式、电液式等主要类型,如图 3.16 所示。

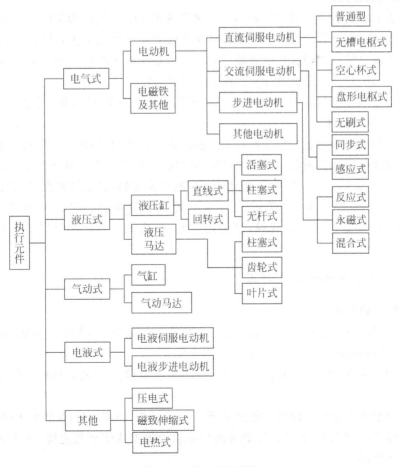

图 3.16　执行元件种类

**1. 电气式执行元件**

电气式执行元件是将电能转换为电磁力,并利用该电磁力来驱动执行机构运动,包括控制用电动机(如直流伺服电动机、交流伺服电动机和步进电动机)和特种电动机(如静电电动机、超声波电动机等)。此外,电磁铁也是一种应用较为广泛的电气式执行元件,由线圈和衔铁两部分组成,结构简单,可用于实现两固定点间的快速驱动。由于是单向驱动,故需要利用弹簧来复位。

电气式执行元件具有操作简便、易于微机控制、能实现定位伺服、体积小、响应快、动力较大、无污染等优点,因此在机电一体化伺服系统中最为常用。但是该类元件也存在着过载性差、易于烧毁线圈、易受噪声干扰等问题。

**2. 液压式执行元件**

液压式执行元件先将电能转变为液压能,并用电磁阀控制压力油的流向,从而驱动执行机构运动。主要包括液压缸和液压马达,其中液压缸的应用占绝大多数。

液压式执行元件输出功率大,速度快,动作平稳,可实现定位伺服,过载能力强,但需要配套相应的液压源,占地面积大,容易漏油而污染周边环境。

**3. 气动式执行元件**

气动式执行元件包括气缸和气动马达。除了采用压缩空气作为工作介质外,气动式执行元件与液压式执行元件并无太大区别。其突出优点在于驱动力大,可获得较大的行程和速度;介质来源方便,成本低,且无泄漏污染等。但是气动式执行元件的输出功率小,动作不平稳,工作噪声大,且难于伺服控制。由于空气的黏性差,且具有可压缩性,这类执行元件不宜用于定位精度较高的场合。另外,和液压式执行元件一样,设备难于小型化。

**4. 电液式执行元件**

电液式执行元件为电液相结合的数字式液压执行元件,包括电液伺服电动机和电液步进电动机。这类执行元件的信号处理部分采用电气元件,功率输出部分使用液压元件,故综合了电气式执行元件和液压式执行元件的优点,响应速度快,输出转矩大,可直接驱动机械负载;转矩/惯量比大,负载能力强,适于重载的高加/减速驱动。因此,电液式执行元件在强力驱动和高精度定位时性能优异,且使用方便,在机电一体化中得到了越来越广泛的关注。

### 3.4.2　执行元件的基本要求

**1. 惯量小、动力大**

为使伺服系统具有良好的快速响应性能和足够的负载能力,执行元件应具有较小的惯量,能输出较大的功率,并且在加/减速时动力也要大。

直线运动部件的质量 $m$ 和回转运动部件的转动惯量 $J$ 为表征执行元件惯量的性能指标。

表征输出动力大小的性能指标有力 $F(F=ma)$、转矩 $T(T=J\varepsilon)$ 及功率 $P(P=\omega T)$,其中,$a$ 为直线运动的加速度,$\varepsilon$ 和 $\omega$ 分别为回转运动的角加速度和角速度。$a$ 和 $\varepsilon$ 表征了执行元件的加速性能。

另一种表征动力大小的综合性指标为比功率,它包含了功率、加速性能和转速三种因素,即

$$比功率 = \frac{P\varepsilon}{\omega} = \frac{\omega T \cdot T/J}{\omega} = \frac{T^2}{J} \tag{3.10}$$

**2. 体积小、重量轻**

为使执行元件易于安装以及伺服系统结构紧凑,执行元件应具有较小的体积和较轻的重量,通常用功率密度或比功率密度来评价。功率密度或比功率密度分别是指执行元件的单位重量所能达到的输出功率和比功率。假设执行元件的重量为 $G$,则

$$功率密度 = P/G \tag{3.11}$$

$$比功率密度 = (T^2/J)/G \tag{3.12}$$

**3. 宜于计算机控制**

机电一体化产品多采用计算机控制,故要求伺服系统及其执行元件也能够采用计算机来统一控制。最方便实行计算机控制的是电动式执行元件。因此,机电一体化系统所用的主流执行元件为电气式执行元件,其次是液压式和气压式执行元件,后两种执行元件在使用中需要在驱动接口中增加电-液转换或电-气转换环节。

**4. 便于维修**

执行元件应尽量少维修,最好是不维修。无刷直流伺服电动机和交流伺服电动机均能实现无维修,而有刷直流伺服电动机因存在电刷而必须定期进行维修。

### 3.4.3　新型执行元件

在机电一体化领域中,目前主要使用的是电气式执行元件。但是,机械装置的高速化、低价格化以及微细化要求越来越强烈。另外,IC 和超导元件制造装置、多面镜加工机、生物医学工程中的装置都要求具有亚微米级精度,因此需要开发一些新型执行元件用来实现微量位移。

**1. 压电式驱动器**

压电式驱动器是利用压电材料的逆压电效应来驱动运行机构作微量位移。压电材料(如压电陶瓷)具有双向的压电效应:正压电效应是指压电材料在外力作用下产生应变,在其表面上产生电荷;而逆压电效应是指压电材料在外界电场作用下产生应变,其应变大小与电场强度成正比,应变方向取决于电场方向。

在精密机械和精密仪器中,常利用压电材料的逆压电效应来实现微量位移,这样就不必再采用传统的传动系统,因而避免了机械结构造成的误差。压电式驱动器的优点是位移量大(行程可达数厘米);移动精度和分辨率极高(位移精度可达 $0.05\mu m$,分辨率每步可达 $0.006\mu m$);动作快(移动速度可达 20mm/min);结构简单,尺寸小;易于遥控。

图 3.17 为圆管式压电陶瓷微位移驱动器,用于精密镗床刀具的微位移装置。当压电陶瓷管 1 通电时向左伸长,推动刀体中的滑柱 2、方形楔块 4 和圆柱楔块 8 左移。借助于楔块 8 的斜面,克服压板弹簧 5 的弹力,将固定镗刀 6 的刀套 7 顶起,实现镗刀 6 的一次微量位移。相反,当对压电陶瓷管通反向直流电压时,则压电陶瓷管 1 向右收缩,楔块 4 右侧出现空隙。在圆柱弹簧 3 的作用下,方形楔块 4 向下位移,以填补由于压电陶瓷管收缩时所腾出的空隙。显而易见,对压电陶瓷管通以正反向交替变化的直流脉冲电压,该装置可连续实现镗刀的径向补偿。刀尖总位移量可达 0.1mm。

**2. 磁致伸缩驱动器**

这是利用某些材料在磁场作用下具有尺寸变化的磁致伸缩效应来实现微量位移的一种

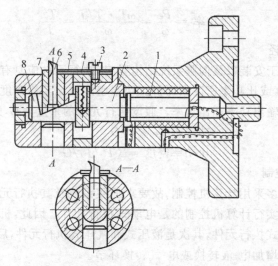

图 3.17　圆管式压电陶瓷微位移驱动器

1—压电陶瓷管；2—滑柱；3—圆形弹簧；4—方形楔块；5—压板弹簧；6—镗刀；7—刀套；8—圆柱楔块

执行元件。磁致伸缩效应是指某些材料在磁场作用下产生应变，其应变大小与磁场强度成正比。

　　磁致伸缩驱动器的特点是：重复精度高，无间隙；刚性好，转动惯量小，工作稳定性好；结构简单、紧凑；进给量有限。

　　图 3.18 示出了磁致伸缩式微量进给工作原理。磁致伸缩棒的左端固定在机座上，其右端与运动件相连。当绕在伸缩棒外的线圈通入激励电流后，在磁场作用下伸缩棒将产生相应变形，使运动件实现微量移动。改变线圈的通电电流可改变磁场强度，使磁致伸缩棒产生不同的伸缩变形，从而使运动件得到不同的微量位移。

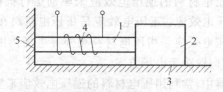

图 3.18　磁致伸缩式微量进给工作原理简图

1—磁致伸缩棒；2—运动件；3—导轨；4—线圈；5—机座

　　在磁场作用下，磁致伸缩棒的变形量为

$$\Delta l' = \pm Cl \tag{3.13}$$

式中　$\Delta l'$——伸缩棒变形量（$\mu m$）；

　　　　$C$——材料磁致伸缩系数（$\mu m/m$）；

　　　　$l$——伸缩棒被磁化部分的长度（m）。

　　当伸缩棒变形所产生的推力能够克服导轨副的摩擦力时，运动件将产生位移 $\Delta l$，其大小为

$$\frac{F_s}{k} < \Delta l \leqslant C_s l - \frac{F_c}{k} \tag{3.14}$$

式中　$F_s$——运动件与导轨副间的静摩擦力（N）；

$F_c$——运动件与导轨副间的动摩擦力(N);

$k$——伸缩棒的纵向刚度(N/$\mu$m);

$C_s$——磁饱和时伸缩棒的相对磁致伸缩系数($\mu$m/m)。

由于工程材料的磁致伸缩量有限,如长度为 100mm 的理想铁磁材料,在磁场作用下也只能伸长 7$\mu$m 左右,因此该装置适用于精确位移调整、切削刀具的磨损补偿、温度变形补偿及自动调节系统。为了实现较大距离的微量进给,通常采用粗位移和微位移分离的传动方式。图 3.19 所示是磁致伸缩式精密坐标工作台,其粗位移由进给箱经丝杠螺母副传动,以获得所需的较大进给量;微量位移则由装在螺母与工作台之间的磁致伸缩棒实现。

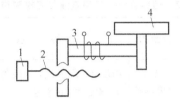

图 3.19　精密坐标调整用磁致伸缩传动工作原理简图
1—进给箱；2—丝杠螺母副；3—磁致伸缩棒；4—工作台

### 3. 电热式驱动器

电热式驱动器利用电热元件(如金属棒)通电后产生的热变形来驱动执行机构的微小直线位移,可通过控制电热器(电阻丝)的加热电流来改变位移量,利用变压器或变阻器可调节传动杆的加热速度,以实现位移速度的控制。微量进给结束后,为了使运动件复位,即传动杆恢复原位,可在传动杆内腔中通入压缩空气或乳化液使之冷却。

在如图 3.20 所示的热变形微动装置中,传动杆的一端固定在机座上,另一端固定在沿导轨移动的运动件上。当安装在杆腔内部的电阻丝通电加热时,传动杆受热伸长(其伸长量可由式(3.15)求出),推动运动件实现微量位移。

$$\Delta l = \alpha \cdot L \cdot \Delta t \tag{3.15}$$

式中　$\Delta l$——传动杆伸长量(mm);

$\alpha$——传动杆材料的线膨胀系数(mm/℃);

$L$——传动杆长度(mm);

$\Delta t$——加热前后的温差(℃)。

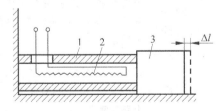

图 3.20　热变形微动装置工作原理
1—传动杆；2—电阻丝；3—运动件

电热式驱动器具有刚度高、无间隙等优点,但是存在热惯性,且难于精确地控制冷却速度,故只能用于行程较短、工作频率不高的场合。

# 3.5　伺服系统中的检测元件

## 3.5.1　伺服系统中检测元件的种类

在机电一体化伺服系统中,为了实现位置和速度控制,必须有检测运动部件位移和速度的传感器。伺服系统常用位移检测传感器和速度检测传感器见表 3.2～表 3.4,这些检测元件在第 4 章中将作详细介绍。

表 3.2　伺服系统中常用直线位移检测传感器

| 类型 | 测量范围/mm | 线性度 | 分辨力 | 特　点 | 系统类型 | 测量方式 |
|---|---|---|---|---|---|---|
| 光电编码器 | 1～1000 | 0.5%～1% | ±1 个二进制数 | 精度高,数字式,非接触式,功耗小,寿命长,可靠性高 | 全闭环,半闭环 | 直接测量,间接测量 |
| 光栅 | 30～3000 | 精度0.5～3μm/m | 0.1～10μm | 精度最高,易数字化,结构复杂,对环境要求较高,高精度检测中常用 | 闭环 | 直接测量 |
| 磁栅 | 1000～2×10⁴ | 精度1～2μm/m | 1μm | 制造简单,使用方便,磁信号可重新录制,可用于大型机床中检测大位移;需要采用磁屏蔽和防尘措施 | 开环,全闭环 | 直接测量 |
| 感应同步器 | 200～4×10⁴ | 精度2.5μm/m | 0.1μm | 结构简单,动态范围宽,精度高;体积大,安装不方便,在机床加工中应用广泛 | 开环,全闭环 | 直接测量 |
| 旋转变压器 | | | | 对环境要求低,有标准系列,使用方便,抗干扰能力强,性能稳定 | 开环 | 间接测量 |

表 3.3　伺服系统中常用角位移检测传感器

| 类型 | 测量范围 | 精度 | 分辨力 | 特　点 | 系统类型 | 测量方式 |
|---|---|---|---|---|---|---|
| 光电编码器 | 360° | 0.7″ | ±1 个二进制数 | 分辨力和精度高,易数字化,非接触式,功耗小,可靠性高,寿命长;电路较复杂 | 半闭环 | 间接测量 |
| 感应同步器 | 360° | ±0.5″～±1″ | 0.1″ | 精度较高,易数字化,能动态测量;体积大,结构简单,对环境要求低;电路较复杂 | 开环,全闭环 | |
| 旋转变压器 | 360° | 2′～5′ | | 对环境要求低,有标准系列,使用方便,抗干扰能力强,性能稳定;精度不高,线性范围小 | 开环 | |

表 3.4　伺服系统中常用速度检测传感器

| 类型 | 测量范围 | 线性度 | 分辨力 | 特　点 | 测量方式 |
|---|---|---|---|---|---|
| 光电编码器 | 10000r/min | | 163840p/r | 精度高,易数字化,非接触式,功耗小,可靠性高,寿命长;电路复杂 | 直接测量 |
| 测速发电机 | 20~400r/min | 0.2%~1% | 0.4~5mV·min/r | 结构简单,线性度好,灵敏度高,输出信号大,性能稳定 | 直接测量 |

**1. 速度检测元件**

机械负载的运动速度是伺服系统最基本的控制内容。当系统对速度的稳定精度有较高要求时,就需要利用测速元件构成速度负反馈,从而对驱动电动机实施速度的闭环控制。测速元件的精度(分辨力)直接关系到伺服系统的调速精度和调速范围。在速度闭环控制系统中,常用的速度检测元件有模拟速度检测元件和数字速度检测元件两大类。

测速发电机就是一种模拟速度检测元件,由它构成的速度闭环控制系统的精度可控制在 3% 以内,但也较为困难。测速发电机实际上是一种微型发电机,其作用是将转速变换为电压信号。它主要有两方面用途:一是由于测速发电机的输出电压与转速成正比,因而可以用来测量转速,故称为测速发电机;二是如果以转子旋转角度为参数变量,则可作为机电微分、积分器。所以,测速发电机广泛用于速度和位置控制系统中。

根据结构和工作原理的不同,测速发电机分为直流测速发电机、交流(异步)测速发电机和同步测速发电机,其中,同步测速发电机用得非常少。交流测速发电机不需要电刷和换向器,因此结构简单,维护容易,惯量小,无滑动接触,输出特性稳定,精度高,摩擦转矩小,不产生无线电干扰,工作可靠,正、反向旋转时输出特性对称;但是存在剩余电压和相位误差,而且负载的大小和性质会影响输出电压的幅值和相位。直流测速发电机的优点是没有相位波动和剩余电压,输出特性的硬度比交流测速发电机的大,但是它有电刷和换向器,因而结构复杂,维护不便,摩擦转矩大,换向时会产生火花而造成无线电干扰,输出特性不够稳定,正、反向旋转时输出特性不对称。

为了获得高精度的速度检测,可采用增量式光电编码器,其结构为在执行电动机轴上装有一沿周边均匀分布一圈狭缝的圆盘,圆盘置于光源和光敏元件之间。当电动机带动圆盘旋转时,光线交替地通过狭缝照射到光敏元件上,于是交替地出现亮电流和暗电流,经整形后得到一系列脉冲,脉冲频率 $f$ 与电动机转速 $n$ 以及圆盘上狭缝的数目 $N$ 有关。因为 $N$ 是固定的,故输出脉冲频率 $f$ 与转速 $n$ 成正比。很显然,狭缝越多,测速精度越高,但是 $N$ 的多少受到圆盘尺寸的限制,因为圆盘直径不宜过大,否则容易变形,反而会导致精度下降。

**2. 角度(角位移)检测元件**

角度(角位移)检测元件在伺服系统中占很重要的地位,它的检测精度直接关系到整个系统的运行精度。因此,选择高分辨率的测角(位移)装置是设计高精度伺服系统的关键所在。

伺服系统测角(位移)方式有很多,常用的有电位计、差动变压器、自整角机、旋转变压器等。

电位计有直线位移式(图 3.21(a)和图 3.21(c))和旋转式(图 3.21(b)),可以用直流或交流供电,当滑动触点移动时,电阻与滑臂位移(或转角)呈线性关系(图3.21(a)和图3.21(b))或非线性函数关系(图3.21(c)),因而在伺服系统中应用较普遍。但是它的转角(或角位移)有限制。

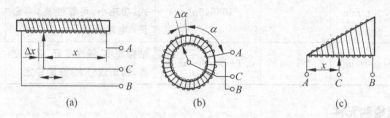

图 3.21　电位计

(a) 直线位移型;(b) 角位移型;(c) 非线性型

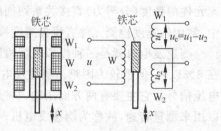

图 3.22　差动变压器

差动变压器是利用线圈互感变化来检测转角(或角位移),也有直线位移式(图3.22)和旋转式两种,均采用固定频率的交流电压 $u=U_0\sin\omega_0 t$ 励磁。当铁芯(或转子)处于中间位置时,输出电压 $u_c=0$;当铁芯(或转子)偏离中间位置时,则有角频率为 $\omega_0$ 的交流电压 $u_c$ 输出。$u_c$ 的振幅与铁芯(或转子)偏离中间位置的大小成正比,而偏离的正反方向反映为输出电压 $u_c$ 的相位相差 $180°$。差动变压器不存在滑动接触点,因而具有较高的精度和可靠性,但是运动范围或特性的线性范围均不大。

旋转变压器是一种小型交流电动机,亦由定子和转子组成。定子绕组为变压器的一次侧,转子绕组为变压器的二次侧。当励磁电压加到定子绕组时,通过电磁耦合,转子绕组产生感应电动势,其幅值严格地按转子偏转角 $\theta$ 的正弦(或余弦)规律变化,其频率与励磁电压的频率相同。因此,可以采用测量旋转变压器的二次侧感应电压的幅值或相位的方法,间接地测量转子转角 $\theta$ 的变化。由于旋转变压器只能测量转角,在数控机床的伺服系统中往往用来直接测量丝杠的转角,也可通过齿条或齿轮转换来间接测量工作台的位移。

### 3. 位置检测元件

伺服系统运动部件的位置检测分为角位移和直线位移检测。上述的角位移测量装置一般用于检测小角位移,而大角位移或直线位移检测通常采用感应同步器和光栅等。

感应同步器是一种检测机械角位移或直线位移的精密装置。在伺服系统中,它提供被测部件偏移基准点的角度和位置的测量电信号。感应同步器有直线式和旋转式两类,前者用于测量长度,后者用于测量角度,且精度低于前者。直线式感应同步器在数控机床伺服系统中应用很普遍。

光栅是数控机床常用的检测元件,采用非接触式测量,具有精度高、响应速度快等优点。光栅检测装置由光源、两块光栅尺和光敏元件等组成。光栅尺是在一块长条形光学玻璃上均匀刻有许多与运动方向垂直的线条,一块安装在机床的运动部件上,另一块则装在机床的固定部件上。当后者在其自身的平面内转过一个很小的角度 $\theta$ 时,会产生莫尔条纹。根据莫尔条纹的数目即可间接获得光栅的移动距离。

### 3.5.2　伺服系统中测量方式的选择

**1. 测量方式的种类**

伺服系统的传感与检测按测量方式可分为直接测量和间接测量两种方法。

1）直接测量

直接测量是通过安装在执行机构末端的传感器来直接测量输出量。其特点为：①测量精度取决于传感器精度和信号采样精度，而不受传动机构精度的影响；②传动机构的误差可以通过控制得到补偿；③对传感器精度的要求较高，成本较高；④传感器的选择受到安装几何条件和环境条件的限制。

2）间接测量

间接测量是在与输出量相关的部件上安装传感器，检测到与输出量相关的信息，再通过数学运算得到实际的输出量。主要特点为：①测量精度不但取决于传感器精度和信号采样精度，而且还会受到传动机构精度的影响；②闭环之外的传动机构的误差无法得到补偿；③对传感器精度的要求较低，成本较低；④ 传感器安装方便，对环境的适应性较好。

**2. 测量方式选择实例**

现以采用齿轮和丝杠螺母传动机构的数控机床纵向进给系统为例，介绍在伺服系统设计中如何确定测量方案。

1）低速端直接测量

低速端直接测量方案如图 3.23 所示，采用安装在工作台上的直线式传感器（如直线式光栅或感应同步器）来直接测量工作台的位移。这种测量方案的特点是测量精度不受传动机构误差的影响，但对于高精度系统而言，对传感器的精度要求较高，另外安装也不十分方便，故不宜用来测量行程较大的工作台的位移。

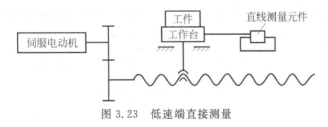

图 3.23　低速端直接测量

2）低速端间接测量

低速端间接测量方案如图 3.24 所示，丝杠轴上连接增量式光电编码器，通过对丝杠转角的测量实现对工作台位移的间接测量。其特点是传感器的安装较方便，对传感器的精度要求较低；齿轮机构包括在闭环之内，其传动误差可以通过闭环控制得到补偿；虽然丝杠螺母机构位于闭环之外，但通常采用滚珠丝杠副，仍可以获得较高的传动精度。

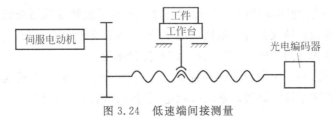

图 3.24　低速端间接测量

3）高速端间接测量

高速端间接测量方案如图 3.25 所示，在伺服电动机轴上连接光电编码器，通过对伺服电动机转角的测量来实现对工作台位移的间接测量。该方案与方案二的相同之处在于传感器便于安装，对传感器的精度要求也较低。不同的是齿轮机构和丝杠螺母机构均处在闭环之外，它们的传动误差都无法得到补偿，故传动机构需要采用消隙机构以满足较高精度的要求。

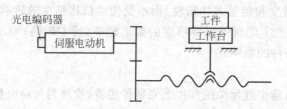

图 3.25　高速端间接测量

# 3.6　电气伺服系统

## 3.6.1　直流伺服系统

采用直流伺服电动机作为执行元件的伺服系统称为直流伺服系统。直流伺服系统按伺服电动机、功率放大器、检测元件、控制器的种类以及反馈信号与指令比较方式等可分为很多不同的类型。本书以直流位置伺服系统为例，介绍其组成及工作原理。

**1. 直流位置伺服系统的组成及工作原理**

1）直流位置伺服系统的结构

直流位置伺服系统一般采用速度环和位置环的双闭环控制结构，如图 3.26 所示。

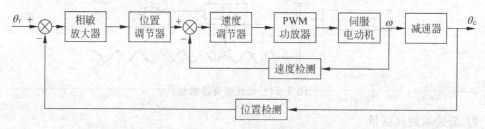

图 3.26　直流位置伺服系统结构框图

（1）速度环。在该系统中，可采用测速发电机或光电编码器对伺服电动机的转速进行测量。速度环用于调节电动机的速度误差，以实现预期的动态特性。同时，速度环的引入可以增加系统的动态阻尼比，有助于减小系统的超调，从而使电动机运行更加平稳。

（2）位置环。执行机构转角或直线位移的测量可通过旋转变压器或光栅尺来实现。将执行机构的实际位置转换成具有一定精度的电信号，与指令信号相比较产生偏差信号，控制电动机向消除偏差的方向旋转，直至达到一定的位置精度。

由图 3.26 可见，除了速度负反馈和位置负反馈环节外，典型的直流伺服系统还包括相敏放大器和 PWM 功率放大器等。系统接收电压、速度和位置变化信号，对其进行处理产生相应的控制信号,控制 PWM 功率放大器工作,驱动电动机带动负载运行,从而使 $\theta_c$ 值逐渐接近 $\theta_r$,直到 $\theta_c = \theta_r$,这样就实现了系统位置的精确跟踪与控制。

2）相敏放大器

相敏放大器也称鉴幅器,其任务是将交流电压转换为与之成正比的直流电压,并使输出直流电压的极性反映输入交流电压的相位(当输入交流电压相位变成相差 180°时,输出的直流电压极性亦随之改变)。在如图 3.27 所示的相敏放大器中,输入信号 $u_1$ 是来自旋转变压器的输出并经过功率放大的信号;经变压器 T 耦合,二次电压为 $u_{21}$ 和 $u_{22}$;辅助电源电压 $u_s$ 与旋转变压器的励磁电压 $u_f$ 是同频率、同相位的交流电压。当 $u_1$ 与 $u_s$ 同相位时,$u_s$ 处于正半周时 VT$_1$ 管导通,$u_s$ 为负半周时 VT$_2$ 管导通。相敏放大器的输出电压 $u_b'$ 为正极性的直流电压,其平均值与 $u_1$ 的幅值成正比,波形为图 3.27(b)中的实线部分。当 $u_1$ 与 $u_s$ 的相位相差 180°时,$u_b'$ 变为负极性的直流电压,波形为图 3.27(b)中的虚线部分。

由此可见,相敏放大器输出的是脉动的直流电压,因而必须采用滤波器(如图 3.27(a)中的 RC 一阶滤波器),将其变成平滑的直流电压 $u_b$。但是滤波器的时间常数不能太大,否则将影响系统的快速性。旋转变压器的励磁电源通常采用中频交流电源供电,频率范围在 $400 \sim 1000\text{Hz}$,也可以更高,这样将有助于减小滤波时间常数。

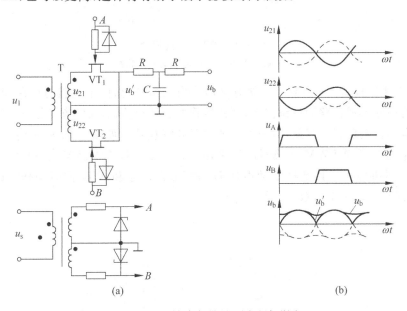

图 3.27　相敏放大器原理图及波形图
(a)电路图;(b)波形图

3）PWM 功率放大

近年来,随着大功率晶体管工艺的成熟和功率晶体管的商品化,PWM 直流伺服驱动系统受到普遍重视,并得到迅速发展。

PWM(脉宽调制)功率放大的原理是利用大功率器件的开关作用,将直流控制电压转换成一定频率的脉冲方波,通过改变脉冲宽度来达到改变电枢两端平均电压的目的。

图 3.28 为 PWM 调速原理示意图。设开关 S 周期性地闭合、断开,开闭周期是 T。若外加电源电压 U 为一个固定的直流电压,则电源加到电动机电枢上的电压波形将是一系列

脉冲方波,其高度为 $U$,宽度为 $\tau$。于是,电枢两端的平均电压为

$$U_a = \frac{1}{T}\int_0^\tau U\mathrm{d}t = \frac{\tau}{T}U = \mu U \tag{3.16}$$

式中　$\mu$——导通率,又称占空比,$\mu = \dfrac{\tau}{T} = \dfrac{U_a}{U}$,$0 < \mu < 1$。

当 $T$ 不变(即频率固定)时,只要改变导通时间 $\tau(0\sim T)$,就可以改变电枢两端的平均电压由 0 变化到 $U$。实际应用的 PWM 系统采用大功率晶体管代替开关 S,其开关频率一般为 2kHz,即 $T = 0.5\mathrm{ms}$。

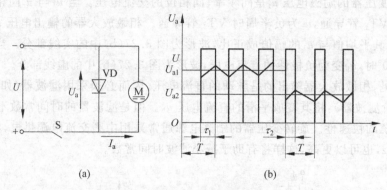

图 3.28　PWM 调速原理
(a) 控制电路图;(b) 电压-时间关系图

图 3.28 中二极管 VD 作续流二极管之用。当 S 断开时,由于电感的存在,电机的电枢电流 $I_a$ 可通过它形成回路而继续流动,因此尽管电压呈脉动状,而电流仍是连续的。

为使电动机实现双向调速,可采用可逆 PWM 变换器。如图 3.29 所示的双极式 H 型功率变换电路为可逆 PWM 变换器广泛采用。4 个大功率晶体管 $VT_1 \sim VT_4$ 分为两组:$VT_1$ 和 $VT_4$ 同时动作,其基极驱动电压 $U_{b1} = U_{b4}$;$VT_2$ 和 $VT_3$ 同时动作,其驱动电压 $U_{b2} = U_{b3}$,其波形如图 3.30(a)所示。

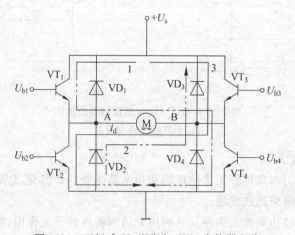

图 3.29　双极式 H 型可逆 PWM 变换器电路

在一个开关周期 $T$ 内,当 $0 \leqslant t \leqslant t_{on}$ 时,$U_{b1}$ 和 $U_{b4}$ 为正,晶体管 $VT_1$ 和 $VT_4$ 饱和导通,而 $U_{b2}$ 和 $U_{b3}$ 为负,$VT_2$ 和 $VT_3$ 截止。这时电压($+U_s$)加在电枢 A、B 两端,$U_{AB} = U_s$,电枢电

流 $i_d$ 沿回路 1 流通。当 $t_{on} \leqslant t \leqslant T$ 时，$U_{b1}$ 和 $U_{b4}$ 由正变负，$VT_1$ 和 $VT_4$ 截止；$U_{b2}$ 和 $U_{b3}$ 由负变正，但因为电枢电感释放的储能所形成的电流 $i_d$ 沿回路 2 经由二极管 $VD_2$ 和 $VD_3$ 续流，$VT_2$ 和 $VT_3$ 并不能立即导通。$VD_2$ 和 $VD_3$ 两端的压降使得 $VT_2$ 和 $VT_3$ 的 c-e 极承受反向电压，此时 $U_{AB} = -U_s$。由此可见，在一个周期内，$U_{AB}$ 正负相间，这正是双极 PWM 变换器的特征，其电压及电流波形如图 3.30(b) 所示。

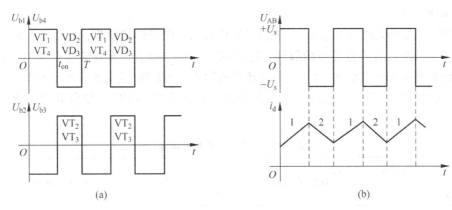

(a)　　　　　　　　　　　　(b)

图 3.30　可逆 PWM 变换器电压、电流波形

如欲实现电动机正反转的控制，只需控制正负脉冲的宽度：当正脉冲较宽时，即 $t_{on} > \dfrac{T}{2}$，则电动机电枢两端的平均电压为正，电动机正转；当正脉冲较窄时，即 $t_{on} < \dfrac{T}{2}$，电枢平均电压为负，电动机反转；如果正负脉冲宽度相等，即 $t_{on} = \dfrac{T}{2}$，平均电压为 0，则电动机不转。

双极式可逆 PWM 变换器电枢两端平均电压的表达式为

$$U_d = \frac{t_{on}}{T} U_s - \frac{T - t_{on}}{T} U_s = \left( \frac{2 t_{on}}{T} - 1 \right) U_s \tag{3.17}$$

占空比为

$$\mu = \frac{U_d}{U_s} = \frac{2 t_{on}}{T} - 1$$

很显然，$\mu$ 值的变化范围为 $-1 \leqslant \mu \leqslant 1$。当 $\mu$ 为正时，电动机正转；$\mu$ 为负时，电动机反转；$\mu = 0$ 时，电动机停止。

双极式 PWM 变换器有以下优点：①PWM 控制的开关频率选得很高，仅靠电枢绕组的滤波作用就可以获得脉动很小的直流电流，因此电枢电流容易连续；②可控制电动机在四个象限内都能够运行；③电动机停止时有微振电流，有助于消除摩擦死区；④低速时，每个晶体管的驱动脉冲仍很宽，有利于晶体管可靠地导通；⑤低速时，电枢电流也十分平滑、稳定，因此调速范围宽。但是在使用时也应注意到双极式 PWM 变换器存在的缺点，即在工作过程中，四个功率晶体管均处于开关状态，开关损耗大，且容易发生上、下两管同时导通的事故，为此应在控制一管关断、另一管导通的驱动脉冲之间设置逻辑延时。

**2. 直流位置伺服系统的稳态误差分析**

直流位置伺服系统在稳态运行过程中，总是希望输出量能够尽量复现输入量，即要求系统必须具有一定的稳态精度，产生的位置误差越小越好。不同的控制对象对系统的精度要求也不同，因而对位置伺服系统进行稳态误差分析就显得十分重要。

影响伺服系统的稳态精度、导致系统产生稳态误差的因素包括以下几个方面。

1）检测误差

检测误差是由检测元件引起的,取决于检测元件本身的精度。在位置伺服系统中,所用位置检测元件都有一定的精度等级,因此检测误差构成了系统稳态误差的主要部分,也是系统无法克服的。

2）原理误差

原理误差是由系统自身结构、系统特征参数和输入信号形式决定的。根据控制系统的开环传递函数中含有积分环节的数目,可把系统分为不同类型:开环传递函数中不包含积分环节的系统称为 0 型系统,含一个积分环节的称为 I 型系统,含有两个积分环节的称为 II 型系统,依次类推。表 3.5 给出了对于典型输入控制信号,0 型、I 型和 II 型系统的稳态误差。

表 3.5　不同系统的稳态误差

| 系统类型　　输入信号 | 阶跃信号 $R_1(t)$ | 斜坡信号 $Rt$ | 抛物线信号 $\dfrac{R}{2}t^2$ |
|---|---|---|---|
| 0 型系统 | $\dfrac{R}{1+K}$ | $\infty$ | $\infty$ |
| I 型系统 | 0 | $\dfrac{R}{K}$ | $\infty$ |
| II 型系统 | 0 | 0 | $\dfrac{R}{K}$ |

由表 3.5 可以看出,通过增加系统开环传递函数中积分环节数目和提高开环放大系数,均有助于减小由输入信号引起的稳态误差,但是二者的增加对于系统稳定性均有不利的影响。

3）扰动误差

在上述对原理误差的分析中,只是考虑了给定输入信号的影响。实际上,伺服系统所承受的各种扰动作用都会影响系统的跟踪精度。常见的扰动有因负载变化和电网波动引起的扰动和噪声干扰等。在如图 3.31 所示的伺服系统中,$M(s)$ 为扰动信号。根据控制理论可知,若欲减小由扰动引起的稳态误差,必须增加扰动作用点之前传递函数 $G_1(s)$ 中积分环节的数目和放大系数,增加扰动作用点之后传递函数 $G_2(s)$ 中积分环节的数目和放大系数则没有任何效果。因此,从减小伺服系统扰动误差的角度出发,调节器的传递函数中最好包含积分环节。

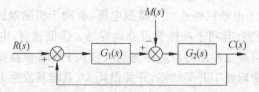

图 3.31　存在负载扰动的伺服系统中框图

**3. 利用单片机实现直流位置伺服系统控制**

图 3.32 为采用单片机控制直流位置伺服系统的原理图。系统采用测速发电机对伺服电动机的转速进行测量,经放大后送入 ADC0809 进行 A/D 转换,转换后的数字量送入

8751 单片机；电动机的角位移由 9 位光电编码器测得并直接送入 8751 的端口,实现位置反馈；直流伺服电动机的控制电压由 8751 输出后送入 DAC0832 进行 D/A 转换,转换后的模拟量经放大和电平转换送入 PWM 功放电路,产生的 PWM 波驱动电动机旋转。利用单片机的应用程序来完成速度调节器和位置调节器的调节功能。

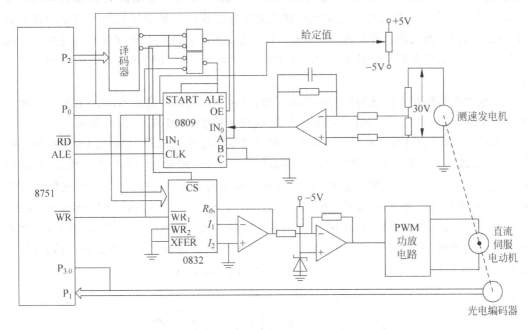

图 3.32  单片机控制直流位置伺服系统原理图

## 3.6.2  交流伺服系统

采用交流伺服电动机作为执行元件的伺服系统称为交流伺服系统。交流伺服电动机分为同步型(SM)和感应型(IM)两大类。采用 SM 型交流伺服电动机的伺服系统多用于机床进给传动控制、工业机器人关节传动和其他需要运动和位置控制的场合；IM 型交流伺服系统则多用于机床主轴转速和其他调速系统。本书主要介绍感应型(异步型)伺服电动机的控制。

**1. 矢量控制的交流伺服系统**

在机电一体化进给伺服系统中,通常采用交流伺服电动机作为执行元件来实现精密位置控制,并能在较宽的范围内产生理想的转矩,提高生产效率,关键是要解决交流电动机的控制和驱动问题。目前,通常利用微处理器对交流电动机作磁场的矢量控制,即把交流电动机的作用原理看作与直流电动机相似,从而可以像直流电动机那样实现转矩控制。

直流他励电动机转矩 $T$ 与电枢电流 $I_a$ 的关系为

$$T = C_T I_a \Phi \tag{3.18}$$

式中  $C_T$——转矩系数；

$\Phi$——气隙磁通。

对于补偿较好的直流电动机,电枢反应影响很小。当激励电流不变时,转矩 $T$ 与电枢电流 $I_a$ 成正比,故较易获得良好的动态性能。而对于交流电动机,其转矩与转子电流 $I_2$ 的

关系为

$$T = C_\mathrm{T} I_2 \phi \cos\varphi_2 \tag{3.19}$$

其中，气隙磁通 $\phi$、转子电流 $I_2$ 及转子功率因数 $\cos\varphi_2$ 均为转差率 $s$ 的函数，难以直接控制。相比而言，比较容易控制的是定子电流 $I_1$，而定子电流 $I_1$ 又是转子电流 $I_2$ 的折合值与激励电流 $I_0$ 的矢量和。显然要准确地动态控制转矩比较困难。矢量变换控制方式设法在交流电动机上模拟直流电动机控制转矩的规律，从而使交流电动机具有相同的电磁转矩产生及控制的能力。矢量变换控制的基本思想是按照产生同样的旋转磁场这一等效原则建立起来的。

由电动机结构及旋转磁场的基本原理可知，三相固定的对称绕组 A、B、C 在通以三相正弦平衡交流电流 $i_a$、$i_b$、$i_c$ 时，便产生转速为 $\omega_0$ 的旋转磁场 $\Phi$，如图 3.33(a) 所示。

实际上，不一定只有三相绕组才能产生旋转磁场。除单相以外，二相、四相等多相对称绕组，在通以多相平衡电流后都能产生旋转磁场。图 3.33(b) 示出的是位置上相差 90°的两相固定绕组 α 和 β 通以时间上相差 90°的两相平衡交流电流 $i_\alpha$ 和 $i_\beta$ 时所产生的旋转磁场 $\Phi$。当旋转磁场的大小和转速都相同时，图 3.33(a) 和图 3.33(b) 所示的两套绕组等效。图 3.33(c) 中有两个匝数相等、互相垂直的绕组 M 和 T，分别通以直流电流 $i_M$ 和 $i_T$，产生位置固定的磁通 $\Phi$。如果使两个绕组同时以同步转速旋转，磁通 $\Phi$ 自然随之旋转。因此，可以认为这两个绕组与图 3.33(a) 和图 3.33(b) 中所示的绕组等效。

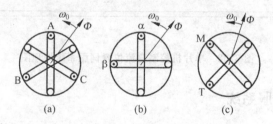

图 3.33　交流绕组与直流绕组等效原理图
(a) 三相交流；(b) 两相交流；(c) 直流

可以想象，当站到铁芯上和绕组一起旋转时，则可以看到两个通以直流的相互垂直的固定绕组。如果取磁通 $\Phi$ 的位置和 M 绕组的平面正交，就和等效的直流电动机绕组没有什么不同。其中，M 绕组相当于励磁绕组，T 绕组相当于电枢绕组。

这样以产生旋转磁场为准则，图 3.33(a) 中的三相绕组、图 3.33(b) 中的二相绕组与图 3.33(c) 中的直流绕组等效，电流 $i_a$、$i_b$、$i_c$ 与 $i_\alpha$、$i_\beta$ 以及 $i_M$、$i_T$ 之间存在着确定的矢量变换关系。要想保持 $i_M$ 和 $i_T$ 为某一固定值，则 $i_a$、$i_b$、$i_c$ 必须按一定的规律变化。只要按照这个规律去控制三相电流 $i_a$、$i_b$、$i_c$，就可以等效地控制 $i_M$ 和 $i_T$，从而达到控制转矩的目的，于是就可以得到与直流电动机一样的控制性能。

交流伺服系统由交流伺服电动机、驱动电路和控制电路组成。交流伺服驱动主电路如图 3.34 所示。该电路主要包括将工频电源变换为直流的变换器、再生能量吸收电路以及将直流变换为任意电压和频率的交流的逆变器等。

整流器采用单相或三相全波整流电路将交流电源变换为直流电源。电容 $C_R$ 用于暂存交流伺服电动机的无效和再生能量，并具有直流滤波的功能。利用电容吸收再生能量只适用于 200W 左右的小功率电动机，对于几百瓦以上的电动机则要采用图中的能量吸收电路，

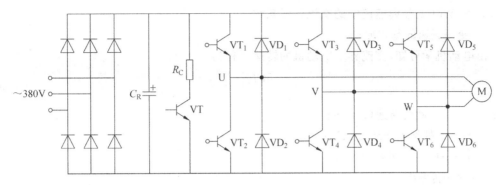

图 3.34　交流伺服控制主电路

其工作过程为：当电容器 $C_R$ 的充电电压升高到一定值后，大功率管 VT 导通，使 $C_R$ 上的能量通过电阻 $R_C$ 释放。

逆变器采用三相 H 桥结构，在直流电源的正、负极之间串联晶体管 $VT_1 \sim VT_6$，各晶体管的集极—射极之间并联续流二极管 $VD_1 \sim VD_6$。晶体管 $VT_1$ 与 $VT_2$、$VT_3$ 与 $VT_4$、$VT_5$ 与 $VT_6$ 的连接点分别输出 U、V、W 三相电压。为了检测电动机电流，在 U 与 W 相接有电流检测元件。该逆变器采用脉宽调制(PWM)方式，将直流电压变换为任意频率、任意电压的正弦交流电压。

图 3.35 是矢量控制交流伺服系统原理框图，其工作原理如下：由插补器发出的脉冲经位置控制回路发出速度指令，在比较器中与来自检测元件的反馈信号(经过 D/A 转换)相比较后，再经过放大器送出转矩指令 T 至矢量处理电路。矢量处理电路由转角计算回路、乘法器、比较器等组成。检测元件的输出信号也送到矢量处理电路中的转角计算回路，将电动机的回转位置 $\theta_r$ 变换成 $\sin\theta_r$、$\sin\left(\theta_r - \dfrac{2\pi}{3}\right)$ 和 $\sin\left(\theta_r - \dfrac{4\pi}{3}\right)$，并分别送到矢量处理电路的乘法器，然后输出 $T\sin\theta_r$、$T\sin\left(\theta_r - \dfrac{2\pi}{3}\right)$ 和 $T\sin\left(\theta_r - \dfrac{4\pi}{3}\right)$ 三种信号，经放大并与电动机回路的电流检测信号比较之后，经 PWM 电路调制及放大后，控制三相桥式晶体管电路，使交流伺服电动机按规定的转速旋转，并输出要求的转矩。

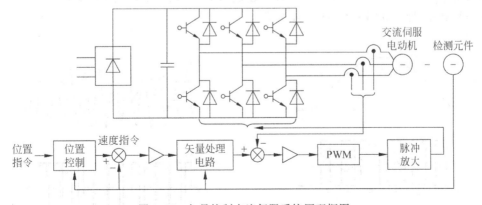

图 3.35　矢量控制交流伺服系统原理框图

**2. SPWM 变频调速控制的交流伺服系统**

1）变频调速的基本原理

由电动机学可知,交流异步电动机的转速方程为

$$n = \frac{60f_1}{p}(1-s) \tag{3.20}$$

式中　　$n$——电动机转速（r/min）；

　　　　$f_1$——外加电源频率（Hz）；

　　　　$p$——电动机极对数；

　　　　$s$——转差率。

由此可见,若要改变交流电动机的转速,可根据实际需要,采用改变电动机极对数 $p$、转差率 $s$ 或电动机外加电源频率 $f_1$ 等三种方法。目前,高性能的交流调速系统大都采用均匀改变频率 $f_1$ 来平滑地改变电动机转速,称为变频调速。为了保持在调速时电动机的最大转矩不变,需要维持磁通恒定,这就要求定子供电电压 $U_1$ 作相应调节。因此,对于为交流电动机供电的变频器,一般都要求兼具调压和调频两种功能。

2）SPWM

SPWM（正弦波脉冲宽度调制）变频调速是最近发展起来的,其触发电路输出的是一系列频率可调的脉冲波,脉冲的幅值恒定而宽度可调,因而可以根据 $\frac{U_1}{f_1}$ 比值在变频的同时改变电压,并按正弦波规律调制脉冲宽度。

SPWM 原理可用图 3.36 加以说明。如图所示,将一个正弦波的正半周划分为 6 等份,则每一份可以用一个矩形脉冲来代表,只要对应时间间隔内的矩形脉冲的面积和正弦波与横轴包含的面积相等即可。不难理解,如果份数分得足够多,则所得到的一系列矩形波与正弦波等效,也就是说正弦波可以用等高但不等宽的矩形波来表示。

脉宽调制是以所期望的波形作为调制波、受其调制的信号作为载波。在 SPWM 中,采用正弦波为调制波,通常用等腰三角波作为载波。如图 3.37 所示,把一正弦控制电压 $u_r$ 与三角形载波 $u_t$ 相比较,当 $u_r > u_t$ 时,电路输出满幅度的正电平；当 $u_r < u_t$ 时,电路输出满幅度的负电平。于是得到了一组等幅而脉冲宽度随时间按正弦规律变化的矩形脉冲。用三相正弦信号调制,即可获得三相 SPWM 波形。

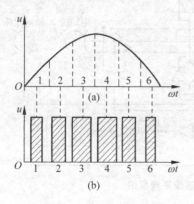

图 3.36　SPWM 原理示意图

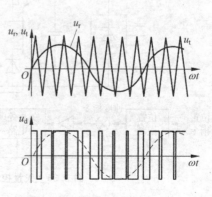

图 3.37　双极型 SPWM 波形

图 3.37 中的 SPWM 波形为双极型,其控制电压
和三角波均为双极性输出。除此之外,还有单极型
SPWM 波形,如图 3.38 所示,图中只呈现了正半周的
正弦波。对于正弦波的负半周,可通过反向器来得到
负向脉冲波。

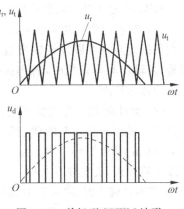

3）SPWM 变频器

图 3.39 是 SPWM 变频器的主电路和控制电路的
原理图。图 3.39(a)中 $VT_1 \sim VT_6$ 是逆变器的六个全
控式功率开关器件,它们各有一个续流二极管反向并
联,整个逆变器由三相不可控整流器供电,所提供的直
流恒值电压为 $U_s$。图 3.39(b)中由参考信号发生器提
供一组三相对称的正弦参考电压信号 $u_{ra}$、$u_{rb}$、$u_{rc}$ 作为

图 3.38　单极型 SPWM 波形

调制波,其频率和幅值均由输入信号控制。三角波载波信号 $u_t$ 由三角波发生器提供,三相
共用。它分别与每相调制波比较后,产生 SPWM 脉冲序列波 $u_{da}$、$u_{db}$、$u_{dc}$,作为逆变器功率
开关器件 $VT_1 \sim VT_6$ 的驱动控制信号。

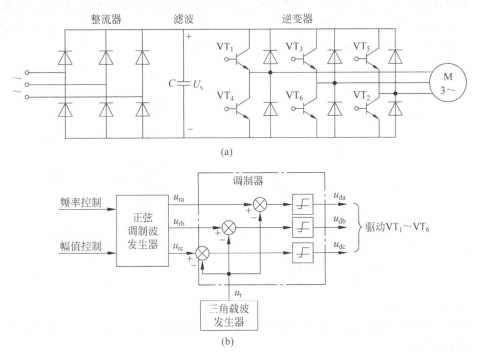

图 3.39　SPWM 变频器电路原理图

4）SPWM 逆变器的调制方式

SPWM 逆变器的性能与载频比有密切关系。定义载频比为

$$N = \frac{f_t}{f_r} \qquad (3.21)$$

式中　$f_t$——三角载波的频率;

　　　$f_r$——正弦调制波的频率。

SPWM 逆变器的调制有同步调制、异步调制和分段调制三种方式。

（1）同步调制。同步调制是在改变 $f_r$ 的同时成比例地改变 $f_t$，使 $N$ 始终保持不变。同步调制的优点是可以保证输出波形的对称性。由于波形对称，故不会出现偶次谐波问题。但是，当输出频率很低时，若仍保持 $N$ 值不变，则会导致谐波含量变大，从而使电动机产生较大的脉动转矩。

（2）异步调制。在改变 $f_r$ 的同时，$f_t$ 的值保持不变，使 $N$ 值不断变化，这种方式称为异步调制。采用异步调制的优点是可以使逆变器低频运行时 $N$ 加大，从而减小谐波含量，减轻电动机的谐波损耗和转矩脉动。但是，异步调制可能使 $N$ 值出现非整数，从而导致相位连续漂移且正、负半波不对称。$N$ 值的上限由逆变器功率开关器件的允许开关频率决定。当 $N$ 值不足够大时，将引起电动机工作不平稳。

（3）分段调制。实用的大功率晶体管逆变器采用分段调制的方案。如图 3.40 所示，在恒转矩区，低速段采用异步调制，高速段分段同步化，$N$ 值逐级改变。在恒功率区，取 $N=1$，保持输出电压不变。这样，开关频率限制在一定的范围内，并且 $f_t$ 相对变小后，在 $N$ 为各个确定值的范围内，可以克服异步调制的缺点，保证输出波形对称。

5）SPWM 专用芯片 HEF4752

SPWM 信号除了可以利用单片机根据要求的电压和频率直接产生外，还可由专用芯片产生。SPWM 专用芯片有 HEF4752 和 SLE4520 等。其中，HEF4752 芯片为 28 引脚，如图 3.41 所示。现对 HEF4752 的引脚含义作简单介绍。

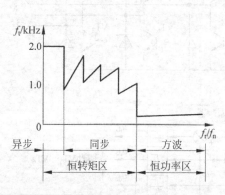

图 3.40　分段调制 $f_t$ 与 $f$ 的关系曲线

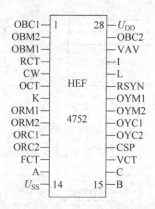

图 3.41　HEF4752 引脚图

（1）驱动输出端。

OBM1、OBM2、ORM1、ORM2、OYM1、OYM2：驱动功率逆变器的开关器件，其中，1 和 2 分别对应上、下桥臂。

OBC1、OBC2、ORC1、ORC2、OYC1、OYC2：晶闸管逆变系统的辅助输出。

（2）控制信号端。

FCT：频率控制时钟输入，控制 SPWM 波的基频。

VCT：电压控制时钟输入，控制 SPWM 波的平均电压。

RCT：控制逆变器载波的最高频率。

OCT、K：控制逆变器上、下桥臂的时间延迟。

L：启/停控制。

CW：相序控制。

I：逆变器开关器件(晶闸管/晶体管)选择控制。

其余引脚为电源及一些测试端。

6）SPWM 变频调速系统

图 3.42 所示是采用恒压频比控制 SPWM 变频调速系统转速开环控制系统,现对其作用原理作简要说明。

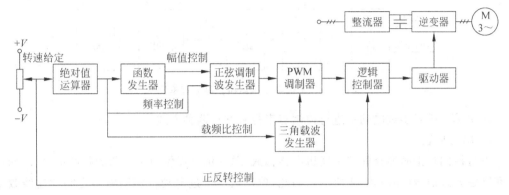

图 3.42  SPWM 变频调速系统原理框图

（1）绝对值运算器。根据电动机正反转的要求,给定电位计输出正值或负值电压。在系统调频过程中,改变逆变器输出电压和频率仅需要单一极性的控制电压,故设置了绝对值运算器。绝对值运算器输出的是单一极性的电压,输出电压的数值与输入相同。

（2）函数发生器。函数发生器用来实现调速过程中电压 $U_1$ 和频率 $f_1$ 的协调关系,其输入是正比于频率 $f_1$ 的电压信号,输出是正比于 $U_1$ 的电压信号。

（3）逻辑控制器。根据给定电位计送来的正值电压、零值电压或负值电压,经过逻辑开关,使控制系统的 SPWM 波输出按正相序、停发或逆相序送到逆变器,以实现电动机的正转、停止或反转。另外,逻辑控制器还要完成各种保护控制。

（4）载频比控制。载频比控制主要用来实现图 3.40 所示的控制特性。

图中其他环节在前面已有介绍,故不再赘述。

### 3.6.3  步进伺服系统

步进电动机控制有开环和闭环两种方式。与闭环控制系统不同,开环系统无须使用位置、速度检测和反馈,不存在稳定性的问题,因此结构简单、使用维护方便、制造成本低。另外,步进电动机受控于电脉冲信号(角位移正比于脉冲数;转速正比于脉冲频率;改变脉冲分配相序,可改变电动机转动方向;脉冲的有无决定了电动机的启/停),比由直流伺服电动机或交流伺服电动机组成的开环控制系统精度高,适用于精度要求不太高的机电一体化伺服传动系统。目前,一般数控机械和普通机床的数控改造中大多采用步进电动机开环控制系统。

#### 1. 步进电动机的开环控制

步进电动机的驱动电源由环形脉冲分配器和功率放大器等组成,其功能可以通过各种逻辑电路来实现,但是这样做的缺点是线路复杂,且缺乏灵活性。随着电子技术的发展,除功率驱动电路之外,其他硬件电路均可由软件实现,这样不仅简化了线路,降低了成本,而且可靠性也大大提高,加之步进电动机的控制可根据系统需要灵活改变,使用起来十分方便。图 3.43 示出了典型的利用微型计算机(单片机)控制步进电动机的原理框图。每当脉冲输入线上得到一个脉冲,步进电动机便沿着转向控制线信号所确定的方向走一步。只要负载是在步进电动机允许的范围内,每个脉冲将使电动机转动一个固定的角度(步距角)。只要知道电动机的初始位置,再根据步距角的大小以及它实际走过的步数,就可以预知步进电动机的最终位置。

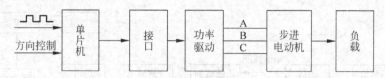

图 3.43　步进电动机微机控制原理框图

利用单片机对步进电动机进行控制有串行和并行两种方式。

1) 串行控制

串行控制是指脉冲分配器由逻辑电路构成,单片机只提供频率可调的脉冲信号、方向信号和励磁方式信号(如图 3.44 所示),因此,单片机与步进电动机驱动电源之间的连线数量少,但是驱动电源中必须包含环形分配器。

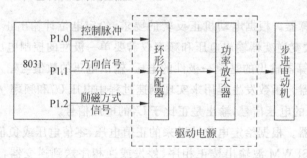

图 3.44　步进电动机的串行控制

2) 并行控制

并行控制是利用微机的数个端口直接去控制步进电动机各相驱动电路,环形分配器的功能由微机软件实现。实现脉冲分配功能有两种方法:一是纯软件方法,即完全利用软件来实现相序的分配,直接输出各相导通或截止的信号;二是软件与硬件相结合的方法,使用专门设计的编程器接口,微机向接口输入简单形式的代码数据,接口输出的信号用于控制步进电动机各相导通或截止。图 3.45 所示系统采用的就是并行控制方式。该系统采用单片机 8031 作为主控器,利用 8031 的 P1 口的低三位控制步进电动机的三相绕组;7404 为 TTL 非门电路,用于提高单片机 I/O 口的驱动能力。在步进电动机微机控制系统中必须考虑接口与电动机之间的电气隔离。微型计算机及其外围芯片一般工作在 +5V 弱电条件下,而步进电动机的驱动电源通常采用几十伏至上百伏的强电电压供电,如果不采取隔离措施,强电会通过电气连接耦合到弱电部分,造成 CPU 及其外围芯片的损坏。图中采用的隔离器件是光电耦合器,可以隔离上千伏的电压。

**2. 步进电动机的闭环控制**

如前所述,步进电动机开环控制不检测电动机转子位置,因此输入脉冲不依赖转子的位

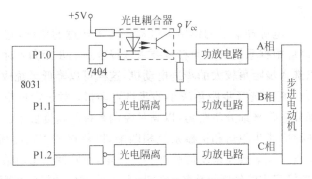

图 3.45　步进电动机的并行控制

置,而是事先按一定规律安排的。电动机的输出转矩在很大程度上取决于驱动电源和控制方式。对于不同的电动机或电动机相同而负载不同,励磁电流和失调角也将不同,输出转矩便会随之发生改变,因此很难找到通用的控制规律,步进电动机的技术性能难以提高,使得系统的位置精度和转速提高都将受到限制。由于没有转子位置反馈,也无法知道步进电动机是否失步或丢步以及电动机的转速响应是否摆动过大。

闭环控制直接或间接地检测电动机转子的位置和速度,然后根据反馈和适当处理自动给出驱动脉冲串,因此可以获得更加精确的位置控制以及更高、更加平稳的转速,从而大大提高了步进电动机的性能指标。

步进电动机的闭环控制有很多种方法,如核步法、延迟时间法等。图 3.46 利用光电编码器检测电动机转子位置,经整形后送入计算机进行计数,再由计数值来判定步进电动机是否运行到终点,这种方法就是核步法。

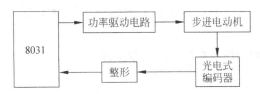

图 3.46　步进电动机的闭环控制

**3. 步进电动机的选择**

步进电动机的选择主要包括以下几个方面:根据负载性质、负载惯量、运行方式及系统控制要求,综合选择步进电动机的类型(包括驱动电源)、基本技术指标、外径安装尺寸等。以下主要对步进电动机的输出转矩、步距角以及启动频率、运行频率等技术指标的选择进行说明。

1) 输出转矩的选择

选用步进电动机时,首先必须保证在整个调速频段内步进电动机的输出转矩大于负载所需转矩,使电动机的矩频特性(动态转矩与控制脉冲频率之间的关系)有一定余量,否则会导致失步。

在电动机制造厂家所给的技术数据中一般没有电动机输出转矩这一指标,但可以根据最大静转矩 $T_{jmax}$ 和实际所需工作频率范围大致估算电机的输出转矩。$T_{jmax}$ 是步进电动机的重要技术数据之一,是衡量步进电动机负载能力的一项重要指标。在选用步进电动机时,通常 $T_{jmax} = (2 \sim 3) T_L$($T_L$ 为换算到电动机轴上的负载转矩)。

2）步距角的选择

步距角是指在一个电脉冲信号的作用下电动机转子转过的角度，它反映了步进电动机的定位精度。选择时应根据系统的控制精度要求选择合适的步距角：对于定位精度要求不高的控制系统，可以选择步距角较大的步进电动机，这样可以降低系统成本；对于定位精度要求较高的控制系统，则应选择步距角较小的步进电动机；对于定位精度要求特别高的控制系统，还可采用细分电路来细分步距角，以满足控制系统的精度要求。

另外，还必须注意应使步距角和机械系统相匹配，以获得加工精度所要求的脉冲当量。在数控机床中，步距角应根据数控系统的脉冲当量确定，而脉冲当量由系统要求的加工精度确定。在确定了数控机床进给伺服机构的脉冲当量后，步进电动机的步距角 $\alpha$ 可按式（3.22）计算：

$$\alpha = \frac{360° \cdot \delta \cdot i}{l_0} \tag{3.22}$$

式中　$\delta$——脉冲当量（mm/脉冲）；

$l_0$——丝杠基本导程（mm）；

$i$——电动机和负载之间齿轮传动装置的传动比。

3）启动频率和运行频率的选择

机电一体化系统对步进电动机启动频率和运行频率的要求是根据负载对象的工作速度提出的。在步进电动机的技术数据中，只有空载情况下电动机的最高启动频率。当步进电动机带上负载后，启动频率比空载时要下降许多。所以选择步进电动机时，应事先估算出带上负载后的启动频率，看能否满足设计要求。

估算时，如果有惯-频特性资料，应先计算机械系统的负载惯量，然后根据惯-频特性查出带负载惯量后的启动频率；如果没有惯-频特性资料，可按以下方法近似计算带负载后的启动频率。

（1）步进电动机带动惯性负载后的启动频率为

$$f_{gq} = \frac{f_q}{\sqrt{1 + \dfrac{J_L}{J_m}}} \tag{3.23}$$

式中　$f_q$——步进电动机空载启动频率（Hz）；

$J_L$——负载转动惯量（kg·m²）；

$J_m$——步进电动机转子转动惯量（kg·m²）。

（2）步进电动机既带有惯性负载又带有摩擦负载，带负载后的启动频率为

$$f_{fq} = f_q \cdot \sqrt{\frac{1 - \dfrac{T_f}{T_m}}{1 + \dfrac{J_L}{J_m}}} \tag{3.24}$$

式中　$T_f$——负载摩擦转矩（N·m）；

$T_m$——步进电动机输出转矩（N·m）。

步进电动机的运行频率反映了电动机的工作速度，即快速性能。一台步进电动机的最高运行频率往往比启动频率要高出几倍，甚至十几倍。选用时，应使步进电动机的最高运行频率能够满足机械系统快速移动的要求。以数控机床进给伺服机构为例，数控机

床的进给速度与电动机的运行频率有着严格对应关系,即机床的极限速度 $v_{\max}$(快速进给速度)受电动机最高运行频率约束。所以应根据机床要求的极限速度确定最高运行频率 $f_{\max}$,即

$$f_{\max} = \frac{1000 \cdot v_{\max}}{60\delta} \tag{3.25}$$

**4. 提高系统精度的措施**

(1) 在步进电动机开环控制系统中,信号单向传递。为了改善步进电动机的控制性能,首先必须选择良好的控制方式和高性能的功率放大电路,以提高电动机的动态转矩。由于步进电动机在启/停过程中都有惯性,尤其是在带了负载以后,当进给脉冲突变或启动频率提高时,步进电动机有可能失步,甚至无法运转。为此应设计自动升/降速电路,使得进给脉冲在进入分配器之前,由较低的频率逐渐升高到所要求的工作频率,或者由较高的频率逐渐降低,以便电动机在较高的启动频率或频率突变时均能正常工作。

(2) 在低速运行时,步进电动机的转动是步进式的,这种步进式转动势必会产生振动和噪声。为此可采用细分电路,以解决微量进给与快速移动之间的矛盾。

(3) 机械传动及轴承部件的制造精度和刚度将直接影响驱动位移的精度。为了提高系统的精度,必须适当提高系统各组成环节(包括机械传动和机械支承装置)的精度。

## 3.7　电液伺服系统

电液伺服系统是由电气信号处理部分和液压功率输出部分组成的控制系统,系统的输入是电信号。由于电信号在传输、运算、参量转换等方面具有快速和方便等特点,而液压元件是理想的功率执行元件,这样,将电、液有机结合起来,在信号处理部分采用电元件,在功率输出部分使用液压元件,二者之间利用电液伺服阀作为连接的桥梁,从而构成电液伺服系统,如图 3.47 所示。电液伺服系统综合了电、液两种元件的长处,具有响应速度快、输出功率大、结构紧凑等优点,因而得到了广泛的应用。

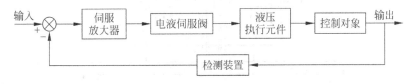

图 3.47　电液伺服系统的组成框图

根据被控物理量的不同,电液伺服系统可分为位置伺服控制系统、速度伺服控制系统、力(压力)伺服控制系统等。其中,最基本、最常用的是电液位置伺服控制系统。

### 3.7.1　电液伺服阀

电液伺服阀根据输入的电气、机械、气动等信号,成比例地连续控制液压系统中液流的方向、流量和压力,具有体积小、结构紧凑、功率放大系数高、线性度好、死区小、反应灵敏、精度高等优点,被广泛应用于工业设备、航空航天及军事领域的各种电液位置、速度和力伺服系统中。

根据控制对象的不同,电液伺服阀分为流量伺服阀和压力伺服阀;根据前置级液压控制阀的形式,分为喷嘴挡板式、射流管式、滑阀式、偏转射流式等;根据反馈形式,分为力反

馈、直接反馈、电反馈、压力反馈、流量反馈和动压反馈等；根据液压控制阀的级数，分为单级、二级、三级伺服阀。

图 3.48 为双喷嘴挡板式力反馈二级电液伺服阀的结构原理图，以此为例介绍电液伺服阀的工作原理。该伺服阀是生产实际中应用最为广泛的一种形式，由力矩马达、液压控制阀、反馈（或力平衡）机构三部分组成。薄壁弹簧管 5 支承衔铁挡板组件 3，并作为喷嘴挡板液压控制阀的液压密封。反馈杆从衔铁挡板组件中伸出，其端部小球插入滑阀 8 阀芯中间的槽中，构成阀芯对力矩马达的力反馈。力矩马达线圈中没有信号电流输入时，衔铁由弹簧管支承在上、下导磁体 2 的中间位置，永久磁铁 1 在四个气隙中产生的极化磁通 $\Phi_g$ 相同，故力矩马达没有力矩输出。此时，挡板处于两个喷嘴 7 的中间位置，伺服阀没有输出。当力矩马达线圈中有信号电流输入时，产生控制磁通 $\Phi_c$，其大小和方向由信号电流的大小和方向决定。由图 3.48 可见，在气隙 b、c 中，$\Phi_c$ 与 $\Phi_g$ 方向相同；而在气隙 a、d 中，$\Phi_c$ 与 $\Phi_g$ 相反。因此，b、c 中的合成磁通大于 a、d 中的合成磁通，在衔铁中产生逆时针方向的电磁力矩，使衔铁挡板组件绕弹簧管支撑旋转。此时，挡板向右偏转，使喷嘴挡板的右侧间隙减小、左侧间隙增大，控制压力 $p_{2p} > p_{1p}$，滑阀阀芯带动反馈杆端部小球左移，使反馈杆产生弹性变形，对衔铁挡板组件产生一个顺时针方向的反力矩。当作用于衔铁挡板组件上的磁力矩与弹簧管反力矩、反馈杆反力矩等各力矩达到平衡时，滑阀停止运动，处于平衡状态，并有相应的流量输出。力矩马达的输出力矩、挡板位移、滑阀位移均与输入信号电流成比例变化，在负载压差一定时，阀的输出流量也与之成正比。当输入信号电流反向时，阀的输出流量也随之反向。由于滑阀位置是通过反馈杆的变形力反馈到衔铁上使各力矩达到平衡所决定的，故称为力反馈式。

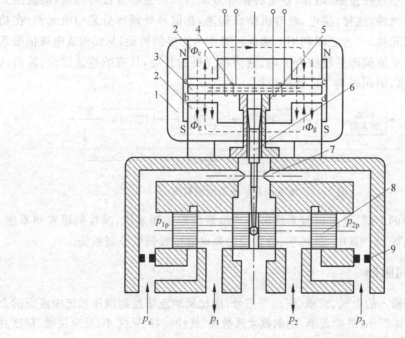

图 3.48　双喷嘴挡板式力反馈二级电液流量伺服阀结构原理图

1—永久磁铁；2—导磁体；3—衔铁；4—线圈；5—弹簧管；6—反馈杆；7—喷嘴；8—滑阀；9—固定节流孔

### 3.7.2　电液位置伺服控制系统

电液位置伺服控制系统常用于机床工作台的位置控制、机械手的定位控制、稳定平台水平位置控制等。按控制元件的种类和驱动方式,电液位置控制系统又可分为节流式(阀控式)控制系统和容积式(泵控式)控制系统两类。其中,阀控系统更为常用,它包括阀控液压缸和阀控液压马达两种方式。这两种系统采用的检测装置和执行元件不同,但是工作原理是相似的。

**1. 阀控液压缸电液位置伺服系统**

图 3.49 所示为阀控液压缸电液位置控制系统,它采用双电位计作为检测和反馈元件,控制工作台的位置,使之按照给定指令变化。

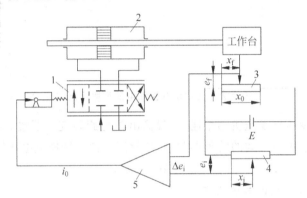

图 3.49　阀控液压缸位置控制电液伺服系统原理示意图
1—电液伺服阀;2—液压缸;3—反馈电位计;4—指令电位计;5—放大器

该系统由电液伺服阀、液压缸、反馈电位计、指令电位计、放大器组成。指令电位计 4 将滑臂的位置指令 $x_i$ 转换成电压 $e_i$,被控制的工作台位置 $x_f$ 由反馈电位计 3 检测,并转换成电压 $e_f$。两个电位计接成桥式电路,电桥的输出电压为

$$\Delta e_i = e_i - e_f = k(x_i - x_f)$$

式中　$k$——电位计增益,有

$$k = E/x_0$$

式中　$E$——电桥供桥电压(V);

　　　$x_0$——电位计滑臂的行程(m)。

工作台的位置随指令电位计滑臂的变化而变动。当工作台位置 $x_f$ 与指令位置 $x_i$ 相一致时,电桥的输出电压 $\Delta e_i = 0$,此时放大器输出为零,电液伺服阀处于零位,没有流量输出,工作台不动,系统处于平衡状态。

若反馈电位计的滑臂电位与指令电位计的滑臂电位不同时,例如指令电位计滑臂右移一个位移 $\Delta x_i$,在工作台位置变化之前,电桥输出偏差信号 $\Delta e_i$,经过放大器放大,转换为伺服阀里控制线圈中的电流 $i_0$。伺服阀的阀芯产生与电流 $i_0$ 成比例的位移,以控制其开口方向及开口大小,从而控制进入液压缸的油流方向和流量,驱动工作台向消除偏差的方向运动。随着工作台的移动,电桥输出偏差信号逐渐减小,当工作台位移 $\Delta x_f$ 等于指令电位计滑臂位移 $\Delta x_i$ 时,电桥又重新处于平衡状态,输出偏差信号等于零,工作台停止运动。如果指

令电位计滑臂反向运动时,则工作台也跟随反向运动。在该系统中,工作台位置能够精确地跟随指令电位计滑臂位置的任意变化,以实现位置的伺服控制。

**2. 阀控液压马达电液位置伺服系统**

图 3.50 所示为阀控液压马达电液位置伺服系统,该系统采用一对旋转变压器作为角度测量装置(图中通过圆心的点画线表示转轴)。

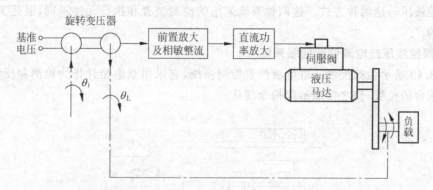

图 3.50　阀控液压马达位置控制电液伺服系统原理示意图

输入轴与旋转变压器发送机轴相连,负载输出轴与旋转变压器接收机轴相连。旋转变压器检测输入轴和输出轴之间的转角误差,并将此误差信号转换成电压信号输出,即

$$e_s = k(\theta_i - \theta_L)$$

式中　$\theta_i$——输入轴转角,即系统的输入信号;

　　　$\theta_L$——输出轴转角,即负载输出转角,是系统的反馈信号;

　　　$k$——决定于旋转变压器的常数。

当输入轴转角 $\theta_i$ 和输出轴转角 $\theta_L$ 一致时,旋转变压器的输出电压 $e_s = 0$,此时功率放大器输出电流为零,电液伺服阀处于零位,没有流量输出,液压马达停转。当给输入轴一个角位移时,在液压马达未转动之前,旋转变压器就有一个电压信号输出,经放大后转变为电流信号去控制电液伺服阀,推动液压马达转动。随着液压马达的转动,旋转变压器输出的电压信号逐渐减小,当输出轴转角 $\theta_L$ 等于输入轴转角 $\theta_i$ 时,输出电压为零,液压马达停止转动。如果输入角位移反向,则液压马达也跟随反向转动。

### 3.7.3　电液速度伺服系统

若系统的输出量为速度,将此速度反馈到输入端,并与输入量相比较,就可以实现对系统的速度控制,这种控制系统称为速度伺服控制系统。电液速度伺服系统广泛应用于发电机组、雷达天线等需控制运转速度的装置中。图 3.51 为一个简单的电液速度伺服系统原理示意图。在该系统中,输入速度指令用电压 $e_i$ 来表示,而液压马达的实际速度由测速发电机测出,并转换成反馈电压信号 $e_f$。当实际输出速度信号 $e_f$ 与指令速度信号 $e_i$ 不一致时,产生偏差信号 $\Delta e$,此信号经放大器和电液伺服阀,控制液压马达使其转速向减小偏差的方向变化,以达到所需的进给速度。

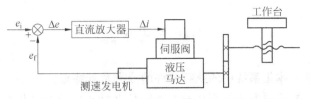

图 3.51　电液速度伺服系统原理示意图

### 3.7.4　电液力伺服系统

以力或压力为被控制物理量的控制系统即为力控制系统。在工业生产中,经常需要对力或压力进行控制,例如材料疲劳试验机的加载控制、压力机的压力控制、轧钢机的张力控制等都是采用电液力(压力)伺服控制系统。

在轧钢过程中,热处理炉内带钢的张力波动会对钢材性能产生较大影响。因此,对带钢连续生产提出了高精度、恒张力的控制要求。图 3.52 所示为液压带钢张力控制系统,以此为例来介绍电液力(压力)伺服系统的工作原理。热处理炉 3 内带钢的张力由张力辊组 2、7 来建立,以直流电动机 $M_1$ 作牵引、直流电动机 $M_2$ 作为负载以产生所需要的张力。由于系统各部件的惯性大,时间滞后大,当外界干扰引起带钢内张力波动时,无法及时调整,故控制精度低,不能满足张力波动控制在 $2\% \sim 3\%$ 的要求。于是,在两张力辊组之间设立一个电液张力伺服控制系统来提高控制精度。该系统的工作原理如下:在转向左右两轴承座下各安装一个测力传感器 6 作为检测装置。将这两个力传感器检测信号的平均值与给定信号值进行比较。当出现偏差时,信号经伺服放大器放大后输入电液伺服阀 9。若实际张力与给定值相等,则偏差信号为零,伺服阀 9 无输出,液压缸 1 保持不动。当张力增大时,偏差信号使伺服阀在某一方向产生开口量,输出一定流量,使液压缸 1 向上移动,抬起浮动辊 5,使张力减小到给定值。反之,当张力减小时,则产生的偏差信号使伺服阀 9 控制液压缸 1 向下运动,浮动辊 5 下移以张紧钢带,使张力升高到给定值。由此可见,该系统是一个恒值控制系统,可以确保带钢张力符合要求,提高钢材质量。

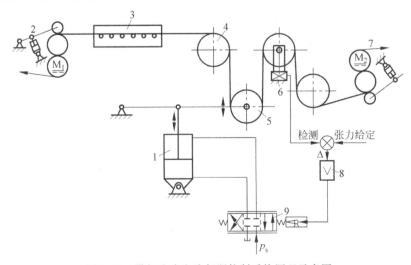

图 3.52　带钢张力电液伺服控制系统原理示意图

1—液压缸;2,7—张力辊组;3—热处理炉;4—转向辊;5—浮动辊;6—测力传感器;8—伺服放大器;9—电液伺服阀

## 习题与思考题

3.1　简述机电一体化系统中的执行元件的分类及其特点。

3.2　伺服系统的控制方式有哪几种？各有什么特点？分别适用什么场合？设计相应的系统时，都应注意什么问题？

3.3　进行机电一体化伺服系统设计时，应如何考虑机械结构因素的影响？

3.4　结合伺服系统对执行元件的基本要求，分析为何机电一体化伺服系统趋向于采用电气式执行元件。

3.5　列举几种新型执行元件，并说明其工作原理及特点。

3.6　伺服系统中一般需要检测哪些物理量？通常采用什么传感器进行检测？

3.7　简述直流伺服系统、交流伺服系统、步进伺服系统及电液伺服系统的组成及工作原理。

3.8　何谓 PWM？简述 PWM 调速的基本原理。

3.9　何谓 SPWM？SPWM 信号是数字信号还是模拟信号？

3.10　在进行步进伺服系统设计时，应如何选择步进电动机？为提高系统精度应采取什么措施？

3.11　电液伺服系统分为哪几种类型？应用最广泛的是哪种类型？

3.12　举例说明电液位置伺服系统的应用。

3.13　列举几个具有伺服系统的机电一体化产品实例，说明其伺服系统的结构组成及属于哪种类型的伺服系统。

# 第4章 传感检测系统

## 4.1 传感检测系统的作用及组成

### 4.1.1 传感检测在机电一体化中的作用

机电一体化系统对被控对象实施精确控制时,首先必须准确了解系统自身、被控对象及作业环境的状况。作为机电一体化系统的感受环节,传感检测系统主要用于获取系统运行过程中所需的内部和外部的各种参数及状态,将这些非电量转化成与被测物理量有确定对应关系的电信号,并通过适当处理(如变换、放大、滤波)后,将其传输到后续装置中进行显示记录或数据处理,产生相应的控制信息。

### 4.1.2 传感检测系统的组成

传感检测系统一般由传感器、中间变换装置及输出接口组成,如图4.1所示。

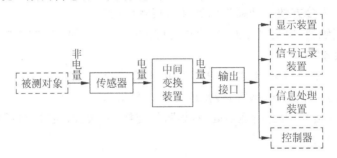

图 4.1　传感检测系统组成

**1. 传感器**

传感器是将机电一体化系统中被测对象的非电物理变化量转换成对应电量的一种变换器,其目的是为有效地控制机电一体化系统的动作提供信息。

传感器的种类繁多。根据被测物理量的不同,传感器可分为位移和位置传感器、速度和加速度传感器、力和力矩传感器、温度传感器、湿度传感器等。根据基本工作原理的不同,传感器可分为电阻式、电感式、电容式、磁电式、光电式传感器等。根据输出信号的性质,又可将传感器分为模拟型、数字型、开关型传感器等。

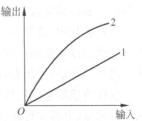

图 4.2　模拟传感器输入/输出关系

模拟传感器的输出信号为模拟信号,即在一定范围内连续变化的电量。如图4.2所示,传感器的输入/输出关系可能是线性的(如图中直线1)或非线性的(如图中曲线2)。电阻式、电感式、电容式传感器均属于模拟传感器。

数字传感器有脉冲计数型和代码型两类。脉冲计数型传感器的输出信号为脉冲信号(图 4.3(a)),脉冲数与输入量成正比,通过计数器便可对输入量进行计数,可用于检测输送带上产品的个数。增量式光电码盘就属于这一种。代码型传感器所输出的信号是数字代码,如图 4.3(b)中,输入量为 $k_1$ 时,输出代码为 1010,而输入量为 $k_2$ 时,输出代码为 1011。代码中的"1"和"0"分别代表高、低电平,可利用光电元件输出。这类传感器通常用来检测执行元件的位置或速度,如绝对值型光电编码器。

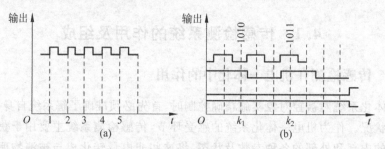

图 4.3　数字传感器输入/输出关系

开关传感器的输出只有"1"和"0"两个值或开(ON)和关(OFF)两个状态。如图 4.4 所示,当传感器的输入物理量达到设定值以上时,其输出为"ON"(1);在该值以下时,输出为"OFF"(0)。这种开关型输出信号直接传送给计算机进行处理,十分方便。开关传感器又有接触型(如微动开关)和非接触型(如光电开关、接近开关)之分。

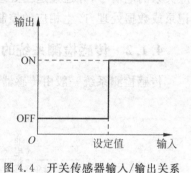

图 4.4　开关传感器输入/输出关系

**2. 中间变换装置**

中间变换装置是一些转换电路,用于将传感器输出的电量信号(如电阻、电容、电感等)转换成更易于测量和处理的电压或电流信号,并进行适当处理,如阻抗变换、放大、滤波等,包括电桥、放大器、滤波器、调制解调器等。

**3. 输出接口**

输出接口的作用是将信号传送至显示记录装置、信息处理装置和控制器等。

以下将对机电一体化系统中常用的传感器进行介绍。

## 4.2　位移、位置传感器

位移、位置传感器在机电一体化领域中应用十分广泛,这是因为不仅在各种机电一体化产品中需要位移测量,而且速度、加速度、力、力矩等参数的测量也往往以位移测量为基础。在工厂自动化中,位置测量必不可少。与位移测量不同,位置测量主要用来确定被测物体是否已经到达或接近某一位置,而非一段距离的变化量,因此它只需产生和输出能够反映某种状态的开关量信号(闭合/断开或高/低电平)。

位移传感器包括直线位移传感器和角位移传感器。其中,常用的直线位移传感器有电感式传感器、电容式传感器、差动变压器式传感器、感应同步器、光栅、磁栅等;常用的角位移传感器有光电编码器、旋转变压器等。

　　按照检测时被测对象与测量元件是否接触,位置传感器可分为接触式和非接触式两种。接触式位置传感器即限位开关,而非接触式传感器包括接近开关和光电开关。

## 4.2.1　光电开关

　　光电开关的主要部件为发光元件(如发光二极管)和受光元件(如光电元件),根据其结构形式的不同,分为对射式、镜反射式、漫反射式、槽式和光纤式等类型。由于具有体积小、可靠性高、响应速度快、检测精度高等优点,光电开关获得了非常广泛的应用。

　　**1. 对射式光电开关**

　　对射式光电开关又称透射式或透光式,包含在结构上相互分离且光轴相对放置的发光元件和受光元件,如图 4.5(a)所示。发光元件发出的光线直接进入受光元件,当被检测物体经过发光元件和受光元件之间且阻断光线时,光电开关就产生了开关信号。对射式光电开关适用于不透明物体检测。

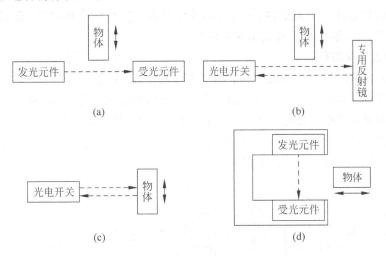

图 4.5　光电开关工作原理示意图
(a) 对射式;(b) 镜反射式;(c) 漫反射式;(d) 槽式

　　**2. 镜反射式光电开关**

　　如图 4.5(b)所示,镜反射式光电开关亦集发光元件和受光元件于一体,发光元件发出的光线经过反射镜反射回受光元件,当被检测物体经过且完全阻断光线时,光电开关就产生了检测开关信号。

　　**3. 漫反射式光电开关**

　　与对射式和镜反射式相同,漫反射式光电开关集发光元件和受光元件于一体,当有被检测物体经过时,物体将光电开关发光元件所发射的足够量的光线反射到受光元件,于是光电开关就产生了开关信号,如图 4.5(c)所示。漫反射式光电开关适用于表面光亮或反光率极高物体的检测。

　　**4. 槽式光电开关**

　　这种光电开关通常采用标准的 U 字形结构,发光元件和受光元件分别位于 U 形槽的两边(如图 4.5(d)所示),形成一光轴。当被检测物体经过 U 形槽且阻断光轴时,光电开关就产生了开关量信号。槽式光电开关比较适合检测高速运动的物体,并且能分辨透明与半透明物体。

**5. 光纤式光电开关**

光纤式光电开关采用塑料或玻璃光纤传感器来引导光线,可以对距离较远的被检测物体进行检测。通常分为对射式和漫反射式。

### 4.2.2　光电编码器

光电编码器是一种光学式角度-数字检测元件。它利用光电转换原理将输出轴上的机械几何位移量转换成脉冲或数字量,具有体积小、精度高、工作可靠、接口数字化等优点,是目前应用最多的传感器之一,广泛应用于数控机床、回转台、伺服传动、机器人、雷达、军事目标测定等需要检测角位移的装置和设备中。

光电编码器主要由码盘、光电检测装置及测量电路组成。根据信号输出形式不同,光电编码器分为两种基本类型,即增量式光电编码器和绝对式光电编码器。增量式编码器对应每个单位角位移输出一个电脉冲,通过对脉冲计数即可实现角位移测量;绝对式编码器则直接输出码盘上的编码,从而检测出绝对位置。

**1. 增量式光电编码器**

增量式光电编码器由一个玻璃制成的码盘以及光源(发光二极管)、透镜、光电元件(光敏二极管)等组成,如图 4.6 所示。码盘上沿圆周方向均布着 $n$ 条狭缝,来自光源的光线可以通过狭缝照射到光电元件上。当码盘绕其轴线回转时,每转过一条狭缝,光电元件所接收到的光信号就明暗变化一次,光电元件输出的电信号也就强弱变化一次,经光电元件后的测量电路放大、整形后,输出一个方波脉冲。

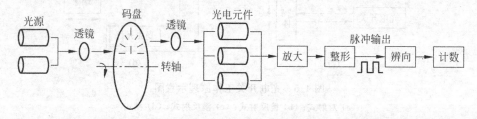

图 4.6　增量式编码器原理示意图

由于码盘无论正向转动还是反向转动都输出同样的脉冲,为使编码器的测量结果真实准确地反映转轴回转角度的大小,编码器的后面通常要设置辨向电路。辨向电路中的可逆计数器可在码盘正、反转时分别进行加、减脉冲处理,因此需要两路相位相差 90°的脉冲信号,为此编码器上要设置 A、B 两个光电元件,它们的空间位置应保证光电元件的两路输出信号相位相差 90°。通过 A、B 相脉冲信号超前或滞后就可以方便地判别出编码器的旋转方向。

增量式编码器一般输出三组方波脉冲信号,即除了 A、B 相之外,还有 Z 相。Z 相产生的脉冲为基准脉冲,又称零点脉冲,它是轴每旋转一周在固定位置上仅输出的一个脉冲,可用于计数器归零或基准点定位。

增量式编码器的优点是原理和构造简单,寿命长(机械平均寿命可在几万小时以上),抗干扰能力强,可靠性高,价格低,精度易于保证,适合于长距离传输。其缺点是无法输出轴转动时的绝对位置信息。

**2. 绝对式光电编码器**

绝对式编码器是把被测转角通过读取码盘上的图案信息直接转换成相应代码的检测元件,因而可直接输出数字量。编码盘有光电式、接触式和电磁式三种。

光电式码盘是目前应用较多的一种,其玻璃码盘上刻的不是均布的狭缝,而是按二进制规则排列的一系列透光区和不透光区。码盘上白色的区域为透光区,用"1"表示;黑色的区域为不透光区,用"0"表示。这些透光区域和不透光区域均布在一些圆周上,这些圆周称为码道。绝对式光电编码器由内向外有多个码道,每一个码道表示二进制的一位。为了保证低位码的精度,将内侧码道作为编码的高位,而外侧码道作为编码的低位。于是,由内至外构成一个二进制编码。

图 4.7 所示为一个 4 位绝对式光电编码器。编码器上的 4 个 LED 和 4 个光电元件分别与 4 条码道相对应。当码盘转动到某一位置上时,4 个光电元件有的受光、有的不受光,光电元件将光信号转化成相应的电信号,从而输出不同的由"1""0"组合而成的编码信号,以表示不同的绝对角度坐标。

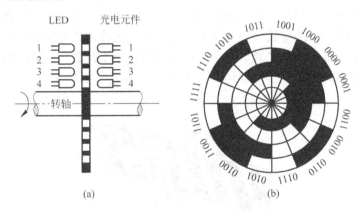

图 4.7　四位二进制绝对式光电编码器
(a) 结构原理;(b) 码盘的平面结构

很显然,这种编码器不需要计数器,在转轴的任意位置都可得到一个相对应的数字码。对于一个具有 $n$ 位二进制的编码器,其码盘必须有 $n$ 条码道。码道越多,则分辨率越高。

绝对式编码器的特点是能直接给出对应于每个转角的数字信息,便于计算机处理,但当进给数大于一转时,须作特别处理,而且必须用减速齿轮将两个以上的编码器连接起来,以组成多级检测装置,使得结构复杂、成本较高。

上述这两种编码器在具体使用时也有区别。增量式编码器在断电时无法记住断电前的位置,必须在重新上电后从约定的基准(参考零点)重新开始计数。所以在断电后再启动时需重新找零,称为开机找零。例如,打印机和扫描仪中使用增量式编码器进行定位,每次开机时的响声便是机器在寻找参考零点,只有找到零点后它才能开始工作。而绝对式编码器的每一个位置均对应一个确定的数字码,故可以在断电时记住此前的位置。当系统再次启动时,便可以在断电时的位置处继续工作,而无须再找零点。

### 4.2.3　光栅

在高精度的位置检测系统中,大量使用光栅作为位移检测反馈元件。光栅是利用莫尔条纹现象将机械位移或模拟量转变为数字脉冲的精密测量装置,它的特点是测量精确度高(可达±1μm)、响应速度快、量程范围大(一般为1~2m,连接使用可达10m)、可进行非接触测量、易于实现数字测量和自动控制,广泛用于数控机床和精密测量中。

**1. 光栅的种类与构造**

光栅是在透明的玻璃板上均匀地刻出许多明暗相间的条纹,或在金属镜面上均匀地划出许多间隔相等的条纹,通常线条的间隙和宽度是相等的。光栅根据制造方法和光学原理不同,分为透射光栅和反射光栅:透射光栅是以透光的玻璃为载体,利用光的透射现象进行检测;反射光栅是以不透光的金属(一般为不锈钢)为载体,利用光的反射现象进行检测。根据光栅的外形又可分为长光栅(又称直线光栅或光栅尺)和圆光栅,分别用于直线位移和角位移测量。

光栅的结构原理如图4.8所示。它主要由主光栅(标尺光栅)、指示光栅、光电元件和光源等组成。通常,主光栅和被测物体相连,随被测物体的直线位移而产生位移。一般主光栅和指示光栅的刻线密度相同,刻线之间的距离 $W$ 称为栅距。光栅栅距一般为4线/mm、10线/mm、25线/mm、50线/mm、100线/mm、200线/mm、250线/mm 等,国内机床上一般采用栅距为100线/mm、200线/mm 的玻璃透射光栅。光栅中光电元件的作用是将光强信号转变为电信号,以供计算机处理。单个光电元件只能用于计数,而不能辨别方向。因此,为了确定光栅的运动方向,至少应使用2个光电元件,一般为4个。

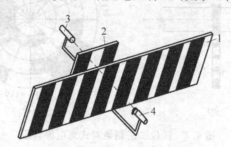

图 4.8　光栅的结构原理

1—主光栅；2—指示光栅；3—光电元件；4—光源

**2. 光栅的工作原理**

主光栅和指示光栅平行安装,并使二者倾斜一个较小的角度 $\theta$ 时,光栅上就会出现若干条明暗相间的条纹,这种条纹称为莫尔条纹,它们沿着与光栅条纹几乎垂直的方向排列。莫尔条纹是光栅非重合部分光线透过而形成的亮带,由一系列四棱形图案组成,如图4.9中的 $d$—$d$ 线区所示。图中的 $f$—$f$ 线区则是由于光栅的遮光效应形成的。

主光栅通常安装在执行机构上。当主光栅随执行机构左右移动时,莫尔条纹相应地上下移动。利用光电元件检测明、暗条纹,输出二进制代码,使测量结果数字化。明暗条纹的移动方向和主光栅移动方向有确切的对应关系,所以方向辨别十分容易。

**3. 莫尔条纹**

莫尔条纹是18世纪法国研究人员莫尔先生最先发现的一种光学现象。从技术角度讲,莫尔条纹是两条线或两个物体之间以恒定的角度和频率发生干涉的视觉结果,当人眼无法分辨这两条线或两个物体时,只能看到干涉的花纹,这种光学现象就是莫尔条纹。

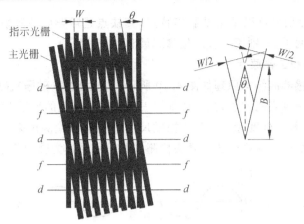

图 4.9　莫尔条纹

光栅中莫尔条纹具有如下特点：

1）莫尔条纹的位移与光栅的移动成比例

当指示光栅不动，主光栅向左/右移动时，莫尔条纹将沿着近于栅线的方向上下移动。光栅每移动过一个栅距 $W$，莫尔条纹就移动过一个条纹间距 $B$。另外，通过莫尔条纹的移动方向，就可以确定主光栅的移动方向。

2）莫尔条纹具有位移放大作用

莫尔条纹的间距 $B$ 与两光栅条纹夹角 $\theta$ 之间的关系为

$$B = \frac{W}{2\sin\dfrac{\theta}{2}} \approx \frac{W}{\theta} \tag{4.1}$$

其中，$\theta$ 的单位为 rad，$B$ 和 $W$ 的单位为 mm。

莫尔条纹的放大倍数为

$$K = \frac{B}{W} \tag{4.2}$$

若 $W=0.01$mm，莫尔条纹的宽度调成 10mm，则放大倍数相当于 1000 倍。也就是说指示光栅与标尺光栅相对移动一个很小的距离 $W$ 时，就可以得到一个很大的莫尔条纹移动量 $B$，于是可以利用测量条纹的移动来检测光栅微小的位移，从而实现高灵敏度的位移测量。

由式（4.1）和式（4.2）也可得

$$K \approx \frac{1}{\theta} \tag{4.3}$$

可见 $\theta$ 越小，放大倍数越大。实际应用中，$\theta$ 角的取值范围一般都很小。例如当 $\theta=10'$ 时，$K=1/\theta=1/0.0029$rad$\approx 345$。

3）莫尔条纹具有平均光栅误差的作用

莫尔条纹是由一系列刻线的交点组成，它反映了形成条纹的光栅刻线的平均位置，对各栅距误差起到了平均作用，减弱了光栅制造中的局部误差和短周期误差对检测精度的影响。

## 4.2.4　磁栅

磁栅是利用电磁特性来进行机械位移的检测，主要用于大型机床和精密机床作为位置或位移量的检测元件。与其他类型的位移传感器相比，磁栅具有结构简单、使用方便、动态范围大(1～20m)、磁信号可以重新录制等特点,其缺点是需要屏蔽和防尘。磁栅按用途分为长磁栅与圆磁栅两种,分别用于直线位移测量和角位移测量。

**1. 磁栅的结构和工作原理**

磁栅式位移传感器的结构原理如图 4.10 所示。它由磁尺(磁栅)、磁头和检测电路等部分组成。磁尺是采用录磁的方法,在一根基体表面涂有磁性膜的尺子上,记录下一定波长的磁化信号,以此作为基准刻度标尺。磁头把磁尺上的磁信号检测出来并转换成电信号。检测电路主要用来供给磁头激励电压和磁头检测到的信号转换为脉冲信号输出。

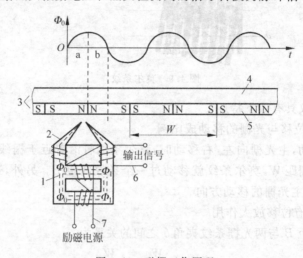

图 4.10　磁栅工作原理

1—铁芯;2—磁头;3—磁尺;4—基体;5—磁性膜;6—拾磁绕组;7—励磁绕组

磁尺是在非导磁材料如铜、不锈钢、玻璃或其他合金材料的基体上,涂敷、化学沉积或电镀上一层 $10～20\mu m$ 厚的硬磁性材料(如 Ni-Co-P 或 Fe-Co 合金),并在它的表面上录制相等节距且周期变化的磁信号。磁信号的节距一般为 0.05mm、0.1mm、0.2mm、1mm。为了防止磁头对磁性膜的磨损,通常在磁性膜上涂敷一层厚度为 $1～2\mu m$ 的耐磨塑料保护层。

磁头是进行磁-电转换的变换器,它把反映空间位置的磁信号转换为电信号输送到检测电路中去。普通录音机、磁带机的磁头是速度响应型磁头,其输出电压幅值与磁通变化率成正比,只有当磁头与磁带之间有一定相对速度时才能读取磁化信号,所以这种磁头只能用于动态测量,而不用于位置检测。为了在低速运动和静止时也能进行位置检测,必须采用磁通响应型磁头。

磁通响应型磁头是利用带可饱和铁芯的磁性调制器原理制成的,其结构如图 4.10 所示。在用软磁材料制成的铁芯上绕有两个绕组,一个为励磁绕组,另一个为拾磁绕组,这两个绕组均由两段绕向相反并绕在不同的铁芯臂上的绕组串联而成。将高频励磁电流通入励磁绕组时,在磁头上产生磁通 $\Phi_1$,当磁头靠近磁尺时,磁尺上的磁信号产生的磁通 $\Phi_0$ 进入磁头铁芯,并被高频励磁电流所产生的磁通 $\Phi_1$ 所调制,于是在拾磁绕组中感应电压为

$$U = U_0 \sin\frac{2\pi x}{W}\sin\omega t \tag{4.4}$$

式中　$U_0$——输出电压系数;

　　$W$——磁尺上磁化信号的节距；

　　$x$——磁头相对磁尺的位移；

　　$\omega$——励磁电压的角频率。

　　这种调制输出信号跟磁头与磁尺的相对速度无关。为了辨别磁头在磁尺上的移动方向，通常采用间距为 $(n \pm 1/4)W$ 的两组磁头（其中，$n$ 为任意正整数）。如图 4.11 所示，$i_1$、$i_2$ 为励磁电流，其输出电压分别为

$$\begin{cases} U_1 = U_0 \sin \dfrac{2\pi x}{W} \sin\omega t \\[2mm] U_2 = U_0 \cos \dfrac{2\pi x}{W} \sin\omega t \end{cases} \tag{4.5}$$

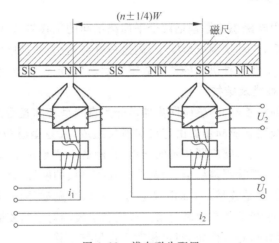

图 4.11　辨向磁头配置

　　$U_1$ 和 $U_2$ 是相位相差 90° 的两列脉冲。至于哪个导前，则取决于磁尺的移动方向。根据两个磁头输出信号的超前或滞后，可确定其移动方向。

**2. 测量方式**

磁栅有鉴幅式和鉴相式两种测量方式。

1）鉴幅式

如前所述，磁头有两组信号输出，将高频载波滤掉后可得到相位差为 $\pi/2$ 的两组信号为

$$\begin{cases} U_1 = U_0 \sin \dfrac{2\pi x}{W} \\[2mm] U_2 = U_0 \cos \dfrac{2\pi x}{W} \end{cases} \tag{4.6}$$

　　两组磁头相对于磁尺每移动一个节距便输出一个正弦或余弦信号，经信号处理后可进行位置检测。这种方法的检测线路比较简单，但分辨率受到录磁节距 $W$ 的限制，若要提高分辨率就必须采用较复杂的信频电路，故不常采用。

　　2）鉴相式

　　采用相位检测的精度可以大大高于录磁节距 $W$，并可以通过提高内插脉冲频率以提高系统的分辨率。将图 4.11 中一组磁头的励磁信号移相 90°，则得到输出电压

$$\begin{cases} U_1 = U_0 \sin \dfrac{2\pi x}{W} \cos\omega t \\[3mm] U_2 = U_0 \cos \dfrac{2\pi x}{W} \sin\omega t \end{cases} \tag{4.7}$$

在求和电路中相加,则得到磁头总输出电压为

$$U = U_0 \sin\left(\frac{2\pi x}{W} + \omega t\right) \tag{4.8}$$

由式(4.8)可知,合成输出电压 $U$ 的幅值恒定,而相位随磁头与磁尺的相对位置 $x$ 变化而变化。因此,读出输出信号的相位,就可确定磁头的位置。

### 4.2.5　感应同步器

感应同步器是利用电磁感应原理把两个平面绕组间的位移量转换成电信号的一种位移传感器。由于它成本低,受环境温度影响小,测量精度高,且为非接触测量,所以在位移检测中得到广泛应用,特别是在各种机床的位移数字显示、自动定位和数控系统中。

**1. 感应同步器的种类及结构**

按测量机械位移的对象不同,感应同步器可分为直线型和圆盘型两类,分别用来检测直线位移和角位移。直线型感应同步器由定尺和滑尺组成,圆盘型感应同步器由定子和转子组成。图 4.12 示出了直线型感应同步器的结构,其制造工艺是先在基板(玻璃或金属)上涂上一层绝缘黏合材料,将栅状铜箔粘牢,用制造印刷线路板的腐蚀方法制成具有均匀节距的方齿形绕组。定尺的绕组是连续的,而滑尺上分布着两个励磁绕组,即正弦绕组和余弦绕组,并将正弦绕组和余弦绕组各自串联起来。滑尺和定尺相对平行安装,其间保持一定间隙(0.05～0.2mm)。使用时,定尺固定,滑尺相对于定尺作平移。

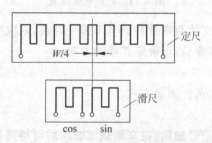

图 4.12　直线型感应同步器的结构

**2. 感应同步器的工作原理**

在滑尺的正弦绕组中施加频率为 $f$(一般为 2～10kHz)的交变电流时,定尺绕组感应出频率为 $f$ 的感应电势。感应电势的大小与滑尺和定尺的相对位置有关。当两绕组同向对齐时,滑尺绕组磁通全部交链于定尺绕组,所以其感应电势为正向最大。移动 1/4 节距后,两绕组磁通不交链,即交链磁通量为零;再移动 1/4 节距后,两绕组反向时,感应电势负向最大。依次类推,每移动一个节距,感应电势周期性地重复变化一次,如图 4.13(a)所示。其感应电势随位置按余弦规律变化。

同理,若在滑尺的余弦绕组中施加频率为 $f$ 的交变电流时,定尺绕组上也感应出频率为 $f$ 的感应电势。其感应电势随位置按正弦规律变化,如图 4.13(b)所示。

设正弦绕组供电电压为 $U_s$,余弦绕组供电电压为 $U_c$,移动距离为 $x$,节距为 $W$,则正弦

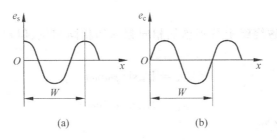

图 4.13　定尺感应电势波形图

(a) 仅对正弦绕组激磁；(b) 仅对余弦绕组激磁

绕组单独供电时定尺上的感应电势为

$$e_s = KU_s\cos\theta \tag{4.9}$$

余弦绕组单独供电所产生的感应电势为

$$e_c = -KU_c\sin\theta \tag{4.10}$$

由于感应同步器的磁路系统可视为线性，可进行线性叠加，所以定尺上总的感应电势为

$$e = e_s + e_c = KU_s\cos\theta - KU_c\sin\theta \tag{4.11}$$

式中　$K$——定尺与滑尺之间的电磁耦合系数；

　　　$\theta$——电角度；

　　　$W$——绕组节距，标准式直线感应同步器的 $W$ 为 2mm。

**3. 感应同步器的测量方式**

感应同步器是利用感应电压的变化来进行位置检测的。根据对滑尺绕组供电方式的不同，以及对输出电压检测方式的不同，感应同步器有鉴相和鉴幅两种测量方式，前者是通过检测感应电压的相位来测量位移，后者是通过检测感应电压的幅值来测量位移。

1) 鉴相式

当滑尺的两个绕组分别施加相同频率和相同幅值，但相位相差 90° 的两个激磁电压时，由于电磁感应作用，定尺绕组将产生与其频率相同的感应电势，且随滑尺位置而变，即

$$\begin{cases} e_s = U_m\sin\omega t \\ e_c = U_m\cos\omega t \end{cases} \tag{4.12}$$

式中　$U_m$——滑尺励磁电压的最大幅值；

　　　$\omega$——滑尺励磁电压的角频率，$\omega = 2\pi f$。

则

$$\begin{aligned} e &= e_s + e_c \\ &= KU_m\sin\omega t\cos\theta - KU_m\cos\omega t\sin\theta \\ &= KU_m\sin(\omega t - \theta) \end{aligned} \tag{4.13}$$

其中，$\theta = \left(\dfrac{x}{W}\right)360°$。

从式(4.13)可以看出，滑尺相对定尺的位移 $x$ 与定尺感应电势相位 $\theta$ 的变化成比例。测量时，通过鉴相器将相位的变化转换成感应电势的变化。因此，只要测得 $e$，就可以知道 $\theta$，从而就可以测量出滑尺与定尺间的相对位移 $x$。

2) 鉴幅式

在滑尺的两个励磁绕组上分别施加相同频率和相同相位、但幅值不等的两个交流电压,即

$$\begin{cases} e_s = U_m \sin\varphi \sin\omega t \\ e_c = U_m \cos\varphi \sin\omega t \end{cases} \tag{4.14}$$

式中　$\varphi$——指令位移角。

根据线性叠加原理,定尺上总的感应电势 $e$ 为两个绕组单独作用时所产生的感应电势 $e_s$ 和 $e_c$ 之和,即

$$\begin{aligned}
e &= e_s + e_c \\
&= KU_m \sin\varphi \sin\omega t \cos\theta - KU_m \cos\varphi \sin\omega t \sin\theta \\
&= KU_m (\sin\varphi \cos\theta - \cos\varphi \sin\theta) \sin\omega t \\
&= KU_m \sin(\varphi - \theta) \sin\omega t
\end{aligned} \tag{4.15}$$

式中　$KU_m \sin(\varphi - \theta)$——感应电势的幅值。

由式(4.15)可知,感应电势 $e$ 的幅值随 $(\varphi - \theta)$ 作正弦变化,当 $\varphi = \theta$ 时,$e = 0$。随着滑尺的移动,$e$ 逐渐变化。因此,通过测量 $e$ 的幅值就可以测得定尺和滑尺之间的相对位移。

### 4.2.6　旋转变压器

旋转变压器是一种利用电磁感应原理将转角变换为电压信号的传感器。由于它结构简单,动作灵敏,对环境无特殊要求,输出信号大,抗干扰性好,因此被广泛应用于机电一体化产品中。

**1. 旋转变压器的构造和工作原理**

旋转变压器在结构上与两相交流电动机相似,也是由定子和转子组成。当具有一定频率(通常为 400Hz、500Hz、1000Hz、5000Hz 等)的激磁电压加于定子绕组时,转子绕组的电压幅值与转子转角成正弦、余弦函数关系,或在一定转角范围内与转角成正比关系。前一种旋转变压器称为正余弦旋转变压器(图 4.14),适用于大角位移的绝对测量;后一种称为线性旋转变压器,适用于小角位移的相对测量。

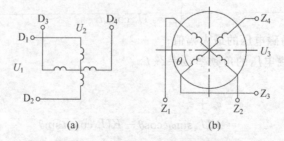

图 4.14　正余弦旋转变压器原理图

(a) 定子;(b)转子

$D_1 D_2$—激磁绕组;$D_3 D_4$—辅助绕组;$Z_1 Z_2$—余弦输出绕组;$Z_3 Z_4$—正弦输出绕组

如图 4.14 所示,旋转变压器一般做成两相电动机的形式。在定子上有激磁绕组和辅助绕组,它们的轴线相互成 90°。在转子上有两个输出绕组,即正弦输出绕组和余弦输出绕

组,这两个绕组的轴线也互成 90°,一般将其中一个绕组(如 $Z_1Z_2$)短接。

**2. 旋转变压器的测量方式**

当定子绕组中分别通以幅值和频率相同、相位相差为 90°的交变激磁电压时,便可在转子绕组中得到感应电势 $e$。根据线性叠加原理,$e$ 为激磁电压 $U_1$ 和 $U_2$ 的感应电势之和,即

$$
\begin{aligned}
e &= kU_1\sin\theta + kU_2\sin(90°+\theta) \\
&= kU_m\sin\omega t\sin\theta + kU_m\cos\omega t\cos\theta \\
&= kU_m\cos(\omega t-\theta)
\end{aligned} \tag{4.16}
$$

式中　$U_m$——励磁电压的最大幅值;

　　　$\omega$——励磁电压的角频率;

　　　$w_1$、$w_2$——转子、定子绕组的匝数;

　　　$k=w_1/w_2$——旋转变压器的变压比;

　　　$\theta$——转子转角。

可见,测得转子绕组感应电势的幅值和相位,便可间接测得转子转角 $\theta$ 的变化。

线性旋转变压器实际上也是正余弦旋转变压器,不同的是线性旋转变压器采用了特定的变压比 $k$ 和接线方式,如图 4.15 所示。这样使得在一定转角范围内(一般为±60°),其输出电压和转子转角 $\theta$ 呈线性关系。此时输出电压为

$$
e = kU_1\frac{\sin\theta}{1+k\cos\theta} \tag{4.17}
$$

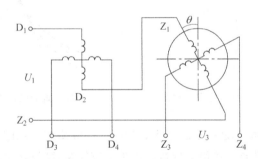

图 4.15　线性旋转变压器原理图

根据式(4.17),选定变压比 $k$ 及允许的非线性度,则可推算出满足线性关系的转角范围(图 4.16)。如取 $k=0.54$,非线性度不超过±0.1%,则转子转角范围可以达到±60°。

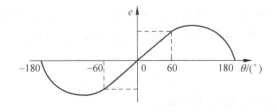

图 4.16　转子转角与输出电压的关系曲线

## 4.3　速度、加速度传感器

### 4.3.1　直流测速发电机

作为一种测速元件,直流测速发电机实际上就是一台微型的直流发电机。根据定子磁极激磁方式的不同,直流测速发电机可分为永磁式和电磁式两种。前者是用永久磁性材料做定子,并产生恒定磁场;后者则是利用绕在定子槽中的励磁绕组来产生磁场。

测速发电机的结构有多种,但原理基本相同。图 4.17 所示为较为常用的永磁式测速发电机的原理电路图。当转子在恒定磁场中旋转时,电枢绕组中产生交变的电动势,再经过换向器和电刷转换为与转子转速成正比的直流电动势。

由图 4.18 所示的直流测速发电机输出特性曲线可以看出,当负载电阻 $R_L \to \infty$ 时,其输出电压 $U_o$ 与转速 $n$ 成正比。随着负载电阻 $R_L$ 变小,其输出电压下降,而且输出电压与转速之间并不能严格保持线性关系。由此可见,对于要求精度比较高的直流测速发电机,除采取其他措施(如减小转速 $n$,使其不超过额定转速)外,负载电阻 $R_L$ 应尽量大。

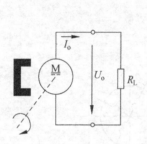 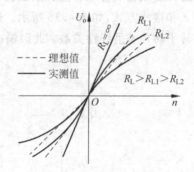

图4.17　永磁式直流测速发电机原理图　　　　图4.18　直流测速发电机输出特性

直流测速发电机的特点是输出斜率大、线性度好、频率响应范围宽、工作可靠、环境适应性好,但是电刷和换向器的存在使得构造和维护比较复杂,摩擦转矩较大。

在机电一体化系统中,直流测速发电机主要用作测速和校正元件。为了提高检测灵敏度,使用时应尽可能将其与电动机轴直接相连。有的电动机本身就已安装测速发电机。

### 4.3.2　光电式速度传感器

光电脉冲测速原理如图 4.19 所示。物体以速度 $v$ 通过光电池的遮挡板时,光电池输出阶跃电压信号,经微分电路形成两个脉冲输出,测出两脉冲之间的时间间隔 $\Delta t$,则可测得速度为

$$v = \Delta x / \Delta t \tag{4.18}$$

式中　$\Delta x$——光电池挡板上两孔间距(m)。

光电式转速传感器是由装在被测轴(或与被测轴相连接的输入轴)上的带缝圆盘、光源、光电器件和指示缝隙圆盘组成,如图 4.20 所示。光源发出的光通过缝隙圆盘和指示缝隙盘照射到光电器件上。当缝隙圆盘随被测轴转动时,由于圆盘上的缝隙间距与指示盘上的缝

隙间距相同,因此圆盘每转一周,光电器件便输出与圆盘缝隙数相等的电脉冲。根据测量时间 $t$ 内的脉冲数 $N$,就可测得被测轴转速为

$$n = \frac{60N}{Zt} \tag{4.19}$$

式中　　$Z$——圆盘上的缝隙数;

　　　　$n$——转速(r/min);

　　　　$t$——测量时间(s)。

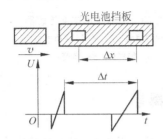

图 4.19　光电式速度传感器原理示意图

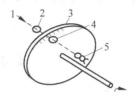

图 4.20　光电式转速传感器的结构原理图
1—光源;2—透镜;3—带缝隙圆盘;
4—指示缝隙盘;5—光电器件

### 4.3.3　加速度传感器

作为加速度检测元件的加速度传感器有多种形式,如应变片式、压电式和电磁感应式等。其工作原理通常是利用惯性质量受加速度作用所产生的惯性力而造成的各种物理效应,将其进一步转化成电量,从而间接度量被测加速度。

电阻应变式加速度计结构原理如图 4.21 所示。它由质量块、悬臂梁、电阻应变片和阻尼液体等构成。当传感器随被测物体运动的加速度为 $a$ 时,质量块上产生惯性力 $F = ma$。在 $F$ 的作用下,悬臂梁弯曲变形。根据悬臂梁上粘贴的应变片的变形便可测出 $F$ 的大小,在已知质量的情况下即可计算出被测加速度。传感器壳体内充以黏性液体作为阻尼之用,这样可以使系统的固有频率做得很低。

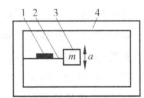

图 4.21　应变式加速度传感器
1—电阻应变片;2—悬臂梁;
3—质量块;4—传感器壳体

图 4.22 示出的是压电式加速度传感器的结构原理。使用时,传感器固定在被测物体上,感受该物体的振动,惯性质量块产生惯性力,使压电元件产生变形。压电元件产生的变形和由此产生的电荷以及被测物体的加速度成正比。压电加速度传感器可以做得体积很小、重量很轻,因而对被测机构的影响很小,加之频率范围广、动态范围宽、灵敏度高,故应用较为广泛。

图 4.23 为一种空气阻尼的电容式加速度传感器。该传感器采用差动式结构,有两个固定电极,两极板之间有一用弹簧支撑的质量块,此质量块的两端经过磨平抛光后作为可动极板。弹簧硬度较大,使得系统的固有频率较高,故构成惯性式加速度计。当传感器测量垂直方向的振动时,由于质量块的惯性作用,两个固定电极相对于质量块产生位移,使电容 $C_1$、$C_2$ 中一个增大、另一个减小,其差值正比于被测加速度。该传感器采用空气阻尼,由于气体的黏度温度系数比液体小得多,因此这种加速度传感器的精度较高,频率响应范围宽,可以

测量很高的加速度值。

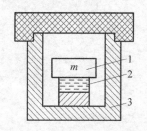

图 4.22　压电式加速度传感器
1—质量块；2—压电晶片；3—壳体

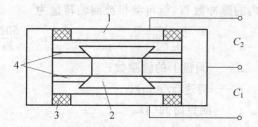

图 4.23　电容式加速度传感器
1—固定电极；2—质量块（动电极）；
3—绝缘体；4—弹簧片

# 4.4　力、扭矩传感器

在机电一体化应用中，力和扭矩是很常用的机械参量。近年来，各种高精度力和扭矩传感器不断出现，更以其惯性小、响应快、易于记录、便于遥控等优点得到了广泛的应用。力（扭矩）传感器按其工作原理可分为弹性式、电阻应变式、电感式、电容式、压电式和磁电式等。其中，电阻应变式传感器应用最为广泛。

## 4.4.1　力传感器

电阻应变式力传感器的工作原理是基于电阻应变效应。当粘贴有应变片的弹性元件在受到力的作用时产生变形，应变片将该应变转换为电阻值的变化，再经过转换电路（电桥）最终输出相应的电压或电流信号。

应变式力传感器按其量程大小和测量精度不同而有很多规格品种，其主要差别在于弹性元件的结构形式不同，以及应变片在弹性元件上粘贴的位置不同。通常力传感器的弹性元件有柱式、梁式、环式、轮辐式等。

### 1. 柱式弹性元件

柱式弹性元件有圆柱形（图 4.24(a)）、圆筒形（图 4.24(b)）等几种。这种弹性元件结构简单、承载能力大，主要用于中等载荷和大载荷（可达数兆牛顿）的拉（压）力传感器。其缺点是抗偏心载荷和侧向力的能力较差，所制成的传感器高度较大。在受力后，柱式弹性元件所产生的应变为

$$\varepsilon = \frac{F}{AE} \tag{4.20}$$

式中　$F$——作用力；

　　　$A$——弹性体的横截面积；

　　　$E$——弹性体材料的弹性模量。

### 2. 梁式弹性元件

梁式弹性元件如图 4.25 所示，其特点是结构简单，加工方便，应变片易于粘贴，灵敏度较高，主要用于小载荷、高精度的拉（压）力传感器中，可测量 0.01N 到几千牛顿的拉（压）力。使用时应在同一截面的正反两面粘贴应变片。若悬臂梁的自由端有一被测力 $F$，则应变为

$$\varepsilon = \frac{6l}{bh^2 E}F \tag{4.21}$$

式中　$l$——应变片中心距受力点的距离；

　　　$b$——悬臂梁宽度；

　　　$h$——悬臂梁厚度；

　　　$E$——悬臂梁材料的弹性模量。

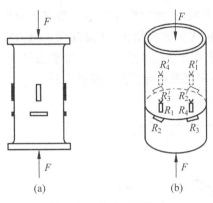

图 4.24　柱式弹性元件

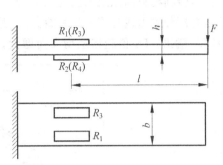

图 4.25　梁式弹性元件

### 4.4.2　扭矩传感器

在电动机的最佳控制、机器人的作业控制及工具驱动控制等场合中,扭矩测量是必不可少的,它通常以转轴扭转应变(或应力)或转轴两横截面之间的相对扭转角的测量为基础而求得。常用的扭矩传感器有应变式、压磁式、磁电感应式和光电式等,除了应变式扭矩传感器属于接触式测量外,压磁式、磁电感应式和光电式扭矩传感器均可实现非接触测量。

**1. 应变式扭矩传感器**

在扭矩作用下,转轴表面产生主应变。从材料力学得知,主应变和所受到的扭矩成正比关系。应变式扭矩传感器利用电阻应变片来检测主应变,并通过电桥转换输出,如图 4.26所示。由于检测对象是旋转中的轴,因此需要通过集流环部件将应变片的电阻变化信号引出并进行测量。

图 4.27 所示为机器人手腕用扭矩传感器,用于检测机器人终端环节(如小臂)与手爪之间的扭矩。目前国内外研制的腕力传感器所使用的敏感元件几乎全部都是应变片,不同的只是弹性结构略有差异。图中驱动轴通过装有应变片的腕部与手部连接。当驱动轴转动并带动手部回转而拧紧螺丝钉时,手部所受扭矩的大小可通过应变片电压的输出测得。

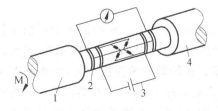

图 4.26　应变式扭矩传感器原理示意图

1—驱动源；2—集流环；3—电桥；4—负载

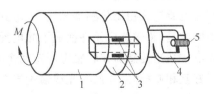

图 4.27　机器人手腕用扭矩传感器

1—驱动轴；2—腕部；3—应变片；4—手部；5—螺丝钉

**2. 压磁式扭矩传感器**

压磁式扭矩传感器的工作原理是利用由具有压磁效应的铁磁材料制成的转轴在受到扭矩作用后应力变化导致磁阻变化的现象来实现扭矩测量。

如图 4.28 所示,传感器由两个绕有线圈的 U 形铁芯 A 和 B 组成,$A—A$ 沿轴线方向、$B—B$ 沿垂直于轴线方向布置,其开口端与被测转轴表面之间有 $1\sim2\mathrm{mm}$ 的空隙。$A—A$ 线圈中通以交流电流,形成穿过转轴的交变磁场。在无扭矩时,交变磁场的磁力线与 $B—B$ 线圈不交链,无感应电势产生,因此电桥仍处于平衡状态,输出电压为零。当有扭矩作用在转轴上时,转轴材料的磁阻沿正应力方向减小、沿负应力方向增大,从而改变了磁力线的分布,于是有部分磁力线与 $B—B$ 线圈交链,并在其中产生感应电势,于是电桥失去平衡,有电压信号 $U_o$ 输出。$U_o$ 值随扭矩增大而增大,并在一定范围内与扭矩呈线性关系。

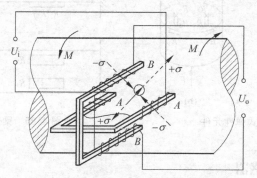

图 4.28　压磁式扭矩传感器原理示意图

**3. 磁电感应式扭矩传感器**

图 4.29 为磁电感应式扭矩传感器。传动轴的两端分别安装有磁分度圆盘 A 和 $A'$,其旁边各安装一个磁头 B 和 $B'$,用于检测两圆盘之间的转角差。当无扭矩时,两分度盘的转角差为零;当有扭矩作用在传动轴上时,两个磁头分别检测出驱动侧圆盘和负载侧圆盘的转角差。利用转角差与扭矩 $M$ 成正比例的关系,即可测量出扭矩的大小。

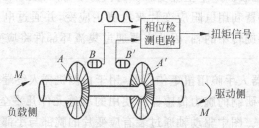

图 4.29　磁电感应式扭矩传感器原理示意图

**4. 光电式扭矩传感器**

与磁电感应式扭矩传感器相同,光电式扭矩传感器也是利用转轴的扭转变形来测量扭矩。不同的是,将磁感应元件换成了光电元件,磁分度盘换成了光栅盘,如图 4.30 所示。

光电式扭矩传感器在转轴上固定两个光栅圆盘。在转轴未承受扭矩时,两光栅盘的明暗区正好互相遮挡,因此没有光线通过光栅照射到光电元件上,也就没有输出。当有扭矩作用后,转轴产生扭转变形,使得两光栅相对转过一个角度,部分光线透过光栅照射到光电元件上,并输出信号,该输出信号随扭矩增大而增大,由此便可测得扭矩。

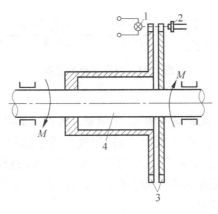

图 4.30　光电式扭矩传感器原理示意图
1—光源；2—光电元件；3—光栅盘；4—转轴

# 4.5　测距传感器

## 4.5.1　超声波测量距离

### 1. 超声波及其检测原理

超声波是频率高于 20kHz 的高频振动波，无法被人耳听见。与电磁波不同，超声波不可以在真空中存在，其传播需要气体、液体或固体等媒介。检测用的超声波频率通常在几十万赫兹以上，这时它的波长很短，方向性好，具有良好的穿透性。与光波相似，超声波在介质中传播时遵循几何光学的基本规律，具有反射和折射等特性。因此，当超声波从一种介质入射到另一种介质中时，在介质界面，入射波的一部分被介质吸收，一部分被反射，还有一部分将透过介质。这些都是超声波传感器的应用基础。超声波广泛用于无损探伤、医学成像以及放射性、易燃易爆等难以接近的环境中的无侵入式检测，测量物理参量可为距离、厚度、液位、流速、黏度等。

超声波检测的基本原理是在掌握了某些非声量的物理量（如密度、流量等）与描述超声波介质声学特性的超声量（声速、衰减、声阻抗）之间存在的直接或间接关系的基础上，通过超声量的测定来测得被测物理量。

超声波传感器的核心器件是超声波发射器和超声波接收器，它们也称为超声波探头。发生器与接收器的原理基本相同，都是基于压电材料的逆压电效应或铁磁材料的磁致伸缩效应，分别将电能转变为机械能以及将机械能转变为电能。它实质上是一种可逆的换能器，这就意味着用于产生超声波的发射器反过来也可以用作接收器。因此，对于以脉冲方式工作的超声波传感器，同一个换能器既可作为发射器又可作为接收器。

超声波检测多采用超声波源向被测介质发射超声波，然后接收与被测介质相作用之后的超声波，从中得到所需信息，其检测过程如图 4.31 所示。

超声波传感器的检测方式主要有脉冲法和多普勒频移法两种方法。其中，脉冲法更为常用；当发射器和反射器之间有相对移动时可以考虑采用多普勒频移法。

图 4.31　超声波检测过程

### 2. 超声波测距

基于脉冲法的超声波测距原理如图 4.32 所示。控制电路在时间 $t_1$ 内产生一定频率的脉冲信号(一般为 2~3 个),并送给发射电路,经放大后激励超声探头而发射超声波脉冲。该脉冲遇到被测物体,超声波发生反射,反射回波则被另一个或同一个超声探头接收。假设超声波在介质中的传播速度为 $v$,在介质界面的入射角为 $\theta$,同时测定超声波从发射到接收的时间间隔为 $t$,则被测距离为

$$d = \frac{vt\cos\theta}{2} \tag{4.22}$$

式中　$t$——单次测距的时间,一般需重复测量并取其平均结果。

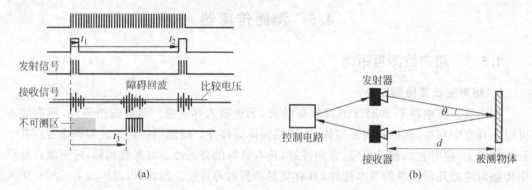

图 4.32　超声波测距
(a) 时序图;(b) 原理图

在实际使用时应当注意的是,在超声波传播路径上除了被测对象之外不能有其他反射物或障碍物存在。再者,超声波在各种介质材料中的传播速度不同,且随温度而变化,因此 $v$ 是变化的,必须引入适当的补偿以减小误差。

### 3. 超声波测距应用

倒车雷达是汽车泊车或者倒车时的安全辅助装置,由超声波传感器、控制器和显示器(或蜂鸣器)等部分组成。它能以声音或者更为直观的屏幕显示告知驾驶员周围障碍物的情况,解除了驾驶员泊车、倒车和启动车辆时前后左右探视所引起的困扰,并帮助驾驶员扫除了视野死角和视线模糊的缺陷,有助于提高驾驶的安全性。

倒车雷达大多采用超声波测距原理,驾驶者在倒车时,将汽车的挡位推到 R 挡,启动倒车雷达,在控制器的控制下,由安置于车尾保险杠上的探头发送超声波,遇到障碍物后产生回波信号。传感器接收到回波信号后经控制器进行数据处理,从而计算出车体与障碍物之间的距离,判断出障碍物的位置,再由显示器显示距离并发出警示信号,从而使驾驶者倒车时不至于撞上障碍物。在整个过程中,驾驶者无须回头便可知车后的情况,使得停车和倒车更加容易也更加安全。

### 4.5.2　激光测量距离

激光检测是以由激光器发射的激光为光源,利用激光的方向性、单色性、相干性以及随时间、空间的可聚焦性等特点实现测量,无论在测量精确度和测量范围上都具有明显的优越性。如利用其方向性做成激光准直仪和激光经纬仪;利用其单色性和相干性,以激光为光源的干涉仪可实现对长度、位移、厚度、表面形状和表面粗糙度等的检测;将激光束以不同形式照射在运动的固体或流体上,产生多普勒效应,可测量运动物体速度、流体浓度和流量等。

激光测距的基本原理与超声波测距相同,向被测目标发射激光后,通过测量激光在被测距离上往返一次所需要的时间 $t$,即可求出距离为

$$d = \frac{vt}{2} \tag{4.23}$$

式中　$v$——激光的传播速度。

时间 $t$ 的测量有直接测量和间接测量两种方式,激光测距相应地分为脉冲式和相位式两种方法。脉冲式激光测距利用脉冲光波,当发射的光脉冲被目标物体反射回来后,通过一个时间测量装置直接测出激光往返的时间,进而利用式(4.23)来求出距离。相位式激光测距是用连续光波通过调制器使激光强度按调制信号随时间而变化,测出该光波在时间 $t$ 内的相位变化,从而间接地计算出时间。图 4.33 为相位式激光测距的原理框图。

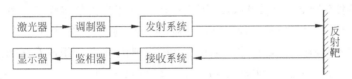

图 4.33　相位式激光测距原理框图

与普通光相比,激光具有以下重要的特征。

**1. 高方向性**

高方向性即高平行度,是指光束的发散角小。激光可以集中在狭窄的范围内向特定的方向发射。即便是方向性很好的探照灯,其光束在几千米以外也可以扩展到几十米的范围,而激光在这个距离的扩展范围却不到几厘米。

**2. 高单色性**

激光的单色性很好,激光的频率宽度仅为普通光的频率宽度的 1/10,所以说激光是最好的单色光源。激光测长主要利用的就是激光的高单色性。

**3. 高亮度**

激光在亮度方面有很大的飞跃。在激光发明前,人工光源中高压脉冲氙灯的亮度最高,与太阳光的亮度不相上下,而红宝石激光器的激光亮度能超过氙灯几百亿倍。激光高亮度的主要原因是定向发光。大量光子集中在一个极小的空间范围内射出,能量密度自然极高。由于亮度极高,所以激光能够照亮远距离的物体。

激光的这些特点对于远距离测量、判定待测目标方位、提高接收系统的信噪比以及保证测量的精确性都至关重要。激光测距多以红宝石激光器、钕玻璃激光器、$CO_2$ 激光器、砷化镓激光器作为光源。

目前,在激光测距的基础上又进一步发展了激光雷达,不仅能测出目标的距离,还可以

测出目标的方位,以及目标运动的速度和加速度。激光雷达已成功地用于对人造卫星进行测距和跟踪。例如采用红宝石激光器的激光雷达,其测距范围为 500～2000km,而误差却仅有几米。

# 4.6　视觉传感器

视觉传感器是利用光电转换原理,将被测物体的光学图像转换为电信号,即把入射到传感器光敏单元上按空间分布的光强信号转换为按时序串行输出的电信号。视觉传感器因其体积小、析像度高、功耗小等优点在机电一体化系统中获得日益广泛的应用。与相关的图像处理软件配合使用,可以实现机器视觉、图像处理、非接触测量零件尺寸、形状和损伤、瑕疵识别等功能。

目前常用的视觉传感器主要有 CCD 和 CMOS 两种类型。其中,CCD 型视觉传感器解析度高、信噪比高、动态特性好,但是成本也较高,常用于一些高端系统或要求较高的场合;而CMOS 型视觉传感器体积小、功耗低、价格便宜,常用于一些低端系统或要求较低的场合。

## 4.6.1　CCD 和 CMOS 视觉传感器

### 1. CCD 视觉传感器

电荷耦合器件(charge coupled device,CCD)于 1969 年在贝尔实验室研制成功。它是利用内光电效应,由光敏单元集成的一种光电传感器,它集电荷产生、存储、转移和输出为一体。单个光敏单元称为像素,它以一定尺寸大小并按某一规则排列,从而组成 CCD 线阵或面阵。

CCD 光敏单元的核心是 MOS 电容(图 4.34),是一种金属-氧化物-半导体结构的电容器。在 N 型或 P 型硅衬底上热氧化生成厚约 120nm 的二氧化硅层,该二氧化硅层具有介质作用,然后在二氧化硅层上按一定次序沉积一层金属电极,形成电容阵列,即 MOS 电容器阵列,最后加上输入、输出端,便构成了 CCD 器件。

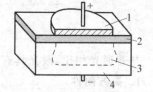

图 4.34　MOS 电容器
1—金属电极;2—SiO₂ 层;
3—少数载流子耗尽区;4—硅衬底

CCD 视觉传感器工作过程是:首先由光学系统将被测物体成像在 CCD 的受光面上,受光面下的许多光敏单元形成了许多像素点,这些像素点将投射到它的光强转换成电荷信号并进行存储;然后在时钟脉冲信号的控制下,读取反映光强的被存储电荷信号并顺序输出,从而完成了从光图像到电信号的转换过程。

CCD 视觉传感器具有体积小、轻便、响应快、灵敏度高、稳定性好以及以光为媒介可以对任何地点的图像进行识别和检测等优点,同时它是一种数字传感器,其输出可以直接以数字方式进行存储(如数码照相机),便于计算机处理。基于上述优点,CCD 视觉传感器自出现以来迅速地发展,尤其是在工业检测和工业视觉等领域得到了广泛的应用。

### 2. CMOS 视觉传感器

互补金属氧化物半导体(complementary metal-oxide-semiconductor,CMOS)与 CCD 几乎同时出现。这两种成像器件均采用硅材料,其光谱响应和量子效率几乎相同,二者的光敏单元和电荷存储容量也相似。但由于结构和制作工艺方法的不同,造成其性能差别很大。

CMOS 器件是将光敏二极管、MOS 场效应管、MOS 放大器和 MOS 开关电路集成在同一芯片上而成。除了集成度高外,CMOS 还具有功耗低、体积小、生产成本低、抗干扰能力强、只需单一电源、容易与其他芯片整合等优点,因此在民用方面得到了广泛应用,如高速摄影、医疗、消费品领域。目前,CMOS 技术快速发展,正在逐渐缩小与 CCD 的性能差距。最新一代 CMOS 视觉传感器利用先进的像素技术,其性能已达到甚至超过 CCD 视觉传感器。

CMOS 视觉传感器由一个像素光电二极管和数种 MOS 晶体管构成。通过镜头入射的光在硅底板内进行光电转换而产生电荷,该电荷在读出晶体管的源极聚集,经读出晶体管传送至漏极,并经放大晶体管放大后传送至垂直信号端,最后经垂直扫描和水平扫描而依次输出。图 4.35 为 CMOS 视觉传感器构成示意图。

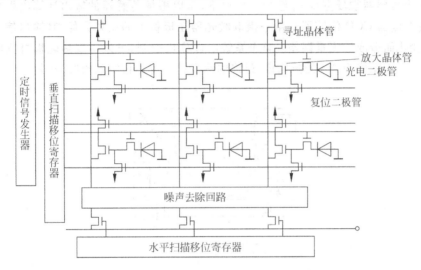

图 4.35 CMOS 视觉传感器电路结构示意图

如前所述,CCD 只能将不同的光线照度转换为一定的电荷量,却不能将其转换为对应的电压值。也就是说,将电荷转换为电压以及放大等环节都是在由光敏单元转移出来之后完成。因此,就感光单元而言,CCD 的电路结构比 CMOS 简单,但是在电荷耦合、转移、输出等环节上,CCD 却比 CMOS 复杂得多。

### 4.6.2 视觉传感器的应用

视觉传感器在生产自动化中得到广泛应用,它可以判别被测物体的位置、尺寸、形状和异物的混入。例如,在汽车制造厂可以检验由机器人涂抹到车门边框的胶珠是否连续,宽度是否正确;在食品加工厂可以检验饮料瓶盖是否正确密封,装罐液位是否正确,封盖之前是否有异物掉落瓶中;在制药厂的药品包装生产线上,可以检验泡罩式包装中是否有药片破损或缺失。

**1. 工件尺寸测量**

视觉传感器检测工件尺寸的测量系统如图 4.36 所示。通过透镜将被测工件放大成像于 CCD 传感器的光敏阵列上,由视频处理器将 CCD 输出信号进行存储和数字处理,并将测得结果进行显示或判断,从而实现对工件形状和尺寸的非接触测量。

**2. 热轧板材宽度测量**

图 4.37 为利用 CCD 测量热轧板材宽度的系统。两个 CCD 线阵传感器布置于热轧板

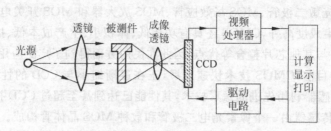

图 4.36　工件尺寸检测系统

材的上方,板端的一小部分处于传感器的视场内,依据几何光学的方法可以分别测出宽度 $l_1$、$l_2$,在两个传感器视场宽度 $l_m$ 已知的情况下,可以根据传感器的输出计算出板材的宽度 $l$。图中最右侧的 CCD 传感器是用来摄取激光器在板材上的反射光像,其输出信号用于补偿因板厚变化而造成的测量误差。整个系统由计算机控制,可以实现热轧板材宽度的在线实时检测。对于宽度为 2m 的热轧板,最终的测量精度可达板宽的 $\pm 0.025\%$。

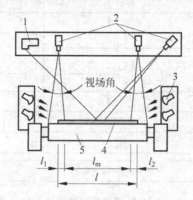

图 4.37　热轧板材宽度检测系统
1—激光器；2—CCD 线阵传感器；3—光源；4—板材；5—轧辊

## 4.7　智能传感器

### 4.7.1　智能传感器的定义与特点

#### 1. 智能传感器的概念

目前关于智能传感器尚无统一的定义。早期人们只是简单地强调在工艺上将传统的传感器与微处理器紧密结合,认为将传感器的敏感元件及其信号调理电路与微处理器集成在一块芯片上即构成智能传感器。随着传感技术的不断发展,人们逐渐认识到传感器与微处理器的结合如果没有赋予智能,只能是微机化的传感器,而非真正意义上的智能传感器。本书对智能传感器给出如下定义:智能传感器是一种带有微处理器的传感器,是传感器和微处理器赋予智能的结合,兼具信息检测、信息处理、信息记忆、逻辑思维与判断等功能,是传感器、计算机和通信技术结合的产物。

#### 2. 智能传感器的特点

与传统传感器相比,智能传感器具有以下特点。

1) 精度高

智能传感器可以自动校零以去除零点；与标准参考基准实时对比以自动进行整体系统标定；自动校正整体系统的非线性等系统误差；对海量采集数据进行统计处理以消除偶然误差的影响；对微弱信号进行测量等。这些功能保证了智能传感器具有很高的测量精度。

2) 可靠性和稳定性高

智能传感器能够自动补偿因工作条件与环境参数发生变化后引起的特性漂移(如因温度变化而产生的零点和灵敏度的漂移)；当被测参数变化后能自动切换量程；能实时自动进行自我检验，以分析和判断所采集到的数据的合理性，并针对异常情况给予应急处理(如报警或故障提示)。因此，智能传感器具有很高的可靠性和稳定性。

3) 信噪比和分辨力高

智能传感器利用软件进行数字滤波、相关分析等处理，可以去除输入数据中的噪声，从而提取出有用信息；通过数据融合和神经网络技术，可以消除多参数状态下交叉灵敏度的影响，从而保证在多参数状态下对特定参数测量的高分辨能力。

4) 自适应性强

智能传感器具有很强的逻辑判断和信息处理功能，能够根据系统工作情况决策各部分的供电情况以及上下位计算机之间的数据传送速率，使系统能够以最优传送效率在最优低功耗状态下运行。

5) 性价比高

与传统传感器不同，智能传感器降低了对硬件性能的苛刻要求，而是依靠强大的软件使其性能大幅度提高，因此具有很高的性能价格比。

## 4.7.2　智能传感器的基本组成与基本功能

### 1. 智能传感器的基本组成

如图 4.38 所示，智能传感器主要由传感器、微处理器(或微型计算机)及相关电路组成。其中，微处理器是智能传感器的核心，它充分发挥各种软件的功能，赋予传感器以智能，使传感器的性能大大提高。

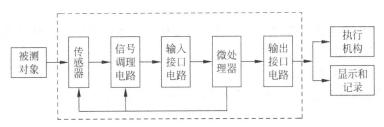

图 4.38　智能传感器组成框图

传感器将被测对象的非电量信号转换成相应的电信号，经信号调理电路进行放大、滤波、阻抗变换以及输入接口的 A/D 转换后，送到微处理器对接收信号进行计算、存储以及数据处理。微处理器一方面可以通过反馈回路对传感器和信号调理电路进行调节，以实现对测量过程的调节和控制；另一方面将处理结果传送到输出接口，经接口电路处理后按需要的格式输出。

**2. 智能传感器的基本功能**

相比于传统传感器,智能传感器在功能上有极大提高,主要体现在自我完善能力、自我管理和自适应能力、自我辨识和运算处理能力以及交互信息能力等几个方面。

(1) 在自我完善能力方面,具有自校正、自校零、自校准功能,以改善传感器的静态性能,提高传感器的静态测量精度;具有智能化频率自补偿功能,以提高传感器响应速度,改善其动态特性;具有多信息融合功能,从而抑制交叉敏感,提高系统稳定性。

(2) 在自我管理和自适应能力方面,具有自检验、自诊断、自寻故障、自恢复功能;具有判断、决策、自动切换量程功能。

(3) 自我辨识和运算处理能力方面,具有从噪声中辨识微弱信号及消噪功能;具有多维空间的图像辨识与模式识别功能;具有数据的自动采集、存储、记忆与信息处理功能。

(4) 在交互信息能力方面,具有双向通信、标准化数字输出以及人机对话等功能。

### 4.7.3　智能传感器的分类与基本形式

**1. 智能传感器的分类**

智能传感器按其结构可分为模块式、混合式和集成式三种。

1) 模块式智能传感器

模块式智能传感器是将微处理器、信号处理电路、输入/输出电路、显示电路和传感器做成互相独立的模块,并装配在同一壳体内。这种传感器虽然集成度不高、体积较大,但是较为实用。

2) 混合式智能传感器

混合式智能传感器将各组成部分以不同的组合方式集成在几个芯片上,然后装配在同一壳体内。目前,混合式智能传感器作为智能传感器的主要类型而被广泛地应用。

3) 集成式智能传感器

集成式智能传感器利用集成电路工艺和微机械技术将传感器敏感元件与功能强大的电子线路集成在同一芯片上(或二次集成在同一外壳内),具有集成度高、体积小、成本低、功耗低、速度快、可靠性好、测量精度高、功能强等优点,是当前传感器研究的热点和传感器发展的主要方向。

另外,和传统传感器一样,智能传感器也可按被测物理量的类型分类,有温度、湿度、压力、速度、液位等智能传感器。

**2. 智能传感器的基本形式**

按具有的智能化程度,智能传感器有初级、中级和高级三种形式。

1) 初级形式

初级形式的智能传感器在组成环节中没有微处理器,仅仅包含敏感元件、补偿电路(如温度补偿、线性补偿等)、校正电路和信号调理电路。这是智能传感器最早期的商品化形式,也是使用最广泛的形式。这类传感器只具有比较简单的自动校零、非线性自校正、温度自动补偿以及简单的信号处理能力,在一定程度上提高了传统传感器的精度和性能。但是智能含量还较低,而且智能化功能的实现是依靠硬件电路来完成的。

2) 中级形式

中级形式的智能传感器在组成环节中必须包含微处理器。借助微处理器,这类传感器的功能大大增强,性能显著提高。除了具有初级智能传感器的功能外,还具有自诊断和自校正功能。其智能化主要由强大的软件来实现。

3) 高级形式

高级形式智能传感器的集成度进一步提高,敏感单元实现多维阵列化,同时配备有更强大的信息处理软件,从而具有更高级的智能化功能。除具有上述两种形式传感器的所有功能外,这类传感器还具有多维检测、图像识别、分析理解、模式识别、自学习和逻辑推理等功能。所涉及的控制理论包括模糊控制、神经网络和人工智能等。高级形式智能传感器具有人类"五官"的功能,能够从复杂背景中提取出有用信息并进行智能化处理,是真正意义上的智能传感器。

# 4.8　微 传 感 器

## 4.8.1　微传感器及其特点

微传感器是指采用微电子机械加工技术制作的、芯片的特征尺寸为微米级的各类传感器的总称。它利用微细加工技术,将电子、机械、光学等部件集成在微小空间内,形成具有一定智能的优化复杂系统。

与传统技术制作的传感器相比,微传感器具有许多显著的特征和技术优势,主要体现在以下几个方面。

**1. 微型化和轻量化**

微小是微传感器的显著特征之一。利用微机电系统技术,微传感器的敏感元件尺寸大多为微米级甚至亚微米级,这使得微传感器的整体尺寸也大大减小,一般微传感器封装后的尺寸可小至亚微米级,其尺寸精度可达纳米级。微传感器的体积只有常规传感器的几十分之一乃至百分之一。体积的减小也带来了质量的减小,微传感器的质量一般在几十克乃至几克。

**2. 集成化和多功能化**

利用半导体工艺可以实现微传感器的集成化,包含三方面含义:其一是将微传感器与其后级电路(如运算放大电路、温度补偿电路等)及微执行器等集成在一起,实现一体化;其二是将同类传感器集成于同一芯片上,构成阵列式传感器;其三是将不同的微传感器集成在一起而构成新的传感器。结构的集成化也势必带来功能的多样化。如将应变片和温度敏感元件以及处理电路集成在同一个硅片上,制作成可同时测量压力和温度并实现温度补偿的多功能传感器。

**3. 高精度和高寿命**

微传感器封装后几乎可以摆脱热膨胀、挠曲和噪声等因素的不利影响,使其可以在比较恶劣的环境下稳定工作。微传感器中还大量使用智能材料和智能结构,可以大大提高系统的测量精度、抗干扰能力和可靠性,同时也提高了系统的使用寿命。

**4. 低成本和低功耗**

由于采用微机电系统技术工艺制造,微传感器可以实现批量化生产,使得单件传感器的制造成本显著降低。微传感器是将微机械和微电子集成为一体的功能器件,在完成相同的工作时,微机械所消耗的能量仅为传统机械的十几分之一或几十分之一,因此微传感器的功耗一般都很低,可以是毫瓦级乃至更低的水平。

### 4.8.2　微传感器和传统传感器的区别

微传感器并非传统传感器简单的尺度缩小,二者之间在设计、制造、使用及特性等方面有着本质的区别,主要表现为以下几点。

**1. 设计和加工方法不同**

在进行传统传感器的设计时,首先需要提出设计方案和装配图,再逐步分解,设计并加工每个零件,最后将制作好的各个零件组装调试,完成整机装配。由于尺寸微小,微传感器的零部件加工和装配都很困难,如果沿用传统的设计、加工和装配方法,会使得批量生产变得十分困难,从而导致成本大幅度提高,难以实现商品化。另外,某些对传统传感器来说很简单的情况,对于微传感器而言就可能成为难题。比如,传感器需要布设电流线和信号线,而常规的最细引线的宽度也可能与微传感器的尺寸相似,因此,微传感器的引线设计和制作是一个很大的问题。

**2. 控制方法和工作方式不同**

传统的传感器往往需要手动操作和人工分析,比如器件的电源启动、数据的显示控制和分析提取等。而微传感器的设计目标之一就是通过遥感方式或是自动模式工作在各种空间局促的场合。由于尺寸微小,微传感器的输出功率很小,所以一般不与外部环境直接耦合,而是用电、磁、光、声等信号作为输出。

**3. 应用环境不同**

普通传感器尺寸较大,具有一定的体积和工作空间,对环境温度、湿度、灰尘等的变化不如微传感器敏感。微传感器工作在狭小空间内而又不扰乱工作环境,对工作空间要求极小,但是极易受到周围环境的影响。比如一颗大小为 $10\mu m$ 的灰尘就可能阻挡微光学传感器的光源,从而影响传感器的正常使用。而这种情况在传统传感器的使用中是完全可以不予考虑的。

**4. 力学性能和物理特性不同**

微传感器的微小尺度会使其表现出与宏观传感器迥异的现象。当微传感器的尺寸小至 $1\mu m\sim 1mm$ 时,虽然仍能用宏观领域的物理知识对微机构和微系统进行分析,但是尺寸微小化对材料的力学性能(如强度、刚度、弹性等)会产生很大影响。例如,美国伯克利大学利用多晶硅制作了 $20\mu m$ 的螺旋弹簧,其弹性超过普通硅片,甚至优于金属弹簧,这是由于材料尺寸的微小化也将减弱晶界、微裂纹等缺陷的影响。另外,尺寸微小化所引起的力尺度效应也会使系统的物理特性发生变化。当物体的尺寸按比例缩小到 1/10 时,物体所受与表面积相关的力(如黏性阻力)将减小到原来的 1/100,与体积相关的重力或惯性力将减小到 1/1000,从而使得与表面积相关的力变得更为突出,表面效应十分明显。微传感器一般比普通传感器的尺寸小 2 个甚至 4~5 个数量级,这将导致微传感器与形状相似的普通传感器的受力有很大的不同。

### 4.8.3　典型的微传感器

**1. 力微传感器**

1）应变式力微传感器

应变式力微传感器一般是在硅基体梁上集成了应变片，应变片可采用不同的类型，如压阻式应变片或谐振式应变片。硅基梁在外力作用下产生变形，进而形成应变片上的应变。

2）压电式力微传感器

图 4.39 所示是一种单向压电式测力微传感器的结构图，可用于测量机床的动态切削力。压电晶片 1 为 0°X 切型的石英晶片，尺寸为 φ8mm×1mm；上盖 2 为传力元件，其变形壁的厚度为 0.1～0.5mm，具体由测力范围决定；绝缘套 5 用于电气绝缘和定位。基座 3 内外底面对其中心线的垂直度以及上盖 2、晶片 1、电极 4 的上下表面平行度与表面粗糙度均有极严格的要求，以避免增加横向灵敏度或晶片因应力集中而过早破碎。为了提高绝缘阻抗，传感器在装配前需要通过超声清洗等方法进行多次净化，然后在超净环境下完成装配，并于加盖之后用电子束封焊。

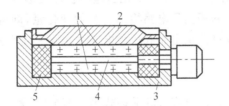

图 4.39　单向压电式测力微传感器

1—压电晶片；2—上盖；3—基座；4—电极；5　绝缘套

**2. 压力微传感器**

压力微传感器是微机电系统中非常成功的一类，商业化的压力微传感器在许多不同的领域都得到了广泛的应用，如汽车中空气压力、轮胎压力、供油压力的测量，供暖、通风、空调系统及航空航天系统中的压力测量，以及医学中动脉血压测量等。微型力传感器和微型压力传感器也常用在触觉传感器中，而触觉传感器的主要应用之一是置于机械手的末端以便机器人灵巧地操作物体。触觉传感器一般包含一个压力或力传感器阵列，如在一块 0.5mm×0.5mm 的芯片上可布置 100 个压力传感器。

在压力微传感器中，弹性元件一般采用很小蠕变、疲劳和回滞的（单晶）硅膜，而非传统压力传感器大多采用的金属膜。

1）压阻式压力微传感器

压阻式压力微传感器是目前得到广泛应用的压力微传感器。这种传感器是将硅片腐蚀成厚度为 10～25μm 的膜片，并在膜片的一侧采用扩散工艺或淀积工艺制出电阻。当膜片的两侧有压力差时，膜片发生变形，从而导致电阻变化。这种电阻变化可利用微电路测出，以此来感知压力的变化。

图 4.40 所示为一个典型的压阻式压力微传感器。在圆形 N 型膜片 2 上扩散有 4 个阻值相等的 P 型电阻 3，并将这 4 个电阻连成惠斯登电桥。硅膜片用硅环 1 来固定。传感器

的上部为低压腔,通常与大气相通;下部为高压腔,与被测系统相连。在被测压力 $P$ 的作用下,膜片产生应力和应变,而扩散电阻因压阻效应其阻值发生相应变化。

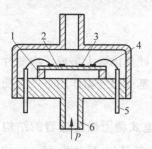

图 4.40　压阻式压力微传感器

1—硅环;2—硅膜片;3—扩散电阻;4—内部引线;5—引出线端;6—压力接管

2) 电容式压力微传感器

如图 4.41 所示的电容式压力微传感器,其核心部件为一个对压力敏感的电容器。电容器的固定极板置于玻璃上,而活动极板置于硅膜片的表面上。将硅片和玻璃键合在一起,便形成了有一定间隙的电容器。当压力 $P$ 变化引起硅膜片变形时,电容器两电极间的距离发生改变,导致电容值变化。利用测量电路检测电容的变化量,即可测出压力的变化。当然,通过微机电系统技术,可以将测量电路和压敏电容做在同一硅片上,从而大大减小整个传感器的尺寸。

**3. 加速度微传感器**

加速度微传感器有压阻式、电容式和谐振式等。其中,压阻式加速度微传感器是将加速度产生的作用加在质量块上,再由压敏电阻来测量质量块的移动。其结构示意图如图 4.42 所示。弹性硅梁一般采用悬臂梁式结构,压敏电阻制作在悬臂梁的固定端附近,质量块则固定在悬臂梁的自由端。

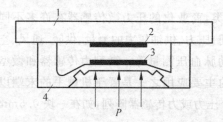

图 4.41　电容式压力微传感器

1—玻璃;2—固定极板;3—活动极板;4—硅

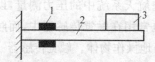

图 4.42　压阻式加速度微传感器结构示意图

1—压敏电阻;2—硅梁;3—质量块

图 4.43 所示为悬臂梁式压阻式加速度微传感器。该传感器由一块硅片(包括敏感质量块和悬臂梁)和玻璃键合而成,从而形成质量块的封闭腔,以保护质量块并限制冲击和减震。通过扩散法,在悬臂梁上集成了 4 个压敏电阻。当质量块在被测加速度作用下运动时,悬臂梁弯曲,通过压敏电阻的阻值变化来传感加速度的大小。

这种传感器整体尺寸为 $2mm×3mm×0.6mm$,可植入人体内测量心脏的加速度,测量的最低加速度值可达 $0.001g$。

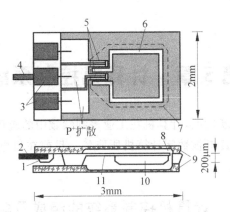

图 4.43　悬臂梁式加速度微传感器

1—导电环氧；2,4—引线；3—键合盘；5—压敏电阻；6,8—气隙；

7—玻璃盖板上腐蚀的封闭腔轮廓；9—玻璃；10—质量块；11—硅梁

# 习题与思考题

4.1　传感检测系统一般由哪几部分组成？各部分的作用是什么？

4.2　在机电一体化系统中,通常用什么传感器实现位置(位移)、速度、力(力矩)、距离等物理量的检测？举例说明。

4.3　常用的光电式传感器有哪几种类型？分别适用于哪些检测场合？

4.4　简述由增量式光电编码器组成的角度-数字转换系统的工作原理。

4.5　简述光栅和磁栅的组成、工作原理及特点。

4.6　旋转变压器的鉴相测量方式和鉴幅测量方式在原理和应用上有何异同？

4.7　试用某传感器实现电动机转速的测量,试说明其检测方案和检测原理。

4.8　列举几种非接触式转速测量的传感器,并简述其工作原理。

4.9　力矩传感器有哪几种？各有何特点？

4.10　试述超声波测距和激光测距的检测原理,并各举出一个应用实例。

4.11　视觉传感器主要有哪几种类型？分别说明其特点和适用场合。

4.12　列举一个视觉传感器的应用实例,并简述其检测原理。

4.13　智能传感器与传统传感器相比有何异同？

4.14　微传感器与传统传感器相比有何异同？

# 第 5 章 计算机控制系统

随着计算机技术的不断发展,计算机在工业控制领域中的应用越来越广泛,传统的模拟式信息处理和控制装置正逐渐被数字计算机所取代。目前在机电一体化产品中,多以计算机为核心构成控制装置。

## 5.1 计算机控制系统的组成及类型

### 5.1.1 计算机控制系统的组成

计算机控制系统是利用计算机来实现自动控制的系统,它通过对工业生产过程被控参数进行实时数据采集、实时控制决策和实时控制输出来完成对生产过程的控制。在控制系统中引入计算机,可以充分发挥其运算、逻辑判断和记忆等方面的优势,从而更好地完成各种控制任务。

计算机控制系统由硬件和软件两大部分组成。

**1. 硬件组成**

计算机控制系统的硬件主要包括计算机主机及其外围设备、以 A/D 转换和 D/A 转换为核心的模拟量 I/O 通道和数字量 I/O 通道、人机联系设备等。硬件组成可用图 5.1 来示意。

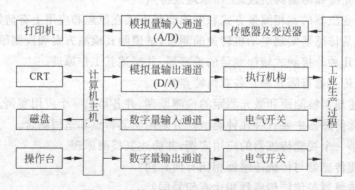

图 5.1 计算机控制系统硬件组成框图

1) 主机

由 CPU、时钟电路和内存储器构成的计算机主机是计算机控制系统的核心部件,其主要功能是数据采集、数据处理、逻辑判断、控制量计算、超限报警等,向系统发出各种控制命令,指挥整个系统有条不紊地协调工作。随着微处理技术的快速发展,针对工业领域相继开发出一系列的工业控制计算机,如单片机、单板机、PLC、总线式工控机、分散计算机控制系统等。这些控制计算机弥补了商用计算机的缺点,更加适用于工业现场环境,也极大地提高了机电一体化系统的自动化程度。

2）I/O 通道

I/O 通道是计算机主机与被控对象进行信息交换的桥梁,有模拟量 I/O 通道和数字量 I/O 通道之分。模拟量 I/O 通道的作用是进行模/数(A/D)转换和数/模(D/A)转换。由于计算机只能处理数字信号,经由传感器和变送器得到的生产过程模拟量参数要先转换为数字量,才能输入给计算机。而计算机输出的数字量控制信号要经过 D/A 转换为模拟信号后输出到执行机构,以完成对生产过程的控制作用。数字量 I/O 通道的作用是将各种继电器、限位开关等的状态经由数字量输入接口传送给计算机,或将计算机发出的开关动作逻辑信号通过数字量输出接口传送给生产机械中的电气开关。

3）外围设备

在计算机控制系统中,外围设备的配置主要是为了扩大计算机主机的功能。常用的外围设备有打印机、记录仪、显示器(CRT)、软盘、硬盘及外存储器等,用来打印、记录、显示和存储各种数据。

4）操作台

操作台是人机对话的联系纽带,一般包括各种控制开关、指示灯、数字键、功能键、声讯器以及显示器等。通过操作台,操作人员可向计算机输入和修改控制参数,发出各种操作指令;计算机可向操作人员显示系统运行状态,当系统异常时发出报警信号。

**2. 软件组成**

计算机控制系统中的软件是指用于完成操作、监控、管理、控制、计算和自我诊断等功能的各种程序的统称。软件的优劣不仅关系到硬件功能的发挥,而且也关系到计算机控制系统的品质。按功能区分,软件通常分为系统软件和应用软件两大类。

1）系统软件

系统软件是指用来管理计算机本身的资源和便于用户使用计算机的软件。常用的系统软件包括操作系统和开发系统(如汇编语言、高级语言、数据库、通信网络软件)等。它们一般由计算机制造厂商提供,用户只需了解并掌握其使用方法,或根据实际需要进行适当的二次开发。

2）应用软件

应用软件是用户根据要解决的具体控制问题而编制的控制和管理程序,如数据采集和滤波程序、控制程序、人机接口程序、打印显示程序等。其中,控制程序是应用软件的核心,是基于古典控制理论和现代控制理论的各种控制算法的具体实现。

在计算机控制系统中,软件和硬件并非独立存在,二者需要相互间的有机配合和协调,只有这样才能设计出满足生产要求的高质量控制系统。

## 5.1.2　计算机控制系统的类型

**1. 按控制装置分类**

由于微型计算机的迅速发展,机电一体化系统大多采用计算机作为控制器,如单片机(单板机)、普通 PC 机、工业 PC 机和 PLC 等,表 5.1 给出了各种计算机控制系统的性能比较。

**表 5.1　各种计算机控制系统性能比较**

| 系统类型<br>比较项目 | 基于单片机的<br>控制系统 | 基于 PC 机的控制系统 | | 基于 PLC 的控制系统 | |
| --- | --- | --- | --- | --- | --- |
| | | 普通 PC 系统 | 工业 PC 系统 | 中小型 PLC 系统 | 大型 PLC 系统 |
| 系统组成 | 自行开发（非标准化） | 按要求配置各种功能接口板卡 | 整机已系统化，外部需另行配置 | 按使用要求选择主机和扩展单元 | |
| 系统功能 | 简单的处理功能和控制功能 | 数据处理功能强，可组成从简单到复杂的各类控制系统 | 本身已具备完整的控制功能，软件丰富，执行速度快 | 以逻辑控制为主，也可组成模拟量控制系统 | 可组成大型、复杂的多点控制系统 |
| 通信功能 | 根据需要通过外围芯片自行扩展 | 多种通信接口，如串行口、并行口、USB 口等 | 产品已提供串行口 | 一般具备串行口，可选用通信模块来扩展 | |
| 硬件开发工作量 | 多 | 稍少 | 少 | 很少 | 很少 |
| 程序语言 | 汇编语言为主，也可使用高级语言 | 汇编语言和高级语言均可 | 高级语言为主 | 梯形图为主 | 支持多种高级语言 |
| 软件开发工作量 | 很多 | 多 | 较多 | 很少 | 较多 |
| 人机界面 | 较差 | 好 | 很好 | 一般（可选配触摸屏） | 好（利用组态软件） |
| 执行速度 | 快 | 很快 | 很快 | 一般 | 很快 |
| 输出带负载能力 | 差 | 较差 | 较强 | 强 | 强 |
| 抗干扰能力及可靠性 | 较差 | 一般 | 好 | 很好 | 很好 |
| 环境适应性 | 较差 | 差 | 一般 | 很好 | 很好 |
| 应用场合 | 智能仪表，简单控制 | 实验室环境的信号采集及控制 | 较大规模的工业现场控制 | 一般规模的工业现场控制 | 大规模的工业现场控制，可组成监控网络 |
| 开发周期 | 较长 | 一般 | 一般 | 短 | 短 |
| 成本 | 低 | 较高 | 高 | 中 | 很高 |

**2. 按计算机在控制中的应用方式分类**

1）操作指导控制系统

操作指导控制系统又称为数据处理系统（data processing system,DPS）。如图 5.2 所示,在操作指导控制系统中,计算机只起数据采集和处理的作用,并不直接参与生产过程的控制。计算机对检测传感装置测得的生产对象的状态参数进行采集,并根据一定的控制算法计算出最优操作方案和最佳设定值,供操作人员参考和选择。操作人员根据计算机的输出信息(如 CRT 显示图形或数据、打印机输出、报警等),去改变调节器的设定值或者直接操作执行机构。该控制系统的特点是组成简单、控制灵活安全,尤为适合控制规律尚不明晰的系统,常常被用于计算机控制系统的初期研发阶段,或者是新的控制算法或控制程序的试验和调试阶段。

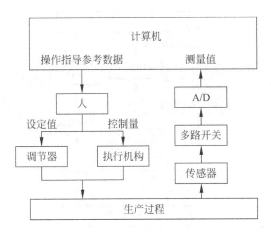

图 5.2　DPS 系统组成框图

2）直接数字控制系统

与操作指导控制系统不同,直接数字控制（direct digital control,DDC）系统中计算机的运算和处理结果直接输出并作用于生产过程。如图 5.3 所示,DDC 系统中的计算参与闭环控制,它完全取代了模拟调节器来实现多回路的 PID 控制,而且只通过改变程序就能实现复杂的控制规律,如串级控制、前馈控制、非线性控制、自适应控制、最优控制等。DDC 系统是计算机在工业生产中最普遍的一种应用形式,目前在工业控制中得到广泛应用。

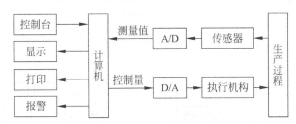

图 5.3　DDC 系统组成框图

3）监督计算机控制系统

监督计算机控制（supervisory computer control,SCC）系统是指计算机根据生产工艺参数和过程变量检测值,按照预定的控制算法计算出最优设定值,直接传送给常规模拟调节器或 DDC 系统,最后由模拟调节器或 DDC 计算机控制生产过程。图 5.4 为 SCC 系统的构成示意图。由此可见,SCC 系统中计算机的输出值不用于直接控制执行机构,而是作为下一级的设定值,它并不参与到频繁的输出控制,而是着重于控制规律的修正与实现。该系统的优点是可进行复杂的控制,如最优控制和自适应控制等,并且能完成某些管理工作。由于采用了两级控制形式,当上一级出现故障时,下一级仍可独立执行控制任务,因此工作可靠性较高。

4）分布式控制系统

生产过程中既存在控制问题,也存在管理问题。随着工业生产的规模不断扩大,对控制和管理的要求也日益提高,因此出现了采取分散控制、集中操作、分级管理和分而自治原则的分布式控制系统（distributed control system,DCS）。DCS 综合了计算机技术、控制技术和通信技术,采用多层分级的结构形式。每级使用一台或数台计算机,各级之间通过通信总线进行连接。系统中的多台计算机用于实现不同的控制和管理功能。

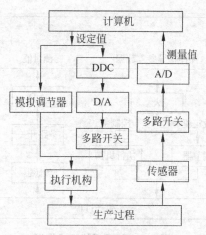

图 5.4　SCC 系统组成框图

　　图 5.5 是一个四级分布式控制系统。其中,过程控制级位于 DCS 的最底层,对现场生产设备进行直接数字控制;控制管理级也称车间管理级,用于负责全车间各个设备之间的协调管理;生产管理级即工厂管理级,主要负责全厂各车间的生产协调,包括生产计划安排、备品备件管理等;经营管理级也叫做企业管理级,负责整个企业的总体协调,安排总的生产计划,进行企业的经营决策等。分布式控制系统安全可靠,通用灵活,并具有最优控制性能和综合管理能力。

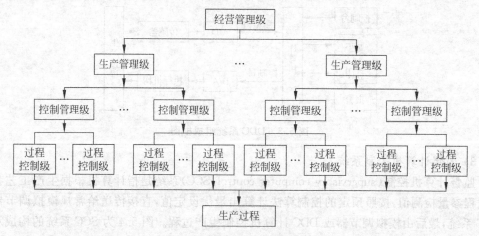

图 5.5　DCS 系统组成框图

## 5.2　控制计算机的作用及基本要求

### 5.2.1　控制计算机在机电一体化系统中的作用

　　控制计算机在机电一体化系统中的作用,可大致归纳为以下几个方面。

　　(1) 对工业生产过程执行直接控制,包括顺序控制、数字程序控制和直接数字控制。

　　(2) 对工业生产过程实施监督和控制。如根据生产过程的状态参数,按照预定的生产工艺和数学模型,计算出最佳给定值,以指导生产的进行;或将最佳给定值输入给模拟调节器,进行自动整定和调整,然后再传送至下一级计算机进行直接数字控制。

(3) 自动检测、显示和分析处理工业生产过程参数。如在工业生产过程中,对各物理量参数进行周期性或随机性的自动测量,并将测量结果予以显示和打印记录,以供操作人员观测和分析之用;对间接测量的参数和指标进行计算、存储、分析、判断和处理,并将信息反馈到控制中心,以便后续制订新的控制策略。

(4) 对车间级或厂级自动生产线的生产过程进行协调、调度和管理,如生产计划制定和管理、人机交互管理、故障诊断和系统重构等。

(5) 直接渗透到产品中形成具有一定智能的机电一体化新产品,如机器人、智能仪表等。机电一体化系统的微型化、多功能化、柔性化、智能化以及安全可靠、成本低廉、易于操作等特性,都是源于计算机技术的应用。

### 5.2.2 机电一体化系统对控制计算机的基本要求

**1. 具有完善的 I/O 通道**

控制计算机必须具有丰富的模拟量 I/O 通道和数字量或开关量 I/O 通道,以便能实现各种形式信息的采集、处理和交换,这是计算机能否投入机电一体化系统并能有效控制系统正常运行的重要保证。

**2. 具有实时控制功能**

控制计算机应具有时间驱动和事件驱动的能力,要能对生产过程进行实时监视和控制,因此控制计算机应配有完善的中断系统、实时时钟及高速数据通道,以保证对生产过程工况及参数的变化以及突发紧急情况具有迅速响应并及时处理的能力,并能够实时地在计算机与被控对象之间进行信息交换。

**3. 具有高可靠性**

工业生产过程通常是昼夜不间断地进行的,一般的生产设备要几个月甚至一年才能停产大修一次,控制计算机就必须具有非常高的可靠性,因此要求计算机故障率低(一般来说,控制计算机的平均故障间隔时间(MTBF)不应低于数千甚至上万小时)、平均故障修复时间(MTTR)短、运行效率高。在一定时间内,计算机运行时间应占整个时间的99%以上。

**4. 具有很强的抗干扰能力和环境适应性**

由于控制计算机是面向工业生产现场,而在工业现场环境中,电磁干扰十分严重,因此控制计算机必须具有极高的电磁兼容性,要有很强的抗干扰能力和共模抑制能力。此外,控制计算机还应对高温度、高湿度、振动冲击、灰尘等恶劣的工作环境具有很强的适应性,这样才能符合在生产现场应用的要求。

**5. 具有丰富的软件**

控制计算机要配备丰富、完善的软件系统,构建能正确反映生产过程规律的数字模型,并编制能对其进行有效控制的应用程序。

## 5.3 常用控制计算机

机电一体化产品与非机电一体化产品的本质区别在于前者具有计算机控制的伺服系统。计算机作为伺服系统的控制器,将来自各传感器的检测信号和外部输入指令进行存储、分析、加工,并根据信息处理结果,按照一定的控制算法和应用程序发出的指令,控制整个系统按照预定的目的运行。因此,实现机电有机融合、信息处理及机器的智能化都离不开计算机的支持,所以计算机在机电一体化系统中起着极为重要的作用。

常用控制计算机包括单片微型计算机(简称"单片机")、可编程控制器(PLC)和总线型工业控制计算机(简称"工控机")等。

### 5.3.1　单片机

#### 1. 单片机及其特点

将 CPU、ROM、RAM 以及 I/O 接口等计算机的主要部件集成在一块大规模集成电路(LSI)芯片上,便构成了芯片级的微型计算机。因此,单片机具有一般微型计算机的基本功能。为了增强实时控制能力,绝大多数单片机上还集成有定时器/计数器,部分单片机还集成有 A/D、D/A 转换器和 PWM 等功能部件。单片机是由单一芯片构成,故被称为单片微型计算机(single chip microcomputer),简称单片机。由于单片机无论从功能还是形态来说都是作为控制领域用计算机而产生和发展的,因此国外多称之为微控制器(micro-controller)。典型产品包括 Intel 公司的 MCS-48(8 位)、MCS-51(8 位)和 MCS-96(16 位)系列、PHILIPS 公司的 80C51 系列、ATMEL 公司的 AT89 系列等。

单片机具有集成度高、控制功能强、通用性好、运行速度高、体积小、重量轻、能耗低、结构简单、价格低廉、使用灵活等优点,可以在不显著增加机电一体化产品的体积、能耗及成本的情况下,大大提高其性能,丰富其功能,故常用于数显仪表、智能化仪表、工业过程控制、机器人、简易数控机床、家用电器、办公自动化、通信与网络系统中。

#### 2. MCS-51 系列单片机

MCS-51 系列单片机分为 51 和 52 两个子系列,其内部 CPU、I/O 接口及存储器的结构均相同,只是存储器的容量及其半导体制造工艺不同而已。各种芯片程序存储器(ROM)和数据存储器(RAM)容量比较如表 5.2 所示。

**表 5.2　MCS-51 系列单片机存储器容量对照**

| 系列 | | 片内存储器 | | | 片外存储器寻址范围 | |
| --- | --- | --- | --- | --- | --- | --- |
| | | ROM | | RAM | EPROM | RAM |
| | | 掩膜 ROM | EPROM | | | |
| 51 子系列 | 8031 | — | — | 128B | 64KB | 64KB |
| | 8051 | 4KB | — | 128B | | |
| | 8751 | — | 4KB | 128B | | |
| 52 子系列 | 8032 | — | — | 256B | | |
| | 8052 | 8KB | — | 256B | | |
| | 8752 | — | 8KB | 256B | | |

由表 5.2 可以看出,MCS-51 系列单片机若按存储器配置形式可分为三种类型:

(1) 无 ROM 型:片内没有配置程序存储器,如 8031 和 8032,故需外接 EPROM 来存放程序,使用灵活,早期应用广泛。

(2) ROM 型:片内程序存储器为 ROM,如 8051 和 8052。在生产时由厂家将程序写入 ROM,因此用户无法对程序进行修改,可在产品定型后大量生产时选用。

（3）EPROM 型：片内程序存储器为 EPROM，如 8751 和 8752。这种芯片利用高压脉冲写入程序，也可通过紫外线照射擦除程序，因此用户可自行多次改写，常在实验和科研中选用。

MCS-51 系列单片机均为 40 引脚双列直插塑料封装，引脚信号完全相同，大多可分为电源、时钟、I/O 口、地址总线、数据总线和控制总线等几大部分。MCS-51 单片机引脚图如图 5.6 所示。各引脚含义如下。

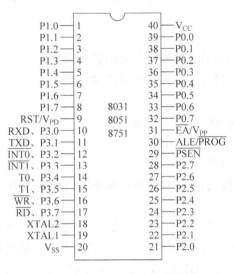

图 5.6　MCS-51 单片机引脚图

1）输入/输出引脚

P0.0～P0.7（引脚 39～32）：8 位漏极开路型双向 I/O 口，在访问片外存储器时，分时作低 8 位地址线和 8 位双向数据总线之用。

P1.0～P1.7（引脚 1～8）：带有内部上拉电阻的 8 位双向 I/O 口。

P2.0～P2.7（引脚 21～28）：带有内部上拉电阻的 8 位双向 I/O 口，在访问外部存储器时送出高 8 位地址。

P3.0～P3.7（引脚 10～17）：带有内部上拉电阻的 8 位双向 I/O 口。因受封装形式的限制，P3 口除了具有一般 I/O 口的功能外，还具有第二功能。P3.0～P3.7 的第二功能依次分别为串行口输入端（RXD）、串行口输出端（TXD）、外部中断 0 输入端（$\overline{INT0}$）、外部中断 1 输入端（$\overline{INT1}$）、定时/计数器 0 外部输入端（T0）、定时/计数器 1 外部输入端（T1）、片外数据存储器写选通端（$\overline{WR}$）及片外数据存储器读选通端 $\overline{RD}$。

2）控制信号引脚

RST/$V_{PD}$（引脚 9）：单片机上电后，在此引脚上出现两个机器周期的高电平将使单片机复位。另外，若在此引脚上接备用电源，一旦芯片在使用中主电源掉电，则该引脚的备用电源（$V_{PD}$）就向内部 RAM 供电，以保护片内 RAM 中的信息不丢失。

ALE/$\overline{PROG}$（引脚 30）：当访问片外存储器时，ALE（地址锁存允许）的输出用于锁存低字节地址信号。即使不访问外部存储器，ALE 端仍以不变的频率周期性地出现正脉冲信号，此频率为振荡器频率的 1/6。对于 EPROM 型单片机在对片内 EPROM 编程期间，此引脚用于输入编程脉冲($\overline{\text{PROG}}$)。

$\overline{\text{PSEN}}$(引脚 29)：此引脚输出访问片外程序存储器的读选通信号。CPU 在由外部程序存储器取指令(或常数)期间，每个机器周期两次有效。

$\overline{\text{EA}}/V_{\text{PP}}$(引脚 31)：当 $\overline{\text{EA}}$ 端保持高电平时，访问片内程序存储器，但当 PC(程序计数器)值超过片内存储单元最大值时，将自动转向执行外部程序存储器内的程序。当 $\overline{\text{EA}}$ 保持低电平时，则只访问外部程序存储器。对于 EPROM 型单片机，在 EPROM 编程期间，此引脚用于施加编程电压 $V_{\text{PP}}$。

3) 时钟引脚

XTAL1(引脚 19)：内部振荡器外接晶振的输入端 1。

XTAL2(引脚 18)：内部振荡器外接晶振的输入端 2。

4) 电源引脚

$V_{\text{CC}}$(引脚 40)：电源正端，接 +5V 直流电源。

$V_{\text{SS}}$(引脚 20)：电源负端，接电源地线。

**3. MCS-51 单片机应用系统**

按照系统扩展及系统配置情况，单片机应用系统可分为最小应用系统和典型应用系统。

1) 最小应用系统

最小应用系统具有能维持单片机运行的最简单配置，结构简单，成本低廉，常用来构成简单的控制系统，如开关量的输入/输出控制。MCS-51 单片机最小应用系统的配置为：对于有片内存储器的单片机(如 8051 和 8751)，为单片机＋晶振＋复位电路＋电源；对于无片内存储器的单片机(如 8031)，除了单片机＋晶振＋复位电路＋电源外，还应外接 EPROM或 EEPROM 作为程序存储器使用，如图 5.7 所示。

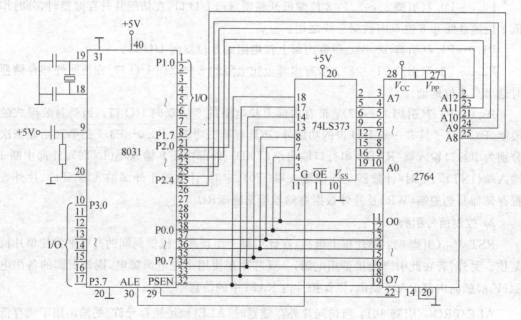

图 5.7　8031 最小应用系统

2）典型应用系统

如图 5.8 所示,典型应用系统是指单片机为完成工业测控功能所必备的硬件结构系统,应具有传感检测通道、伺服驱动控制通道、人机对话系统及 I/O 通道等,包括系统配置和系统扩展两大部分。

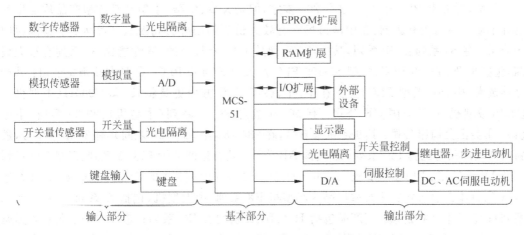

图 5.8　MCS-51 单片机典型应用系统框图

系统配置是指为满足系统需要配置的基本外部设备,如键盘、显示器等;系统扩展是指当单片机中的片内 ROM、RAM 及 I/O 等不能满足系统需求时应在片外进行适当的扩展。用于程序存储器扩展的 EPROM 芯片有 2716(2KB)、2732(4KB)、2764(8KB)、27128(16KB)、27256(32KB)、27512(64KB);EEPROM 芯片有 2816(2KB)、2816A(2KB)、2817(2KB)、2817A(2KB)、2864A(8KB)等。用于数据存储器扩展的静态 RAM 芯片有 6116(2KB)、6264(8KB)、62256(32KB)等。用于输入/输出口扩展的芯片有 8255A 等。常用扩展芯片引脚排列图及引脚说明请详见附录 G。

### 5.3.2　可编程控制器(PLC)

PLC 是以微处理器为基础,综合计算机技术、自动控制技术和通信技术而于 20 世纪 60 年代发展起来的工业自动控制装置。它体积小,抗干扰能力强,运行可靠,功能齐全,运算能力强,编程简单直观,目前在工业控制过程中正逐步取代传统的继电接触器逻辑控制系统、模拟控制系统以及用小型机实现的直接数字控制系统,已广泛应用于钢铁、石油、化工、电力、建材、机械制造、汽车、轻纺、交通运输、环保、水处理及文化娱乐等各个行业。

早期的 PLC 是为了替代传统的继电接触器逻辑顺序控制而设计的,因此英文全名为 programmable logic controller,中文译为"可编程逻辑控制器"。随着技术的不断进步,PLC 的控制功能已远远超出逻辑控制的范畴,故改其名为 programmable controller（PC）。但考虑到 PC 容易与个人计算机（personal computer)的英文缩写产生混淆,所以近年来,人们仍倾向于使用 PLC 这一简称,而中文名为"可编程序控制器"。

根据国际电工委员会(IEC)颁布的 PLC 标准草案,给出 PLC 的定义:"可编程序控制器是一种数字运算操作的电子系统,专为工业环境下应用而设计。它采用可编程序的存储器,用来在其内部存储执行逻辑运算、顺序控制、定时、计数和算术运算等操作的指令,并通过数字或模拟式的输入和输出,控制各种类型的机械或生产过程。可编程序控制器及其设备,都按易于与工业控制系统联成一体,易于扩充其功能的原则设计。"这一定义突出指出,PLC 直接应用于工业环境,因此具有很强的抗干扰能力及环境适应性,不像 PC 机需要有专门的空调和恒温环境。

目前,世界上 PLC 生产厂家有 200 多家,但是大型、中型、小型乃至微型产品均能生产的并不多。目前较有影响、在中国市场占有较大份额的国外公司及其产品为:①德国西门子公司:有 S5 系列和 S7 系列,其中,S7 系列是 1996 年推出的,其性能比 S5 系列有很大提高,包括小型 S7-200 PLC、中型 S7-300 PLC 及大型 S7-400 PLC;②日本欧姆龙公司:其产品涉及大、中、小、微型 PLC,尤其在中、小、微型 PLC 方面更具特长,如 C200H(中型机)、C20P(微型机);③美国 GE 公司:有 90-70 系列、90-30 系列(中型机)、90-20 系列(小型机);④美国莫迪康公司:其 984 机很有名,在 984-785 至 984-120 之间共有 20 多个型号,最新的高端产品为昆腾 140 系列;⑤美国 AB 公司:其典型产品为 PLC-5 系列、SLC-500 系列以及 MicroLogix PLC(小型机)、CompactLogix PLC(中型机)及 ControlLogix PLC(大型机);⑥日本三菱公司:其典型产品为小型机 FX 系列、中大型机(包括 A 系列、Q 系列和 L 系列);⑦日本日立公司:其产品包括 H 系列、E 系列及 EC 系列;⑧日本松下公司:其典型产品包括 FP 系列、FP-X 系列;⑨日本富士公司:包括 N 系列(NB 为箱体式,NS 为模块式)和 SPE 系列等。国内 PLC 厂家规模普遍不大,包括中国科学院自动化研究所(PLC-0088)、北京联想计算机集团公司(GK-40)、北京机械工业自动化研究所(PC-001/20、KB-20/40)、天津中环自动化仪表公司(DJK-S-84/86/480)、无锡华光电子工业公司(SU、SG 系列)、和利时公司(LK 大型机、LM 小型机)等。

**1. PLC 的主要特点**

PLC 应用了微机技术又面向工业现场控制,其特点主要体现在以下几个方面。

1) 高柔性

当系统和被控对象发生变化时,不需要改变线路接线,只需相应改变输入/输出接口与被控对象之间的连线,而主要是通过程序修改便可形成一个新的控制系统以满足新的控制要求,因而控制的灵活性和通用性大为增强。

2) 高度可靠性

PLC 专为工业环境下的应用而设计,抗干扰能力强,平均无故障时间 MTBF 一般为5~10 年,因此是一种高度可靠的工业产品,在工业现场可直接使用。

3) 功能完善

具有数字输入/输出、模拟输入/输出、逻辑运算、算术运算、定时控制、计数控制、顺序(步进)控制、PID 调节、A/D 和 D/A 转换、通信、人机对话、自诊断等功能。不但适用于开关量控制系统,而且可用于连续流程控制系统。

4) 易于编程

PLC 的编程语言有梯形图(LAD)、语句表(STL)和顺序功能图(SFC)等,其中梯形图和语句表最为常用。梯形图是一种图形语言,是从传统的继电接触器控制的电气原理图演变而来,现场技术人员无须具备许多的计算机知识便可在较短时间内理解和掌握,几乎所有的 PLC 都把梯形图作为编程的第一语言。语句表是类似于汇编语言的形式,通过指令助记符来编程。

5) 采用模块化结构,扩展方便

用户可将各种 AI、AO、DI、DO、电源、CPU、通信等模板像搭积木一样进行任意组合,以满足各种工业控制的需要。当系统需要扩展(如增加新设备或新控制点)时,只需接入空闲通道或在预留槽位上插入模板,进行简单的连接和组态即可实现。

6) 维护方便

PLC 具有完善的自诊断功能,各模板均有状态指示,如 I/O 模板各通道均有输入/输出状态指示,CPU 模板有 RUN、STOP、FORCE 状态以及编程故障、电池电压低等状态指示。另外,在线监控软件功能很强,便于维护,可以在发生故障时很快查找出故障原因。

**2. PLC 的硬件构成**

1) 中央处理器 CPU

CPU 是 PLC 的核心,其主要任务是按系统程序的要求,接收并存储由编程器键入的用户程序和数据;以扫描的方式接收现场输入设备的状态和数据;PLC 进入运行状态后,从存储器中逐条读取用户程序;完成用户程序所规定的任务,产生相应的控制信号,实现输出控制。一般采用 16 位或 32 位单片机。

2) 存储器

PLC 存储器分为 ROM 和 RAM 两种,主要用于存放程序、变量和各种参数。用户程序由编程器写入 PLC 的 RAM,如在调试中发现错误,可用编程器进行修改,无误后再将 RAM 中的程序写入 ROM。另外,PLC 的系统程序如监控程序、命令解释程序,管理程序、键盘输入处理程序等一般固化在 ROM 中。常用的 ROM 有 EPROM、EEPROM 和 FEPROM。EPROM 为可擦除可编程只读存储器,只能用紫外光线擦除;EEPROM 和 FEPROM 为电可擦除可编程只读存储器,其区别在于 EEPROM 按字节擦除,虽然灵活,但却复杂,导致成本提高、可靠性降低;FEPROM 可实现整片一次性擦除,适用于大数据量的更新。S7-200 PLC 采用 EEPROM,S7-300 和 S7-400 PLC 采用的是 FEPROM。

3) I/O 单元

I/O 单元是 PLC 与工业现场信号联系并完成电平转换的桥梁,小型 PLC 的 I/O 集成在基本单元中,而中、大型 PLC 的 I/O 则做成模块,包括数字量 I/O 模块、模拟量 I/O 模块以及通信模块、智能模块等。

4) 电源

PLC 的电源用于将外部交流电源转换成供 CPU、存储器、I/O 接口电路等使用的直流电源,以保证 PLC 正常工作。有的 PLC 还能向外部提供 24V 直流电源,为输入单元所连接的外部开关或传感器供电。电源有多种形式,对于箱体式 PLC,电源一般封装在基本单元的机壳内部;对于模块式 PLC,则采用独立的电源模块。此外,还可以采用锂电池作为备用电源,以保证在外部供电中断时 PLC 内部信息不致丢失。

5) 编程器

编程器是 PLC 常用的人机对话工具,用来输入程序、调试和修改程序。常见的为手持式编程器,当然也可以利用 PC 机作为编程器,但是需要在 PC 机中安装相应的编程软件,PLC 通过通信电缆(如 S7-200 PLC 的 PC/PPI 电缆)与 PC 机的串行口相连。

**3. PLC 的工作方式及基本工作过程**

PLC 采用周期性循环扫描的工作方式。一般地,PLC 的工作过程可分成三个阶段,即输入采样、程序执行和输出刷新。在输入采样阶段,PLC对各个输入端进行扫描,并顺序读入所有输入端的状态(ON/OFF)。在输入采样结束后,便转入程序执行阶段。PLC执行程序是从第一条指令开始,按先左后右、先上后下的顺序对每条指令进行扫描,直到最后一条指令结束。PLC根据输入状态和指令内容进行逻辑运算。输出刷新阶段则是在所有指令执行完毕后,根据逻辑运算的结果向各输出端发出相应的控制信号,以驱动被控设备,实现所要求的控制功能。

为了提高工作的可靠性,及时接收外来的控制命令,PLC的工作过程中还应包括自诊断和通信两个阶段,以完成各输入/输出点、存储器和CPU等部件的故障自诊断,以及PLC与编程器或上位机之间的通讯。如图5.9所示,PLC在工作期间按"自诊断→通信→输入采样→程序执行→输出刷新→自诊断……"的方式循环往复地不断执行,从而实现对生产过程或机械设备的连续控制,直至接收到停机命令才停止运行。上述工作过程每执行一遍所需时间称为扫描周期,PLC的扫描周期一般为几十毫秒,完全可以满足一般工业控制的需要。

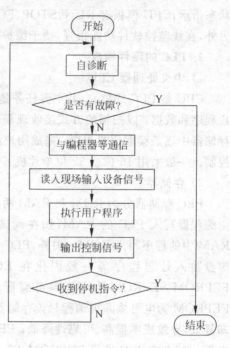

图5.9　PLC的工作过程流程图

**4. PLC的性能指标**

1) I/O点数

I/O点数是指PLC外部I/O端子数的总和,也是指PLC可以接收的输入信号和输出的控制信号的总和。I/O点数越多,PLC可连接的外部输入/输出设备就越多,控制规模也就越大。

2) 存储容量

存储容量是指用户程序存储器的容量,它决定了PLC所能存放的用户程序的大小。存储容量越大,则可存放越复杂的控制程序。

3) 扫描速度

扫描速度是指PLC执行用户程序的速度。PLC用户手册一般都会给出执行各条指令所用的时间。扫描速度的快慢直接影响了用户程序执行时间,进而影响PLC的扫描周期。

4) 编程指令的功能和数量

PLC编程指令的功能越强、数量越多,PLC的处理能力和控制能力越强,程序编制越简单和方便,越易于完成复杂的控制任务。

5) 内部元件的种类和数量

在PLC编程时,常常需要使用内部元件来存放变量状态、中间结果、定时/计数器预设值和当前值以及各种标志位等信息。内部元件的种类和数量越多,表示PLC存储和处理各种信息的能力越强。

6) 特殊功能模块的种类和数量

近年来,各PLC制造商都非常重视特殊功能模块的开发。特殊功能模块种类越多,功能越强,PLC的控制功能就越强大。

7）可扩展能力

在进行 PLC 控制系统设计时，通常需要考虑 PLC 的可扩展能力，包括 I/O 点数的扩展、存储容量的扩展、网络功能的扩展及各种功能模块的扩展等。

**5．PLC 控制系统设计**

1）PLC 控制系统设计步骤

PLC 控制系统设计的基本步骤如下。

（1）分析系统的控制任务，充分了解被控对象的工艺过程和控制要求。

（2）确定输入/输出设备的类型和数量，从而确定实际需要的 I/O 点数。

（3）正确选择输入设备（如按钮、行程开关、接近开关、选择开关、传感器）和输出设备（如接触器、继电器、电磁阀、指示灯、报警器）的规格和型号。

（4）合理选择 PLC 的类型和规模，包括：

① 机型选择。根据系统的控制规模，选择小型机（I/O 点数小于 256）、中型机（I/O 点数为 256～2048）或大型机（I/O 点数大于 2048）；结合工艺过程是否固定及是否对扩展灵活性有要求等情况，选择合适的 PLC 结构形式，即箱体式（CPU、存储器、I/O、电源等 PLC 基本组成部分均封装在一个标准机箱中）或模块式（PLC 的各个组成部分均制成外形尺寸统一的插件式模块，并组装在具有标准尺寸的机架中）。

② 容量选择。包括 I/O 点数选择和存储器容量选择。在实际 I/O 点数的基础上加出 10%～20% 的裕量，便可得出 PLC 的 I/O 点数。存储容量与 PLC 的 I/O 点数、编程人员的编程水平以及有无通信要求、通信的数据量等因素有关，可以利用以下方法进行粗略估算：开关量所需内存容量＝开关量点数×10，模拟量所需内存容量＝模拟量点数×100（只有模拟量输入）或模拟量点数×200（既有模拟量输入，又有模拟量输出），通信处理所需内存容量＝通信接口数×200。最后，在上述估算容量的基础上应留有 25% 裕量，对于有经验的编程人员则可适当少留一些裕量。

③ I/O 模块的选择。输入模块在选择时主要考虑模块的电压等级和同时接通的点数等，而输出模块的选择主要考虑模块的输出方式、输出电压、输出电流和同时接通的点数等。

④ 电源模块选择。电源模块在选择时主要考虑模块的额定输出电流必须大于 CPU 模块及扩展模块等消耗电流的总和。对于整体式 PLC，由于电源部件和 CPU 集成在一起，因此在选择 CPU 模块时应考虑所提供的电源能否满足本机 I/O 以及扩展模块的需求。

⑤ 功能模块的选择。根据控制系统的功能需求，应选择相应的特殊功能模块，如通信模块和定位控制模块等。

（5）进行 I/O 地址分配，也就是将 I/O 信号在 PLC 接线端子上进行地址分配，从而使输入点和输入信号、输出点和输出控制一一对应，并编制输入/输出接点的名称、现场编号与 PLC 内部单元地址编号的对照表，即 I/O 分配表。

（6）根据工艺流程和控制要求，并结合 I/O 分配情况，使用梯形图或语句表编制用户控制程序。对于较为复杂的控制系统，在程序设计前可以根据被控对象的控制要求及动作转换逻辑，绘制出详细而准确的控制流程图，作为 PLC 编程的主要依据，以保证设计思路清晰，并避免发生遗漏。

（7）利用编程器将用户控制程序下载到 PLC 中。

（8）进行模拟调试，以检查和修改程序的语法以及控制逻辑和控制参数等。

（9）进行 PLC 控制系统的硬件安装，设计 PLC 外围电路，将外部设备与 PLC I/O 端口连接起来。

（10）对整个系统进行联机调试。对于调试过程中发现的问题，应通过修改程序或检查硬件接线来逐一排除，直到满足要求为止。

（11）系统联机调试成功后正式投入使用。

（12）整理并编制有关技术文件，包括设计说明书、电气原理图、电气布置图、电气安装图、电气元件明细表、PLC 输入/输出接线图以及程序清单等，以方便用户在日后生产发展或工艺改进时修改设计，并有利于用户在维修时准确分析并及时排除故障。

2）PLC 外电路设计

PLC 外电路是指外部输入/输出设备与 I/O 端子间的连接电路以及外部供电电路、照明电路、控制柜内电路等。在 PLC 控制系统设计中，除 PLC 选型及 I/O 模板、功能模块选择外，外电路设计也是十分重要的内容，将直接影响整个系统的可靠性。

（1）配套低压电器的选用。在选择 PLC 外电路的配套电器时应考虑以下几个方面。

① 采用可靠性高的低压电器。PLC 控制系统中大量使用接触器。为了保证在长期运转过程中不发生误动作，应严格按照标准来选择接触器。根据 IEC158-1 接触器标准的规定，交流接触器的通断能力为额定电流的 8～10 倍，机械寿命为 10 万次。

② 采用小型化的低压电器。应采用小触点、通断能力强、强度高、寿命长、由高导磁性和优质灭弧材料制成的低压电器。

③ 采用新型的低压电器。目前市场上已推出各种新型接触器，如固态接触器、混合接触器和真空接触器等，这些接触器虽然价格较贵，但是可以克服普通电磁式交流接触器的固有缺点，大大地提高工作可靠性，延长使用寿命。

④ 采用导轨式安装形式。低压电器的安装方式主要有两种，一种是导轨安装，另一种是用螺栓固定。应尽可能采用导轨式低压电器，因为其安装和更换都十分方便，有利于迅速排除故障。

（2）中间继电器的配置。虽然 PLC 可以利用内部元件来代替继电接触器控制中的中间继电器，但是在有些情况下，系统中还是应配置中间继电器，如连接手动电路及紧急停车电路，以备系统异常状况下使用的场合；配线距离长或与高噪声源设备相连，容易产生干扰的场合；除了 PLC 以外，其他的控制线路也要使用某信号的场合；大负载频繁通断场合等。

（3）熔断器的使用。使用熔断器的目的是当输出端负载超过其额定电流或发生短路时，保证受保护电器不被烧毁。尤其是当外电路接入感性负载时，则一定要接入熔断器。接入的负载不同，熔断器容量也有所不同。对于继电器感性负载，通常选用 2A 的熔断器。一般是一个线圈接入一个熔断器，但有时为了简化结构，常将几个线圈相并联后再接入一个熔断器。此时，该熔断器的容量要小于每个线圈单独接入熔断器时各熔断器的容量总和。

（4）互锁触点的处理。PLC 控制对于互锁有三种处理方法，即软件法（在程序中实现互锁）、硬件法（将互锁触点接入外接电路）以及软硬件结合法。在可靠性要求较高的情况下，通常采用第三种方法。如图 5.10 所示的电动机正反转控制，不但在梯形图程序中做了互锁处理，而且将机械互锁触点（复合型正转启动按钮 SB1 和反转启动按钮 SB2 的动断触点）及电气互锁触点(正转接触器 KM1 和反转接触器 KM2 的动断辅助触点)接入了 PLC 输出回路,形成了双重连锁设计。

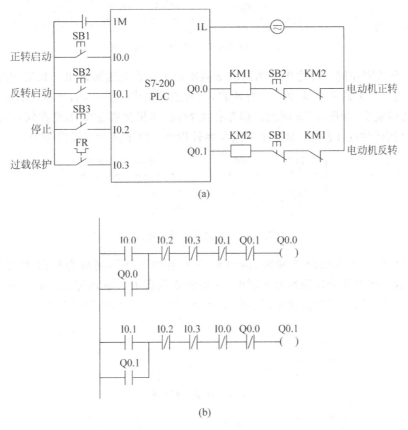

图 5.10　PLC 中的互锁处理

(a) PLC 接线图；(b)控制程序

(5) 限位开关的使用。诸如机床工作台之类的移动部件,除需在工作行程的终端位置安装行程开关,还应在开关之外的极限位置设置限位开关,并接入外电路直接控制设备,这样可避免因软件失灵导致工作台发生超行程事故。

3) 梯形图编程的基本规则

梯形图是 PLC 控制系统中最常用的编程语言,在利用梯形图编制用户程序时必须遵循以下规则。

(1) PLC 内部元器件的触点可无限次使用。

(2) 梯形图的每一个梯级都是从左母线开始,从左向右分行绘出,最后以线圈或指令盒结束。触点不能放在线圈右侧,如图 5.11 所示。

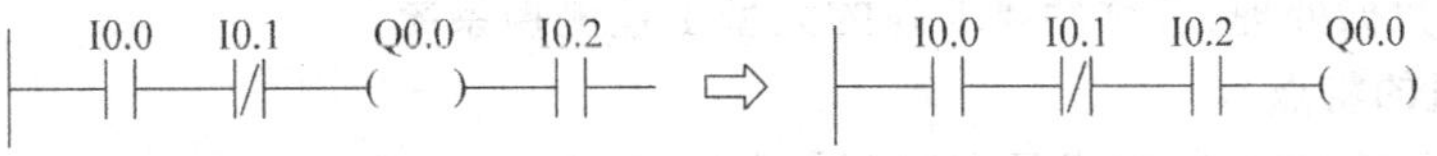

图 5.11　线圈右侧不能有触点

（3）线圈或指令盒一般不能直接连在左母线上，如果需要，可通过特殊存储器位（如 SM0.0）完成，如图 5.12 所示。

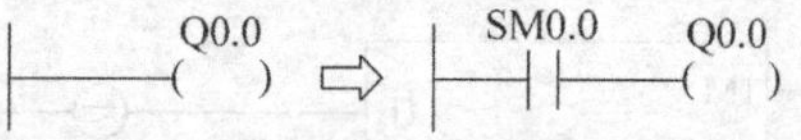

图 5.12 线圈不能与左母线直接相连

（4）某个线圈在同一程序中使用两次或两次以上称为双线圈输出。如果程序中存在双线圈输出，则只有最后一个输出才是有效的，而前边的输出都无效，因此在 PLC 编程中应避免使用双线圈输出，如图 5.13 所示。但是作为特例，如果线圈重复出现在同一程序的两个不可能同时执行的程序段中（如程序中包含跳转指令），则不视为双线圈输出。

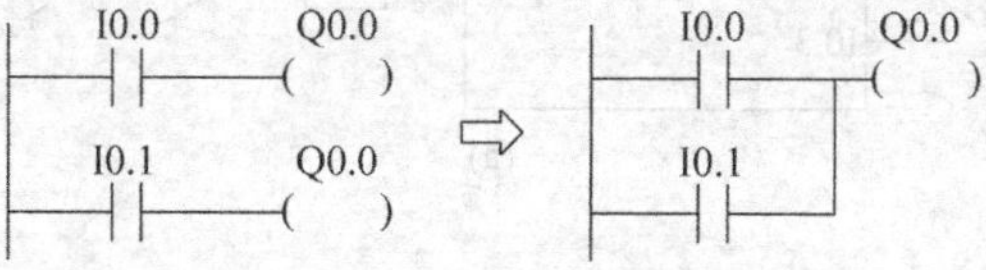

图 5.13 不允许双线圈输出

（5）在有几个串联回路并联时，应将触点最多的串联回路放在梯形图的最上面，如图 5.14 所示。在有几个并联回路串联时，应将触点最多的并联回路放在梯形图的最左面，如图 5.15 所示。这样编制的程序简洁明了，语句较少，程序扫描时间较短。

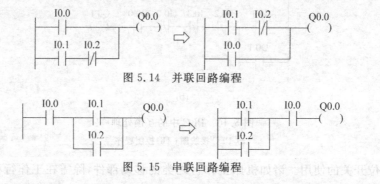

图 5.14 并联回路编程

图 5.15 串联回路编程

### 5.3.3　工控机

PC 机是为商业和办公应用而设计的，如果直接应用于工业控制领域将存在许多问题，如抗冲击和抗振动能力差，难以适应恶劣的工业环境等。

工控机是工业控制计算机（industrial personal computer，IPC）的简称，是在工业环境下应用、专为适应工业要求而设计的计算机，它处理来自传感装置的输入，并把处理结果输出到执行机构去控制生产过程，同时对生产过程实施监督和管理。

由于工业 PC 机选用的 CPU 及元器件的档次较高，结构经过强化处理，由其组成的控制系统的性能远远高于单板机及普通 PC 机所组成的控制系统，但系统的成本也较高，适用于需进行大量数据处理、可靠性要求高的大型工业测控系统。

#### 1. 工控机的特点

与商用 PC 机相比，工控机具有以下优点：

1）可靠性高

工控机能在粉尘、烟雾、高温、潮湿、振动、腐蚀的环境下可靠工作，其 MTTR（平均维修时间)一般为 5min,MTTF(平均失效前时间)可达 10 万 h 以上,而普通 PC 机的 MTTF 仅为 10000～15000h。

**2)实时性好**

工控机可对工业生产过程进行实时在线检测与控制,对工况变化能够做出快速响应,并及时进行信息采集和输出调节。

**3)具有自复位功能**

工控机具有"看门狗"功能,能在系统因故障死机时,无须人工干预而自动复位,保证系统正常运行,这一功能是普通 PC 机所不具备的。

**4)扩充性好**

工控机采用多插槽无源底板结构,可插入 CPU 板及 I/O 板等各种功能模板,并且最多可扩充几十块板卡,因此系统扩充性好,具有很强的输入/输出功能,能与工业现场的各种外设相连,以完成各种任务。

**5)开放性和兼容性好**

工控机能同时利用 ISA 和 PCI 等资源,支持各种操作系统、多种编程语言、多任务操作系统,能吸收商用 PC 机的全部功能,可充分利用商用 PC 机的各种软件和硬件资源。

虽然与商用 PC 机相比工控机具有许多优势,但是也存在非常明显的劣势,如配置硬盘容量小;数据安全性低;存储选择性小;价格较高等。

**2. 工控机的主要结构**

工控机的主要结构包括全钢机箱、无源总线底板、工业电源、主板以及显卡、硬盘、软驱、键盘、鼠标、光驱、显示器等附件。

**1)全钢机箱**

工控机采用符合 EIA 标准的全钢结构工业机箱,增强了抗电磁干扰能力,而且机箱密封并加正压送风散热,具有较高的防磁、防尘、抗冲击的能力,能很好地解决工业现场存在的电磁干扰、灰尘、振动、散热等问题。工控机支持 19 英寸上架标准,机箱平面尺寸统一,可集中安装在立式标准控制柜中,占用空间小,便于安装和管理。

**2)无源底板**

工控机的无源底板一般以总线结构(如 PC 总线、STD 总线)设计成多插槽形式,可插接各种板卡,包括 CPU 卡、显示卡、控制卡、I/O 卡等。所有的电子组件均采用模块化设计,因此 CPU 及各功能模块均通过总线挂接在底板上,并带有压杆软锁定,以防止因振动引起的接触不良,从而提高了抗冲击和抗振动能力。底板的插槽由多个 ISA 和 PCI 总线插槽组成,ISA 或 PCI 插槽的数量和位置根据需要作出选择。工控机采用无源底板结构而非商用 PC 机的大板结构,不但可以提高系统的可扩展性,方便系统升级,而且当故障发生时,查错过程简化,板卡更换方便,快速修复时间短,使得整个系统更加有效。

**3)工业电源**

工控机配有高度可靠的工业电源,可抗电网浪涌和尖峰干扰,平均无故障运行时间达到 250000h。

**4)主板**

主板由 CPU、存储器及 I/O 接口等组成,芯片采用工业级芯片,并且采用一体化主板,易于更换和升级。工控机主板设计独特,无故障运行时间长,装有"看门狗"计时器,能在系统出现故障时迅速报警,并在无人干预的情况下使系统自动恢复运行。

### 3. 工控机常用总线

1) PC/XT 总线

PC/XT 总线是 IBM 公司 1981 年在 PC/XT 个人计算机上采用的系统总线,是最早的 PC 总线结构,也称 PC 总线。由于是针对 8 位 Intel 8088 微处理器设计的,因此它只支持 8 位数据传输和 20 位寻址空间。这种总线价格低、可靠简便、使用灵活、对插板兼容性好,因此许多厂家的产品都与之兼容,品种范围非常广泛。早期的 PC/XT 总线产品主要用于办公自动化,后来很快扩大到实验室或工业环境下的数据采集和控制。

PC/XT 总线共有 62 个引脚(引脚编号为 A1~A31 及 B1~B31,引脚分布如图 5.16 所示),其中,数据线 8 根(D7~D0)、地址线 20 根(A19~A0)、控制线 21 根(地址锁存输出允许信号 ALE、中断请求信号 IRQ2~IRQ7、I/O 读/写信号 $\overline{IOR}$ 和 $\overline{IOW}$、存储器读/写信号 $\overline{MEMR}$ 和 $\overline{MEMW}$、DMA 请求信号 DRQ1~DRQ3、DMA 响应信号 $\overline{DACK0}$~$\overline{DACK3}$、地址允许信号 AEN、计数结束信号 T/C、系统复位信号 RESET DRV)、状态线 2 根(I/O 通道奇/偶校验信号 $\overline{I/O\ CH\ CK}$、I/O 通道准备好信号 I/O CH RDY)、电源线 5 根($\pm5V$,$\pm12V$)、其他 6 根(晶体振荡信号 OSC、系统时钟信号 CLOCK、插件板选中信号 $\overline{CARD\ SLCTD}$、地 GND)。

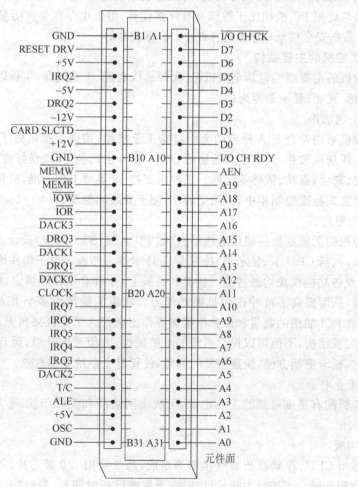

图 5.16　PC/XT 总线引脚分布

2) ISA

工业标准体系结构(Industry Standard Architecture,ISA)总线是 IBM 公司于 1984 年为 PC/AT 计算机(采用 80286CPU)制定的总线标准,为 16 位体系结构,也称 AT 总线。为了充分发挥 80286 的优良性能,同时又保证最大限度地与 PC/XT 总线兼容,ISA 保留了 PC/XT 总线的 62 个引脚信号,并增加了一个 36 引脚的扩展插槽,从而将数据总线由 8 位扩展到 16 位,地址总线由 20 位扩展到 24 位,而中断数目增加了 6 个,并提供了中断共享功能,DMA 通道也由 4 个扩展到 8 个。因此,和 PC/XT 总线相比,ISA 总线不仅增加了数据宽度和寻址空间,而且还增强了中断处理和 DMA 传输能力,并且具备了一定的多主控功能,因此特别适合于控制外设和进行数据通信的功能模块。

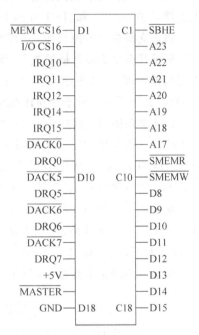

在 ISA 总线中,新增加的 36 个引脚的分布情况如图 5.17 所示,其中,A17~A23 为高位地址线,使原来的 1M 字节寻址范围扩大到 16M 字节;D8~D15 为高位数据线;$\overline{SBHE}$ 为数据总线高字节允许信号;IRQ10~IRQ15 为中断请求输入信号;DRQ0 及 DRQ5~DRQ7 为 DMA 请求信号;$\overline{DACK0}$ 及 $\overline{DACK5}$~$\overline{DACK7}$ 为 DMA 响应信号;$\overline{SMEMR}$ 和 $\overline{SMEMW}$ 为存储器读/写信号;$\overline{MASTER}$ 为主控信号;$\overline{MEM\ CS16}$ 为存储器的 16 位片选信号;$\overline{I/O\ CS16}$ 为 I/O 接口的 16 位片选信号。

图 5.17　ISA 总线新增引脚的分布

3) EISA 总线

扩展工业标准体系结构(Extended Industry Standard Architecture,EISA)总线是由 COMPAQ、HP、AST、EPSON 等 9 家公司组成的 EISA 集团专为 32 位 CPU 而制订的总线扩展标准。作为 ISA 总线的扩展,EISA 总线与之完全兼容。

EISA 总线是一种全 32 位总线结构,因此可以处理比 ISA 总线更多的引脚。其插槽为双层设计,上层与 ISA 卡相连,下层则与 EISA 卡相连。它保持了与 ISA 总线兼容的 8MHz 工作频率,但由于支持突发式数据传送方法,因此可以以三倍于 ISA 总线的速度传输数据。

4) PCI 总线

1991 年下半年,外围部件互连(peripheral component interconnect,PCI)的概念一经 Intel 公司首次提出,便得到 IBM、COMPAQ、AST、HP 和 DEC 等 100 多家公司的响应,并于 1993 年正式推出 PCI 总线。作为一种先进的局部总线,PCI 已成为局部总线的新标准,是目前应用最广泛的总线结构。PCI 总线主板插槽的体积较原 ISA 总线插槽要小,但其功能却较 ISA 有较大改善,支持突发读写操作,可同时支持多达 10 个的外围设备。为了解决 PCI 总线的瓶颈问题,又出现了改进的 PCI 总线(PCI-X),它能通过增加 CPU 与打印机、网卡等外围设备之间的数据流量来提高计算机的性能。

PCI 定义了 32 位数据总线,并且可以扩展至 64 位。总线时钟频率一般有 33MHz 和 66MHz 两种。目前流行的是 32 bit @33MHz,数据传输速率达 132MB/s(33MHz×32bit/8)。

而对于 PCI-X 则最高可达 64bit@133MHz,这样就可以得到超过 1GB/s 的数据传输速率。

PCI 总线是一种不依附于某个具体处理器的总线。从结构上看,它是在 ISA 总线和 CPU 总线之间增加了一级总线,由 PCI 局部总线控制器(或称为"桥")相连接。由于独立于 CPU,PCI 总线与 CPU 及其时钟频率无关,因而使高性能 CPU 的功能得以充分发挥。网络适配卡、图形卡、硬盘控制器等高速外设可以通过 PCI 挂接到 CPU 总线上,使之与高速的 CPU 总线相匹配,而不必担心在不同的时钟频率下会引起性能的下降。PCI 总线可与各种 CPU 完全兼容,允许用户随意增加多种外设,并在高时钟频率下保持最高传输速率。

桥(Bridge)是一个总线转换部件,用来连接两条总线,使总线间相互通信。在 PCI 规范中,提出了三种桥的设计,即主桥(CPU 至 PCI 的桥)、标准总线桥(PCI 至 ISA、EISA 等标准总线的桥)和 PCI 桥(PCI 与 PCI 之间的桥)。其中,主桥称为北桥,其余的桥皆称为南桥。

PCI 支持总线主控技术,允许智能设备在需要时取得总线控制权,以加速数据传送。 PCI 总线具有明确而严格的规范,保证了良好的兼容性和扩展性(通过 PCI-PCI 桥接,可允许无限地扩展)。另外,PCI 的严格时序及灵活的自动配置能力使之成为通用的 I/O 部件标准,故广泛应用于多种平台和体系结构中。

PCI 总线插槽引脚如图 5.18 所示,其中,AD0~AD63 为地址/数据复用引脚,$\overline{\text{C/BE0}}$~$\overline{\text{C/BE7}}$为总线命令和字节使能,PAR 和 PAR64 为奇偶校验,$\overline{\text{FRAME}}$为帧周期信号,$\overline{\text{IRDY}}$和$\overline{\text{TRDY}}$分别为主/从设备准备就绪,$\overline{\text{STOP}}$为从设备要求主设备停止当前数据传送,$\overline{\text{DEVSEL}}$为外围连接响应,IDSEL 为初始化设备选择,$\overline{\text{PERR}}$和$\overline{\text{SERR}}$分别报告奇偶校验错和系统错误,$\overline{\text{REQ}}$和$\overline{\text{REQ64}}$分别为总线占用请求和 64 位总线占用请求,$\overline{\text{GNT}}$为总线占用允许,CLK 为系统时钟,$\overline{\text{RST}}$为复位信号,$\overline{\text{ACK64}}$为 64 位总线响应,$\overline{\text{LOCK}}$为总线锁定,$\overline{\text{INTA}}$~$\overline{\text{INTD}}$为中断 A~D,SBO 和 SDONE 分别为监听及监听完成,TDI 和 TDO 分别为测试数据输入和测试数据输出,TCK 为测试时钟,TMS 为测试模式选择,$\overline{\text{TRST}}$为测试复位。

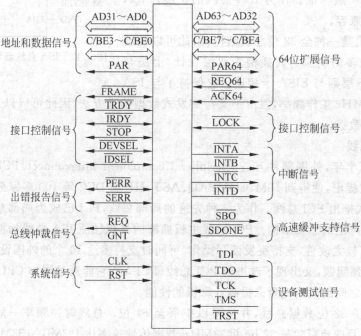

图 5.18 PCI 总线插槽引脚图

5) STD 总线

STD 总线(standard bus)是在 1978 年最早由美国 Pro-Log 公司推出的,1987 年被批准为国际标准 IEEE961。STD 总线是面向工业应用而设计,主要用于以微型计算机为核心的工业测控领域,如工业机器人、数控机床、数据采集系统、仪器仪表等。

由于对 8 位微处理器有较好的支持,STD 总线在 20 世纪 80 年代前后风行一时。随着 32 位微处理器的出现,通过附加系统总线与局部总线的转换技术,1989 年美国 EAITECH 公司又推出了对 32 位微处理器兼容的 STD32 总线标准,且与原来的 8 位总线 I/O 模板兼容。

如图 5.19 所示,STD 总线采用底板总线结构,即在一块底板上并行布置有数据总线、地址总线、控制总线和电源线。底板上安装若干个 56 引脚插槽,56 个引脚分别与底板上的 56 条信号线相连。因底板上只有总线而无其他元器件,故称为"无源底板"。凡是符合 STD 总线规范的模板(如 CPU、A/D 板、I/O 板等)均可直接挂接在底板上。

STD 总线是 56 条信号线的并行底板总线。在 56 条信号线中,有数据总线 8 根(引脚7~14)、地址总线 16 根(引脚 15~30)、控制总线 22 根(引脚 31~52)、电源线 10 根,其中电源线又包括逻辑电源线 6 根(引脚 1~6)和辅助电源线 4 根(引脚 53~56)。每条信号线的定义见表 5.3。

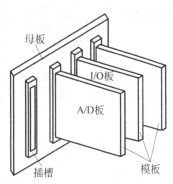

图 5.19　STD 总线结构

表 5.3　STD 总线引脚及信号含义

| 项 目 | 元件侧 | | | | 电路侧 | | | |
|---|---|---|---|---|---|---|---|---|
| | 引脚 | 信号名称 | 信号流向 | 说明 | 引脚 | 信号名称 | 信号流向 | 说明 |
| 逻辑电源 | 1 | +5VDC | 入 | 逻辑电源 $V_{cc}$ | 2 | +5VDC | 入 | 逻辑电源 $V_{cc}$ |
| | 3 | GND | 入 | 逻辑地 | 4 | GND | 入 | 逻辑地 |
| | 5 | VBAT | 入 | 电池电源 | 6 | VBB | 入 | 逻辑电压 |
| 数据总线 | 7 | D3/A19 | 入/出 | 数据总线/地址总线 地址扩展 | 8 | D7/A23 | 入/出 | 数据总线/地址总线 地址扩展 |
| | 9 | D2/A18 | 入/出 | | 10 | D6/A22 | 入/出 | |
| | 11 | D1/A17 | 入/出 | | 12 | D5/A21 | 入/出 | |
| | 13 | M/A16 | 入/出 | | 14 | D4/A20 | 入/出 | |
| 地址总线 | 15 | A7 | 出 | 地址总线 | 16 | A15/D15 | 出 | 地址总线/数据总线 数据总线扩展 |
| | 17 | A6 | 出 | | 18 | A14/D14 | 出 | |
| | 19 | A5 | 出 | | 20 | A13/D13 | 出 | |
| | 21 | A4 | 出 | | 22 | A12/D12 | 出 | |
| | 23 | A3 | 出 | | 24 | A11/D11 | 出 | |
| | 25 | A2 | 出 | | 26 | A10/D10 | 出 | |
| | 27 | A1 | 出 | | 28 | A9/D9 | 出 | |
| | 29 | A0 | 出 | | 30 | A8/D8 | 出 | |

| 项 目 | 元件侧 | | | | 电路侧 | | | |
|---|---|---|---|---|---|---|---|---|
| | 引脚 | 信号名称 | 信号流向 | 说明 | 引脚 | 信号名称 | 信号流向 | 说明 |
| 控制总线 | 31 | $\overline{WR}$ | 出 | 写存储器或I/O | 32 | $\overline{RD}$ | 出 | 读存储器或I/O |
| | 33 | $\overline{IORQ}$ | 出 | I/O地址选通 | 34 | MEMRQ | 出 | 存储器地址选通 |
| | 35 | $\overline{IOEXP}$ | 入/出 | I/O扩展 | 36 | MEMEX | 入/出 | 存储器扩展 |
| | 37 | $\overline{REFRESH}$ | 出 | 刷新定时 | 38 | MCSYNC | 出 | 机器周期同步 |
| | 39 | $\overline{STATUSI}$ | 出 | CPU状态 | 40 | STATUS0 | 出 | CPU状态 |
| | 41 | $\overline{BUSAK}$ | 出 | 总线响应 | 42 | $\overline{BUSRQ}$ | 入 | 总线请求 |
| | 43 | $\overline{INTAK}$ | 出 | 中断响应 | 44 | $\overline{INTRQ}$ | 入 | 中断请求 |
| | 45 | $\overline{WAITRQ}$ | 入 | 等待请求 | 46 | $\overline{NMIRQ}$ | 入 | 非屏蔽中断请求 |
| | 47 | SYSRESET | 出 | 系统复位 | 48 | $\overline{PBRESET}$ | 入 | 按钮复位 |
| | 49 | CLOCK | 出 | 处理器时钟 | 50 | CNTRL | 入 | 辅助定时 |
| | 51 | PCO | 出 | 优先级链输出 | 52 | PCI | 入 | 优先级链输入 |
| 辅助电源 | 53 | AUXGND | 入 | 辅助地 | 54 | AUXGND | 入 | 辅助地 |
| | 55 | AUX+V | 入 | 辅助正电源<br>（+12VDC） | 56 | AUX-V | 入 | 辅助负电源<br>（-12VDC） |

注："—"表示信号低电平有效。

由于采用模板式结构,使用方便,扩展灵活,加之成本低、功耗小、可靠性高、可维护性良好,STD总线自推出以来发展迅速,并在空间和功耗受到严格限制、对可靠性有较高要求的工业自动化领域得到广泛应用。因此,基于STD总线的工控机已成为工业控制计算机的主流机型之一。

STD总线的优点主要体现在以下几个方面。

(1) 小板结构,高度的模板化。STD总线采用小板结构,所有模板的标准尺寸为165.1mm×114.3mm。这种小板结构在机械强度、抗断裂、抗振动、抗老化和抗干扰等方面优势显著。它实际上是将大板功能进行分解,一种模板只具有单一功能,如CPU板、存储器板、A/D板、D/A板、I/O板等,从而便于用户根据实际需要灵活选择不同的模板进行组装,以实现自己的最小系统,减少了硬件冗余,缩短了开发周期,降低了系统成本,且便于使用维修及更新换代。

(2) 严格的标准化,广泛的兼容性。STD总线设计有严格的规范,这是STD总线的与众不同之处。传统的计算机总线都有几条未定义的信号线,而STD总线的各条信号线都有严格的定义,用户不得随意改动。这种严格的标准化带来的好处是广泛的兼容性,不同厂家生产的板卡只要是遵循STD总线规范便都能保证兼容,因此都可以在一个总线内使用,这就保证了市场上拥有丰富的兼容产品,为用户构建满足自己需要的系统带来极大的便利和实惠,这也是STD总线得以迅速发展的原因之一。

广泛的兼容性还体现在另一方面。STD总线具备兼容式总线结构,它可以支持8位、16位甚至32位微处理器,可以很方便地通过更换CPU和相应软件使原来的8位系统得到升级,而原有的I/O板仍然兼容,无须更换,从而大大降低了系统升级的成本。

(3) 面向I/O的设计,适合工业控制应用。许多高性能的总线设计是面向系统性能的提高,即提高系统的吞吐量或处理能力,而 STD 总线是面向 I/O 的。许多总线只有很少的 I/O 扩展能力,IBM PC/XT(AT)只有几个 I/O 扩展槽,而 STD 总线却具有很强大的 I/O 扩展能力,一个 STD 底板可插接 8、15 甚至 20 块模板,再加上有众多功能模板的支持,用户可以方便地进行选择和组合,以满足各种工业控制要求。

(4) 高可靠性。STD 总线是作为工业标准的计算机总线,因而具有较高的可靠性。美国 Pro-Log 公司生产的 STD 总线产品的保用期为 5 年,平均无故障工作时间(MTBF)超过 60 年。高可靠性的保证除了小板结构的优点外,还源于在线路设计、印刷线路板布线、元器件筛选、在线检测、抗干扰设计等方面采取了一系列严格的措施。另外,"看门狗"及掉电保护等技术的应用也为系统可靠性提供了有力的保障。

## 5.4　控制方式与控制策略

### 5.4.1　开环控制与闭环控制

控制系统有两种基本的控制方式,即开环控制和闭环控制。

**1. 开环控制**

图 5.20 所示为开环控制系统框图。系统将设定值等信号输入到控制器,控制器根据输入信号及控制算法得出控制量,以此来控制被控对象,并希望被控量与设定值保持一致。系统实行的是单方向控制,并不对输出信号的具体结果进行检测。也就是说,系统输出并不会被反馈回输入端(即不存在反馈环节),从而对系统的控制不会产生影响。因此,在外界干扰的影响下,被控量便可能偏离设定值,而且系统也无法补偿和修正二者之间的偏差。

图 5.20　开环控制系统框图

由于没有反馈环节,系统结构简单,成本低,维护方便,稳定性好,这些是开环控制的优点。在输入和输出之间关系固定,且内部参数或外部负载扰动影响不大或者扰动因素可以预先确定并能进行补偿的情况下,应尽量选择这种控制方式。开环控制的缺点是抗干扰能力差,控制精度低。如前所述,当控制系统受到各种扰动因素影响时,将会直接影响输出,而且系统对于因外界干扰而产生的偏差也不能自动进行补偿。当偏差值超过允许的限度时,开环控制系统便无法满足技术要求,这时就应考虑采用闭环控制方式。

**2. 闭环控制**

如图 5.21 所示,闭环控制与开环控制的显著区别是系统中引入了比较环节和反馈环节。在闭环控制中,不但输入信号可以对输出信号进行控制,而且输出信号也会对输入信号产生影响,系统输出通过反馈环节作用于控制部分,从而形成闭合回路,故将这种控制方式称为闭环控制。作为反馈元件,检测装置对被控量信号进行测量,并经变换后将其反馈至比较环节,比较环节求取设定值和反馈信号之间的偏差 $e$,然后将偏差值送入控制器。如果反馈信号与设定值一致,即 $e=0$,则控制器不产生控制输出;如果反馈信号偏离设定值,则 $e \neq 0$,于是控制器根据偏差的大小产生相应的控制信号以减小偏差,直至将系统扰动产生的偏差修正过来。

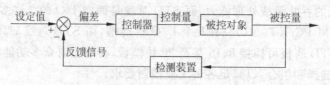

图 5.21　闭环控制系统框图

由此可见,闭环控制的突出优点是存在反馈环节,系统可以获知扰动因素所产生的偏差大小,并对此进行自动补偿和修正,因此闭环内的一切通道上的扰动作用都能得到有效抑制,控制精度高。其缺点是结构复杂,造成系统成本提高。另外,偏差修正过程需要一定时间才能将被控量补偿过来,这可能引起超调,从而使系统的稳定性变差,甚至造成不稳定。这是采取闭环控制时必须重视并加以解决的问题。

计算机控制系统就是采用计算机作为控制器的自动控制系统。由于计算机所能接收、处理和输出的信号只能是数字量信号,因此在模拟量计算机闭环控制系统的前向输出通道和反馈通道中,应分别设置 D/A 和 A/D 转换环节,如图 5.22 所示。

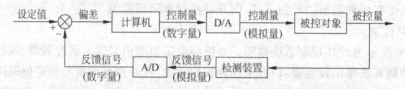

图 5.22　模拟量计算机闭环控制系统框图

## 5.4.2　常用控制策略

### 1. PID 控制

PID(proportion integration differentiation)控制也称 PID 调节,是比例-积分-微分控制的简称,具有技术成熟、适应性强、调整方便等优点,在机电一体化系统中被广泛地应用。PID 控制器结构简单,稳定性好,工作可靠。由于机电一体化系统的参数经常发生变化,控制对象的精确数学模型难以建立,所以通常采用 PID 控制,依靠经验和现场调试对控制器的结构和参数进行整定,往往能够获得满意的控制效果。随着计算机技术的发展,在传统 PID 控制的基础上又派生出了基于计算机技术的数字 PID 控制及许多改进的 PID 控制算法。

1) 模拟 PID 控制算法

PID 控制是根据系统的误差,利用比例、积分、微分三个环节的不同组合计算出控制量。图 5.23 所示为模拟 PID 控制系统的原理框图。其中,广义被控对象包括执行机构、被控对象和测量反馈元件;虚线框内部分为 PID 控制器,其输入为设定值 $r(t)$ 与被控量实测值 $y(t)$ 之差构成的偏差信号 $e(t)$,即

$$e(t) = r(t) - y(t) \tag{5.1}$$

PID 控制作用有三种基本形式,即比例控制、积分控制和微分控制。每种作用可以单独使用,也可结合使用。

(1) 比例控制(P)。比例控制是指控制器的输出 $u(t)$ 与输入 $e(t)$ 成比例,其控制算法为

$$u(t) = K_P \cdot e(t) \tag{5.2}$$

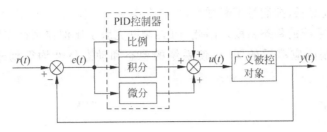

图 5.23　模拟 PID 控制系统原理框图

式中　$u(t)$——控制器输出；

　　　$e(t)$——偏差信号；

　　　$K_P$——比例增益(比例系数)。

由如图 5.24 所示比例控制阶跃响应特性曲线可见，当系统受到干扰影响时，只要偏差一出现，比例控制就能及时地产生与之成比例的调节作用以减小偏差，具有调节及时的特点，是最基本的一种调节作用。比例调节作用的大小，主要取决于比例增益 $K_P$ 的大小，$K_P$ 越大，则调节作用越强，系统动作越灵敏，响应速度越快。但是 $K_P$ 过大，会使控制器输出信号 $u(t)$ 很大，于是被控量 $y(t)$ 快速上升，可能产生较大的超调，甚至引起振荡，从而导致系统的不稳定。另外，比例控制无法消除稳态误差，因此，对于干扰较大、惯性也较大的系统，不宜采用单纯的比例控制。

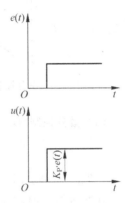

图 5.24　比例控制阶跃
响应特性曲线

(2) 积分控制(I)。对于积分控制，输入与输出之间的关系为

$$u(t) = \frac{1}{T_I}\int_0^t e(t)\mathrm{d}t \tag{5.3}$$

式中　$T_I$——积分时间常数。

积分控制器的输出 $u(t)$ 与偏差对时间的积分成正比，控制量 $u(t)$ 不但与偏差大小有关，而且还与偏差出现的时间长短有关。也就是说，只要有偏差存在，输出就会随时间不断增大(如图 5.25 所示)，直到偏差消除，积分作用才会停止，$u(t)$ 才不再变化。因此，只要有足够的时间，积分作用就能完全消除稳态误差，提高系统的控制精度。但也不难看出，积分控制器响应较缓慢，它不像比例控制那样，只要偏差一出现就即时响应，而且在偏差刚出现时，调节作用很弱，不能及时克服扰动的影响，致使调节过程增长，延长了调节时间，故很少单独使用，必须与比例控制同时使用。积分作用的强弱取决于 $T_I$，$T_I$ 越小，则积分速度越快，积分作用越强，但是积分作用太强会导致系统超调量加大，甚至使系统出现振荡。

(3) 比例-积分控制(PI)。PI 控制算法为

$$u(t) = K_P\left[e(t) + \frac{1}{T_I}\int_0^t e(t)\mathrm{d}t\right] \tag{5.4}$$

对于 PI 控制器，当出现一阶跃扰动时，开始瞬时便有一比例输出 $u_1 = K_P e(t)$，随后在同一方向、在 $u_1$ 的基础上，输出值不断增大，这是积分控制的作用。如图 5.26 所示，在 PI 控制调节初期，比例控制起主导作用，保证了系统快速响应；调节后期，则是积分控制起主

导作用。随着时间延长，控制量不断增大，使稳态误差进一步减小，直至为零，最终消除稳态误差，从而保证了系统的稳态精度。因此，PI 控制既克服了比例控制存在稳态误差的缺点，又避免了积分控制响应滞后的弱点，使系统的稳态和动态特性均得到改善，故应用比较广泛。

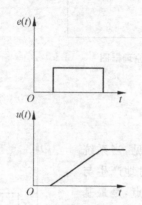

图 5.25　积分控制阶跃响应特性曲线　　　图 5.26　比例-积分控制阶跃响应特性曲线

（4）微分控制（D）。微分控制算法为

$$u(t) = T_D \frac{de(t)}{dt} \tag{5.5}$$

式中　$T_D$——微分时间常数，$T_D$ 越大，则作用越强。

在微分控制中，控制的输出与输入偏差信号 $e(t)$ 的变化速度成比例（如图 5.27 所示），而与偏差大小和偏差是否存在无关，故不能消除稳态误差。其效果是阻止被调参数的一切变化，具有超前调节作用，而且对大滞后的对象具有很好的控制效果，这是因为微分作用的输出只能反映输入偏差信号的变化速度，而对于一个固定不变的偏差，即使其数值很大，微分控制也不会起作用。另外，微分作用只在动态过程中有效，也就是说它只能在偏差刚刚出现的时刻产生一个较大的调节作用，所以微分控制作用一般不单独使用，必须与其他控制作用相结合。其优点是可以减小超调量，克服振荡，使系统的稳定性得到提高，同时加快系统的动态响应速度，减小调节时间，从而改善系统的动态性能。还应注意的是，如果存在噪声，噪声的快速变化会导致输出信号的产生，而微分控制器会将该输出信号视作快速变化的偏差信号，从而使控制器的输出信号显著提高。

（5）比例-微分控制（PD）。如前所述，微分控制在误差稳定时不会产生控制输出信号，也就是说控制器无法校正该误差，所以微分控制通常与比例控制配合使用。PD 控制算法为

$$u(t) = K_P\left[e(t) + T_D \frac{de(t)}{dt}\right] \tag{5.6}$$

如图 5.28 所示，当偏差刚一出现时，PD 控制器瞬间输出一个很大的阶跃信号，然后按指数下降，直至最后微分作用完全消失，变成一个单纯的比例调节。由此可见，由于控制器具有微分控制，所以其初始输出信号能够快速变化，又由于具有比例控制功能，所以控制输出信号会逐渐发生变化。因此，PD 控制适于处理快速变化的过程。

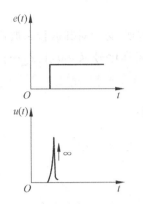
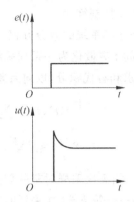

图 5.27　微分控制阶跃响应特性曲线　　　　图 5.28　比例-微分调节阶跃响应特性曲线

（6）比例-积分-微分控制（PID）。PI 调节作用快，可以消除稳态误差，因而得到广泛应用。但当被控对象具有较大惯性时，则无法得到良好的调节品质。这时加入微分作用（即构成 PID 控制），在偏差刚刚出现且数值不是很大时，就根据偏差变化的速度，提前给出较大的调节作用，使偏差尽快消除。由于调节及时，可以大大减少系统的动态偏差及调节时间，从而使过程的动态品质得到改善。

PID 控制算法为

$$u(t) = K_P\left[e(t) + \frac{1}{T_I}\int_0^t e(t)\mathrm{d}t + T_D\,\frac{\mathrm{d}e(t)}{\mathrm{d}t}\right] \tag{5.7}$$

PID 控制是比较理想的控制策略，它是将比例控制、积分控制、微分控制三种调节作用组合在一起，既具有比例控制快速响应的优势，又兼具积分控制可消除稳态误差以及微分控制可实现超前修正的功能。如图 5.29 所示，在调节初期，首先是微分控制和比例控制起作用：微分控制抑制偏差的变化幅度和变化速度，比例控制则快速消除偏差。调节后期，积分控制起作用，逐渐消除稳态误差。因此，PID 控制无论从稳态还是动态的角度，调节品质均得到改善，从而成为一种应用最广泛的控制方法。但由于 PID 控制中包含微分作用，所以要求快速响应或噪声较大的系统不宜使用。

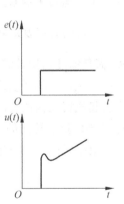

图 5.29　PID 调节阶跃
响应特性曲线

在具体使用中，PID 控制的关键在于参数（$K_P$、$T_I$、$T_D$）的设定。在设定这些参数时，通常不是靠理论计算而是利用工程整定的方法来实现。具体做法是：如果输出响应波形不符合理想要求，按先调 $K_P$、后调 $T_I$、最后调 $T_D$ 的顺序，反复调整这三个参数，直至输出响应波形比较合乎理想状态为止。一般地，在机电一体化系统的过渡过程曲线中，若前后两个相邻波峰之比为 4 : 1 时，则认为波形较为合理。

很显然，式（5.1）中的 $r(t)$、$y(t)$ 和 $e(t)$ 都是模拟量。因此，由式（5.7）表示的模拟 PID 控制器是基于模拟电子技术予以实现，即通过运算放大器来实现加法器、比例器、积分器和微分器。模拟 PID 控制器的不足之处在于，其参数 $K_P$、$T_I$、$T_D$ 不易整定，且无法进行数据存储和通信。随着计算机技术的高速发展，目前使用的 PID 控制器几乎都是数字 PID 控制器，其控制算法通过计算机程序来实现。

2）数字 PID 控制算法

式(5.7)是连续系统的微分方程。为了便于计算机实现,必须对其进行离散化处理。首先将连续的时间 t 离散化为一系列采样时刻点 $kT$($k$ 为采样序号,$k=0,1,2,\cdots$; $T$ 为采样周期),然后以求和替代积分,以向后差分替代微分,则有

$$\int_0^t e(t)\mathrm{d}t \approx \sum_{i=0}^k e(i)\Delta t = T\sum_{i=0}^k e(i) \tag{5.8}$$

$$\frac{\mathrm{d}e(t)}{\mathrm{d}t} \approx \frac{e(k)-e(k-1)}{\Delta t} = \frac{e(k)-e(k-1)}{T} \tag{5.9}$$

式中　$e(k)$——第 $k$ 次采样时刻的偏差值;

　　　$e(k-1)$——第 $k-1$ 次采样时刻的偏差值。

将式(5.8)和式(5.9)分别代入式(5.7),便可将其变换为差分方程,即

$$u(k) = K_P\left[e(k) + \frac{T}{T_I}\sum_{i=0}^k e(i) + T_D\frac{e(k)-e(k-1)}{T}\right] \tag{5.10}$$

式中　$u(k)$——第 $k$ 次采样时刻的控制器输出。

式(5.10)便是数字 PID 控制算法。

由于 PID 控制器的输出 $u(k)$ 可直接对执行机构(如调节阀)实施控制,其数值与执行机构的位置(如阀门开度)相对应,故通常称式(5.10)为位置型数字 PID 控制算法。

位置型 PID 控制算法在实际应用中往往会遇到一些问题。由于是全量输出,每个时刻的输出均与过去的状态有关,因此计算 $u(k)$ 时,不仅需要知道此次与上次的偏差值 $e(k)$ 和 $e(k-1)$,而且还要从初始时刻开始对历次的偏差信号进行累加$\left(\text{即}\ \sum_{i=0}^k e(i)\right)$,不但计算繁琐,而且需要占用计算机大量的内存,同时运算工作量也非常大。另外,因为计算机输出 $u(k)$ 与执行机构的实际位置直接对应,一旦计算机出现故障,会导致 $u(k)$ 大幅度地变化,必将引起执行机构位置的剧烈变动,对生产极为不利,甚至会造成重大的生产事故。为克服位置型 PID 控制算法的缺点,于是产生了增量型 PID 控制算法。

根据式(5.10)及递推算法,不难得出 $u(k-1)$ 的表达式,即

$$u(k-1) = K_P\left[e(k-1) + \frac{T}{T_I}\sum_{i=0}^{k-1} e(i) + T_D\frac{e(k-1)-e(k-2)}{T}\right] \tag{5.11}$$

式中　$u(k-1)$——第 $k-1$ 次采样时刻的控制器输出。

将式(5.10)和式(5.11)相减,有

$$u(k)-u(k-1) = K_P[e(k)-e(k-1)] + \frac{T}{T_I}e(k) + \frac{T_D}{T}[e(k)-2e(k-1)+e(k-2)]$$
$$\tag{5.12}$$

对式(5.12)作进一步处理,可得

$$u(k) = u(k-1) + K_P\left[\left(1+\frac{T}{T_I}+\frac{T_D}{T}\right)e(k) - \left(1+\frac{2T_D}{T}\right)e(k-1) + \frac{T_D}{T}e(k-2)\right] \tag{5.13}$$

很显然,根据式(5.13)计算第 $k$ 次输出 $u(k)$,只需知道上一时刻的 $u(k-1)$ 以及前后三次测量值的偏差 $e(k)$、$e(k-1)$ 和 $e(k-2)$,这样就比式(5.10)的计算要简单得多。

令 $\Delta u(k)=u(k)-u(k-1)$,则

$$\Delta u(k) = K_P \left( 1 + \frac{T}{T_I} + \frac{T_D}{T} \right) e(k) - K_P \left( 1 + \frac{2T_D}{T} \right) e(k-1) + K_P \frac{T_D}{T} e(k-2)$$

$$= q_0 e(k) + q_1 e(k-1) + q_2 e(k-2) \tag{5.14}$$

其中,$q_0 = K_P \left( 1 + \dfrac{T}{T_I} + \dfrac{T_D}{T} \right)$,$q_1 = -K_P \left( 1 + \dfrac{2T_D}{T} \right)$,$q_2 = K_P \dfrac{T_D}{T}$

式(5.14)就是增量型数字 PID 控制算法,适用于以步进电动机为执行元件的机电一体化系统。虽然增量型 PID 算法和位置型 PID 算法并无本质区别,但是在算法上所做的小改进却使其具有了有别于后者的以下优点。

(1) 由于计算机输出的是控制量的增量,所以误动作影响小,必要时可用逻辑判断的方法去掉错误数据。

(2) 在使用位置型控制算法时,若要完成由手动到自动的无扰切换,必须首先使计算机的输出值等于执行机构(如阀门)的原来位置,即 $u(k-1) \to u(k)$,这就给程序设计带来不便。而增量型算法中,控制增量只与本次及前 2 次的偏差有关,与阀门的原来位置无关,因而手动/自动转换时冲击小,便于实现无扰切换。

(3) 当计算机发生故障或有外部干扰时,由于输出通道或执行装置具有信号锁存作用,即可以保留原来的数值,因而计算机故障或外部干扰的影响较小。

(4) 由于不需要累加,控制增量 $\Delta u(k)$ 的计算仅与最近几次的采样值有关,相对不容易产生误差累积,故可以获得较好的控制效果。

**2. 智能控制**

1) 模糊控制

按偏差的比例、积分和微分实现调节作用的 PID 控制是发展较为成熟、且在过程控制中应用最广泛的一种控制策略,针对相当多的工业对象都能够取得比较令人满意的控制效果。但是在实际应用中也会受到一些限制,如 PID 控制要求被控系统的数学模型在整个控制过程中保持不变,并且必须给出各个组成部分精确的数学模型,以满足控制系统的性能要求。另外,PID 控制器只适用于固定参数的系统,而且当操作条件改变时,原本稳定的系统可能根本无法使用,尤其是对于非线性、大滞后、有随机干扰以及难以建立数学模型的系统,PID 控制是失效的。但是熟练的操作人员却可以凭借丰富的经验对这类被控对象实施可靠的控制。如果将熟练工人的操作经验总结为若干条用语言描述的控制规则,并由计算机来执行,就能利用计算机来实现人的控制经验,这就是模糊控制的基本思想。

模糊控制(fuzzy control)是以模糊集合论、模糊语言形式的知识表示和模糊逻辑推理为理论基础的计算机控制技术,是用计算机来模拟人的模糊推理和决策过程。模糊集合论是美国的 L. A. Zadeh 于 1965 年创立的,1974 年英国的 E. H. Mamdani 首次将模糊集合理论应用于锅炉和蒸汽机的控制,从此,模糊控制得到了迅速的发展,目前已在许多工程领域,特别是机电一体化领域和民用家电等领域得到广泛应用,以取代传统控制。

图 5.30 为模糊控制系统组成框图,其中 $r$ 为系统的设定值,$y$ 为系统的输出,$e$ 和 $\dot{e}$ 分别是系统偏差和偏差的微分信号(即偏差变化),它们是模糊控制器的输入,$u$ 是模糊控制器输出的控制信号。这些均为精确量,而 $E$、$\dot{E}$ 和 $U$ 分别是 $e$、$\dot{e}$ 和 $u$ 相对应的模糊量。由图可见,模糊控制器的组成主要包括模糊化、模糊推理和模糊判决等三个功能环节以及知识库。

其中,知识库通常由数据库和模糊规则库组成。数据库中存放的是语言变量和隶属函数等知识,模糊规则库则用来存放利用模糊语言描述的全部控制规则。

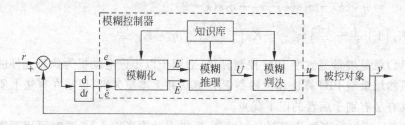

图 5.30　模糊控制系统组成框图

　　模糊控制器是模糊控制系统的核心组成部分。因此,在模糊控制系统中,模糊控制器的设计、仿真和调整是非常重要的内容。模糊控制器设计主要包括以下几个方面。

　　(1) 确定模糊控制器的输入变量和输出变量,并进行预处理,使之隶属于不同的基本论域(即变量的实际变化范围)。如图 5.30 所示,模糊控制器的输入变量选取为偏差 $e$ 和偏差变化$\dot{e}$,输出变量 $u$ 为控制量的变化。除此之外,模糊控制器的输入变量还可以是偏差变化的速率$\ddot{e}$。模糊控制器输入变量的个数称为模糊控制器的维数。图 5.31 给出了模糊控制器的几种结构形式。一维模糊控制器主要用于　阶被控对象,其结构简单,但由于只有偏差一个输入变量,动态控制性能并不理想。从理论上讲,模糊控制器的维数越高,控制就越精细,但是过高的维数会使得模糊控制规则过于复杂,从而给控制算法的实现带来相当大的困难。因此,如图 5.31 所示的二维控制结构是模糊控制器中最常用的结构。由于二维模糊控制器同时考虑了偏差和偏差变化的影响,其性能一般优于一维模糊控制器。

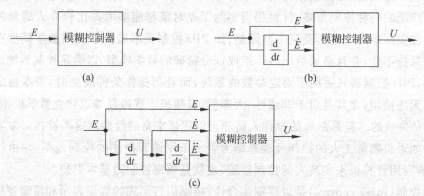

图 5.31　模糊控制器的结构形式

(a) 一维模糊控制器;(b) 二维模糊控制器;(c) 三维模糊控制器

　　(2) 确定各个变量的模糊语言值及相应的隶属度或隶属函数,即进行模糊化。模糊语言值通常选取 3 个、5 个或 7 个,即"负(N)、零(ZO)、正(P)","负大(NB)、负小(NS)、零(ZO)、正小(PS)、正大(PB)"或"负大(NB)、负中(NM)、负小(NS)、零(ZO)、正小(PS)、正中(PM)、正大(PB)"。当然也可取更多的语言值,如 13 个,但是语言值过多,虽然控制起来更加灵活,但是控制规则也更加复杂,使得计算机的运算时间延长,从而不容易满足在线推理的需要。模糊语言值确定后对所选取的模糊子集定义其隶属度或隶属函数。常用的隶属函数有三角形函数和正态分布函数等,具体选择时应在保证精度的前提下尽量简单化,尤其要避免隶属函数出现两个峰值。如图 5.32 所示,选取了均匀间隔的三角形隶属函数。依据问题的不同,也可采用非均匀间隔的隶属函数。

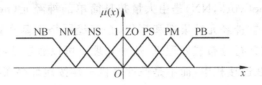

图 5.32　隶属函数选取实例

（3）建立模糊控制规则或控制算法。模糊推理是建立在一系列模糊控制规则基础上的,这些规则是对手动控制策略的归纳和总结,通常由一组 if-then 结构的模糊条件语句构成。根据问题的复杂程度,规则中也可包含 else、also、and、or 等关系词。例如：if $E=$ NB or NM and $\dot{E}=$ NB or NM then $U=$ PB 等。另外,还可将控制规则总结为模糊控制规则表,这样就可以通过查表的方法,由 $E$ 和 $\dot{E}$ 直接查询出相应的控制量 $U$。

（4）确定解模糊化方法,完成输出信息的模糊判决。模糊控制器的输出是一个模糊子集,它反映的是不同控制语言取值的一种组合。但是被控对象每次只能接收一个精确的控制量,而无法接收模糊控制量,这就需要从输出的模糊子集判决出一个确定数值的控制量输出。常用解模糊化方法有最大隶属度法、加权平均法和取中位数法等。

最大隶属度法是在要判决的模糊子集 $U_i$ 中取隶属度最大的元素 $u_{max}$ 作为控制量。如果隶属度最大点不唯一,则取它们的平均值或区间中点值。这种方法简单、易行、实时性好,但是仅关注于隶属度最大的元素,而完全排除了其他隶属度较小的元素的影响和作用,因而所概括的信息量较少。

加权平均法也称重心法,是模糊控制系统中应用较广泛的一种判决方法。在加权平均法中,控制量由下式决定：

$$u^* = \frac{\sum\limits_{i=1}^{n} k_i u_i}{\sum\limits_{i=1}^{n} k_i} \tag{5.15}$$

式中　$k_i$——加权系数,应根据实际情况进行选择。通过修改加权系数,可以达到改善系统
　　　　响应特性的目的。

取中位数法是将隶属函数曲线与横坐标所围成的面积平分成两部分,以分界点所对应的论域元素作为判决输出。很显然,这种方法中包含了隶属函数的所有信息,所以判决效果更好一些。

上述三种方法所得到的判决结果虽略有区别,但差别并不十分显著。在实际应用中,应针对控制系统的要求或运行情况的不同来选取相适应的方法,从而将模糊量转化为精确量,进而实现最终的控制。

2）神经网络控制

20 世纪 80 年代后期,人们受到生物神经系统的学习能力和并行机制的启发,开始模仿生物神经系统的活动,试图建立神经系统的数学模型,由此诞生了神经网络控制这一新型人

工智能技术。目前,关于神经网络方面的研究越来越受到人们的重视,它已经越来越多地应用于解决诸如机器人控制、模式识别、专家系统、图像处理等问题,并且在机电一体化产品领域也显现出广阔的应用前景。

神经网络(neural network,NN)是由大量并且简单的神经元(neuron)广泛互联而形成的网络。神经元是对生物神经元的模拟和简化,是神经网络的基本处理单元。这些处理单元组成一种大量连接的并行分布式处理机,这种处理机可以通过学习,从外部环境中获取知识,并将知识分布存储在连接权中,而不是像计算机一样按地址存在特定的存储单元中。

(1)神经网络的结构。神经元之间相互连接的方式决定了由它们组成的神经网络的拓扑结构和信号处理方式。目前,神经网络的模型有数十种之多,每种网络模型都有各自的特点,适用范围也各不相同,最典型的两种模型是前馈型网络和反馈型网络。

前馈型神经网络又称前向网络。在这种网络中,大量的神经元分层排列,有输入层、中间层和输出层。其中,输入层和输出层与外界相连;中间层可以有若干层,是网络的内部处理层,由于它们不直接与外部环境打交道,故也称为隐层。神经网络所具有的模式应变能力主要体现在隐层的神经元上。

如图 5.33 所示,在前馈网络中,每一层的神经元(亦称为节点)只接受前一层的输入,并输出到下一层,其间没有反馈过程。

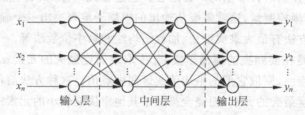

图 5.33　前馈型神经网络的结构

前馈神经网络大多是学习网络,它一旦被训练,便有了固定的连接权值(weight),此时网络相应于给定输入形式的输出将是相同的,而不管网络以前的激活性如何,这就意味着前馈网络缺乏丰富的动力学特性,因而网络中也就不存在稳定性的问题。BP 网络就是一种典型的前馈网络。

反馈型神经网络又称递归网络,其各个神经元之间都可以相互连接,其中某些神经元的输出信号可以反馈到自身或其他神经元中,因此反馈网络是一种反馈动力学系统,其信号既能正向传播,也能反向传播。Hopfield 网络是反馈神经网络中最简单、应用也最为普遍的一种模型。

图 5.34 示出了 Hopfield 网络的一种结构。该结构中只有一层神经元,每个神经元与所有其他神经元互连,形成了递归结构。

(2)神经网络的学习。自学习能力是神经网络的重要特征之一,神经网络通过对样本的学习来不断地调整神经元之间的连接强度(即连接权值),使其收敛于某一个稳定的权值分布,以达到处理实际问题的需要。

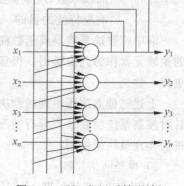

图 5.34　Hopfield 反馈型神经网络的结构

目前,神经网络的学习方法有很多种,按有无导师可以分为有导师学习和无导师学习。有导师的学习方式是将导师样本加入神经网络,并不断地将网络输出与导师样本产生的期望输出进行比较,然后根据两者之间的差异来调整网络的权值,不断地减小差异,直到权值收敛于某一个稳定的权值分布。因此,有导师学习需要有导师来提供期望或目标输出信号,而无导师学习则无须知道期望输出。在训练过程中,只要向神经网络提供输入模式,网络就会按照一定的规则自主调整权值,故具有自组织能力。

(3) BP 网络及其学习。BP 网络即反向传播网络,是应用最为广泛的神经网络。该网络的各层均由神经元独立组成,每个神经元都是一个处理机,用来完成对信息的简单加工,层与层之间由一组"权"连接,每一个连接权都用来存储一定的信息,并提供信息通道。BP 网络所用的学习算法即为 BP 算法。

BP 算法是一种监督式学习算法。对于 $n$ 个输入学习样本以及与之对应的 $n$ 个输出样本,BP 算法的学习目的是用网络的实际输出与目标输出之间的误差来修正其权值,通过连续不断地在相对误差函数斜率下降的方向上计算网络权值和误差的变化,使网络输出逐步逼近期望值。

BP 算法的学习过程包含有信息的正向传播和误差的反向传播两个过程。在正向传播过程中,信息由输入层输入,经过中间层逐层计算传向输出层输出。每一个神经元的输出又会成为下一个神经元的一个输入,而且每一层神经元的状态只会影响下一层神经元的状态。如果输出层得到了期望输出,则学习算法结束;否则,将计算网络输出与期望输出之间的误差值,然后进行反向传播,也就是通过网络将误差信号沿原来的连接通路反传回来,修改各层神经元的权值,直至使实际输出与期望输出之间的误差达到最小。BP 算法推导清晰,学习精度高,是神经网络训练最多、最为成熟的算法之一。

(4) 神经网络的特点。神经网络的基本思想是从仿生学的角度出发,模拟人脑神经系统的运作方式,使机器如人脑一样具有感知、学习和推理能力。归纳起来,神经网络具有以下特点。

① 并行分布处理。对于神经网络,信息分布存储在网络的各个神经元及其连接权中,这种高度并行结构和并行分布式信息处理方式使其具有很强的容错性、鲁棒性以及快速处理能力,特别适于实时控制和动态控制。

② 非线性映射。从本质上讲,神经网络是非线性系统,能够充分逼近任意复杂的非线性关系。目前应用最多的神经网络模型是多层(层数≥3)反向传播网络,它是由大量非线性神经元组成,可以映射任何非线性规律,为解决非线性控制问题带来方便。

③ 在线学习和泛化能力。神经网络具有通过训练进行学习的能力。通过利用所研究系统过去的数据样本对网络进行训练,接受适当训练的网络可以有泛化能力,即当输入信号中出现了训练中未经历的数据时,网络也能够进行辨识,从而归纳出全部的数据。因此,神经网络能够解决那些数学模型或描述规则难以处理的控制过程问题。

④ 适应性与集成性。神经网络能适应在线运行,并能同时进行定量和定性操作。由于具有很强的适应能力和信息融合能力,在网络运行过程中可以同时输入大量不同的控制信号,解决输入信号间的互补和冗余问题,并实现信息集成和融合处理,这些特性特别适用于复杂、多变量的大规模控制系统。

⑤ 易于实现。神经网络不但可以通过软件而且可以通过硬件来实现并行处理。近年

来,实现神经网络处理能力的大规模集成电路已经问世,使神经网络的运算速度有了进一步的提高,网络实现的规模也明显增大,从而使得神经网络成为实用、快速和大规模的处理方法。

但是值得注意的是,神经网络也有其自身的局限性,主要表现为:①学习速度慢,即使比较简单的问题也需要经过几百次甚至上千次的学习才能收敛,较长的训练过程限制了神经网络在实时控制中的应用。②目标函数存在局部极小点问题,造成网络的局部收敛,影响系统的控制精度。③理想的训练样本提取比较困难,从而影响了网络的训练速度和训练质量。④网络结构不易优化,特别是网络中间层的层数及节点数目的选取尚无理论指导,而是根据经验确定,具有一定的盲目性。因此,网络往往有很大的冗余性,无形之中也增加了网络的学习时间。⑤神经网络的学习、记忆具有不稳定性。一个训练完毕的 BP 网络,当给它提供新的记忆模式时,将使已有的连接权打乱,导致已记忆的学习模式的信息消失。于是必须将原来的学习模式连同新加入的学习模式一起重新进行训练。⑥目前,神经网络模型有很多种,但是各自的学习策略不同,还不能完全统一到一个完整的体系中,无法形成一个成熟完善的理论体系。此外,虽然神经网络具有许多独特的优势,但也并不能完全取代传统的控制技术,它们之间只能取长补短、相互补充。

# 习题与思考题

5.1　简述计算机控制系统的基本组成。

5.2　机电一体化对控制系统的基本要求是什么?

5.3　按存储器配置形式,MCS-51 系列单片机分为哪几种类型? 分别适用于什么场合?

5.4　常用的控制计算机有哪几种? 各有何特点? 在进行机电一体化系统设计时应如何选择?

5.5　何谓工控机? 工控机中常用的总线有哪几种? 简要说明。

5.6　简述开环控制与闭环控制的区别。

5.7　简述 PID 控制的优点,并列出模拟 PID 的数学模型。

5.8　P、I、D、PI、PD、PID 控制各有何特点? 分别适用于哪种控制对象?

5.9　数字 PID 有哪几种控制算法? 各有何优缺点?

5.10　简述模糊控制和神经网络控制的控制思想及其特点。

# 第6章　机电一体化系统中的接口

## 6.1　接口的作用及分类

### 6.1.1　接口及其功能

如1.2节所述,机电一体化系统由机械本体、动力源、检测传感装置、控制单元和执行元件等子系统组成,而各子系统又分别由若干要素构成。若要将各要素、各子系统有机结合以构成完整的机电一体化系统,各要素、各子系统之间需要进行物质、能量和信息的传递和交换。为此,各要素和各子系统的相接处必须具备一定的联系条件,这个联系条件通常称为接口。简单地说,接口就是各子系统之间以及子系统内部各模块之间相互连接的硬件及相关协议软件。机电一体化系统的性能在很大程度上取决于接口的性能,因此机电一体化系统设计在某种意义上就是接口设计。

接口的功能包括以下两个方面。

**1. 变换和调整**

接口用于具有不同信号模式(如数字量和模拟量、串行码和并行码等)的环节之间实现信号和能量的统一,如RS-232C将计算机输出的并行码变换为串行码。

这一功能也涵盖放大作用,即用于两个信号强度相差悬殊的环节之间的能量匹配,如步进电动机驱动电路中的功率放大电路。

**2. 输入/输出**

接口的输入/输出功能也称为传递或耦合,用于变换和放大后的信号在各个环节之间得以可靠、快速、准确地传递。

### 6.1.2　接口的分类

从不同的角度和工作特点出发,机电一体化系统的接口有多种分类方法。

**1. 根据接口的功能分类**

1) 根据接口变换和调整功能分类

(1) 零接口:不进行任何变换和调整,输出即为输入,仅起连接作用。如输送管、插头、插座、接线柱、传动轴、导线、电缆、联轴器等。

(2) 无源接口(亦称被动接口):只用无源要素(或被动要素)进行变换和调整。如齿轮减速器、进给丝杠、变压器、光学透镜、可变电阻等。

(3) 有源接口(亦称主动接口):含有有源要素(或主动要素),并能与无源要素(或被动要素)进行主动匹配。如电磁离合器、运算放大器、光电耦合器、D/A和A/D转换器等。

(4) 智能接口:含有微处理器,可进行程序编制或随适应条件而变化。如自动变速装置、各种可编程通用输入/输出接口芯片(如8255A、8251A)、RS-232C串行接口等。

2）根据输入/输出功能分类

（1）机械接口：完成机械与机械、机械与电气装置之间的连接。接口的输入/输出部分在形状、尺寸、精度、配合、规格等方面要相互匹配，如联轴器、管接头、法兰盘、接线柱、插头、插座等。

（2）电气接口（亦称物理接口）：实现系统间电信号连接，也称接口电路。接口的电气物理参数（如频率、电压、电流、阻抗、电容等）应相互匹配。

（3）信息接口（亦称软件接口）：受规格、标准、法律、语言、符号等逻辑、软件的约束，如汇编语言、高级编程语言、STD 总线接口、RS-232C、RS-422、RS 485、ASCII 码等。

（4）环境接口：对周围环境条件有保护和隔离作用，如防尘过滤器、防水联轴器、防爆开关等。

**2. 根据接口所联系的子系统不同分类**

以信息处理系统（微电子系统）为出发点，可将接口分为人机接口和机电接口两大类。

1）人机接口

人机接口提供了人与系统间的交互界面，实现人与机电一体化系统的信息交流和反馈，保证对机电一体化系统的实时监测与有效控制。人机接口又包括输入接口和输出接口。通过输入接口，操作者向系统输入各种命令及控制参数，对系统运行进行控制；通过输出接口，操作者对系统的运行状态以及各种参数进行监测。

2）机电接口

由于机械系统与微电子系统在工作方式和速率等方面存在极大的差异，机电接口起着调整、匹配和缓冲的作用，主要体现为以下几个方面。

（1）电平转换和功率放大。控制计算机的 I/O 芯片一般都是 TTL 电平，而控制设备（如接触器、继电器等线圈）的驱动电平往往较高（通常为 12V 或 24V），故必须进行电平转换。另外，在机电一体化产品中，被控对象所需要的驱动功率一般比较大，而计算机发出的数字控制信号或经 D/A 转换后得到的模拟控制信号的功率都很小，所以必须经过功率放大后才能用来驱动被控对象。实现功率放大的接口电路又称功率接口电路。

（2）抗干扰隔离。为了防止干扰信号串入系统，可以使用光电耦合器、脉冲变压器或继电器等在控制系统和被控设备之间进行电气隔离。

（3）A/D 和 D/A 转换。当被控对象的检测信号和控制信号为模拟量时，必须在控制系统和被控对象之间设置 A/D 和 D/A 转换电路，以保证控制系统所处理的数字信号与被控模拟信号之间的匹配。

按照信息和能量的传递方向，机电接口又可分为信息采集接口和控制输出接口。控制计算机通过信息采集接口接受传感器输出的信号，检测机械系统的运行参数，经过运算处理后发出有关控制信号，经过控制输出接口的匹配、转换和功率放大，驱动执行元件，以调节机械系统的运行状态，使其按要求动作。

总体来讲，机电一体化系统对接口的要求是：能够输入有关的状态信息，并能够可靠地传送相应的控制信息；能够进行信息转换，以满足系统对输入与输出的要求；具有较强的阻断干扰信号的能力，以提高系统工作的可靠性。因此，接口必须满足以下条件，否则将无法实现连接，即在逻辑上满足软件的约束限制条件，也就是接口的硬件与软件应协调；在机械上满足输入/输出结合部分的几何形状、尺寸、配合一致；在电气上满足电源、电压等级和频率一致,阻抗匹配恰当；在环境上要对环境温度、湿度、磁场、振动、尘埃等有防护能力,适应周围环境。

# 6.2　人 机 接 口

对于一个安全可靠的控制系统,必须具备丰富、便捷的交互功能,即操作者可以通过系统显示的内容,及时掌握系统的运行状况,并可通过键盘输入参数和数据,传递操作命令,从而对系统进行人工干预,使其随时能够按照操作者的要求工作。

## 6.2.1　人机接口的类型和特点

人机接口是操作者与机电一体化系统(主要是控制计算机)之间建立联系、实现信息交换的输入/输出设备的接口。在机电一体化系统中,常用的输入设备有控制开关、BCD 二-十进制码拨盘、键盘等,常用的输出设备有状态指示灯、发光二极管显示器、液晶显示器、阴极射线管显示器、打印机等。扬声器、蜂鸣器、电铃等是声音信号输出设备,在机电一体化系统中也有广泛的应用。

按照信息的传递方向,人机接口可以分为输入接口和输出接口两大类。操作者通过输入接口向机电一体化系统输入各种控制命令,干预系统的运行状态,以完成所要求的各种任务。而机电一体化系统则通过输出接口向操作者显示系统的各种状态、运行参数及结果等信息。

作为人机之间进行信息传递的通道,人机接口具有以下特点。

**1. 专用性**

每种机电一体化产品都有自身特定的功能,对人机接口也有着各自不同的要求,因此在进行人机接口设计时,应根据产品的具体要求酌情而定。例如,对于简单的二值型控制参数,可以考虑使用控制开关；对于少量的数值型参数输入,可以考虑采用 BCD 码拨盘；而当系统要求输入较多的控制命令和参数时,则应考虑使用矩阵式键盘。

**2. 低速性**

与控制计算机相比,大多数人机接口设备的工作速度较低,因此应考虑二者之间的速度匹配,以提高系统的工作效率。

**3. 高性价比**

在满足功能要求的前提下,输入/输出设备的配置应遵循小型、微型、廉价的原则,从而使整个系统具有较高的性能价格比。

## 6.2.2　输入接口

输入接口中最重要的是键盘输入接口。键盘是若干按键(包括点动按钮和拨动开关)的集合,是操作者向系统提供干预命令及数据的接口设备。常用的键盘有编码键盘和非编码键盘两种类型,其中,编码键盘能自动识别按下的键并产生相应代码,并以并行或串行方式发送给控制计算机。这种键盘使用方便,接口简单,响应速度快,但需要专用的硬件电路；非编码键盘则是通过软件来实现键盘扫描、按键确认、键值计算以及消除抖动干扰,这就势必要占用较多的 CPU 时间。它虽然不及编码键盘速度快,但由于无须专用硬件的支持,因此得到了更为广泛的应用。

### 1. 按键的确认和去抖动处理

键盘中的每一个按键便是一个开关量输入装置，通常为机械弹性开关。机械弹性开关的通/断状态决定了键的闭合或断开，在电压上便反映出高电平或低电平，所以通过检测电平状态（高或低），便可确定按键是否被按下。

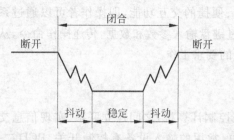

图 6.1　按键开关通断时产生的电压抖动

按键开关通过机械触点的断开或闭合来完成高/低电平的切换，在机械开关闭合及断开的瞬间必然因其弹性作用而产生抖动，电压也将随之产生一连串的抖动，如图 6.1 所示。电压抖动时间的长短，与开关的机械特性有关，一般为 5～10ms。开关的稳定闭合期由操作人员的按键动作决定，一般在几百微秒至几秒之间。可以通过软件或硬件的方法来消除抖动。软件去抖是在检测到开关状态后，延时一段时间（大于抖动时间）后再次检测，如果两次检测到的开关状态相同，则认为按键状态有效。硬件去抖常采用如图 6.2 所示电路，图中 74121 为带有施密特触发器输入端的单稳态多谐振荡器。

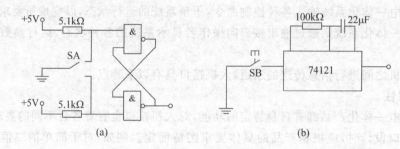

图 6.2　硬件去抖动电路
(a) 双稳态滤波去抖；(b) 单稳态多谐振荡去抖

### 2. 独立式键盘接口

图 6.3 为独立式键盘的接口电路。这是最简单的一种键盘接口电路，各个按键互相独立地占用一个 I/O 端口，而且各个按键的工作状态互不影响。图中上拉电阻 $R$ 的作用是保证按键断开时 I/O 端口有确定的高电平 +5V，按键闭合时为低电平 0V，同时避免单片机输入噪声信号，以增强系统的抗干扰能力。利用软件定时读取端口状态，就能识别出按键的通断。

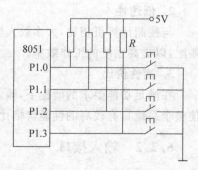

图 6.3　独立式键盘接口电路

独立式键盘的优点是电路简单，配置灵活，软件结构简单，但每个按键必须占用一个 I/O 端口，当按键数量较多时，需占用较多的端口，比较浪费，故只适用于按键数量比较少的小型控制系统。

### 3. 矩阵式键盘接口

为了减少按键对 I/O 端口的占用以及简化电路，可用矩阵式键盘代替独立式键盘。如图 6.4 所示，矩阵式键盘上的按键按行列构成矩阵，具体来讲，键盘由一组行线（X$i$）和一组列线$(Y_j)$交叉构成。在每条行线和列线的交叉点，两线并不直接相通，而是通过一个按键来接通。采用这种矩阵结构，只需 $M$ 条行输出线和 $N$ 条列输入线，就可以构成有 $M \times N$ 个键的键盘。为了便于区分各个键，可以按一定规律为各个键命名，如图中的 0～9 及 A～F 分别为 16 个键的键名。

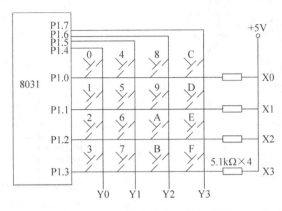

图 6.4　4×4 矩阵式键盘接口电路

在图 6.4 中，通过上拉电阻将行线接至 +5V 电源。当键盘上无键按下时，行线与列线断开，行线呈高电平。当某一个键被按下时，该键对应的行线与列线被短路。例如，9 号键被按下闭合时，行线 X1 与列线 Y2 被短路，此时 X1 的电平由 Y2 的电位决定。如果将行线接至单片机 8031 的输入口 P1.0～P1.3，列线接至单片机的输出口 P1.4～P1.7，则在 8031 的控制下，依次从 Y0～Y3 线输出低电平，并使其他线保持高电平，通过对 X0～X3 的读取即可判断有无键已闭合以及哪一个键闭合。这种工作方式称为扫描工作方式，控制计算机对键盘的扫描可以采取程序控制方式、定时方式以及中断方式。

图 6.5 为键盘扫描子程序框图。该程序仅在 CPU 空闲时才被调用，可以用来完成以下功能。

（1）判断键盘上按键的状态。向 P1.7～P1.4 全部送"0"，然后读取 P1.3～P1.0 的状态，若全为"1"，则说明没有键闭合；若不全为"1"，则表明有键闭合。

（2）去除按键的机械抖动。在读入键号后延时 10ms，再次读取键盘。若该键仍闭合，则认为其状态有效，否则认为以前键的闭合是由于机械抖动和干扰所引起的。

（3）判断闭合键的键号。对键盘列线进行扫描，依次从 P1.7～P1.4 送出低电平，并从其他列线送出高电平，相应地顺序读入 P1.3～P1.0 状态。如果 P1.3～P1.0 全部为"1"，则列线输出为"0"的这一列无键闭合；如果 P1.3～P1.0 不全为"1"，则说明有键闭合。状态为低电平的键的行号加上其所在列的列首号，即为此键的键号。例如：P1.7～P1.4 输出为 1101，读入 P1.3～P1.0 为 1011，则说明位于第 2 行（X2）与第 1 列（Y1）相交处的键处于闭合状态。根据第 1 列的列首号为 4、行号为 2，得出键号为 6。

（4）使控制计算机对键的一次闭合仅进行一次功能操作。其方法是在闭合键释放后再将键号送入累加器 A 中，如图 6.5 所示。

上述扫描键盘的方法是在程序控制下进行的。在实际工作过程中，操作者很少对其进行干预，所以在大多数情况下，控制计算机只是对键盘进行空扫描。为了提高计算机的工作效率，也可以采用中断方式设计键盘接口。这样，平时就可以不对按键进行监控，只有当键闭合而产生中断请求时,控制系统才会响应中断,并对键盘进行管理。图 6.6 示出了中断方式的键盘接口电路,其软件处理方法与程控方式相似。

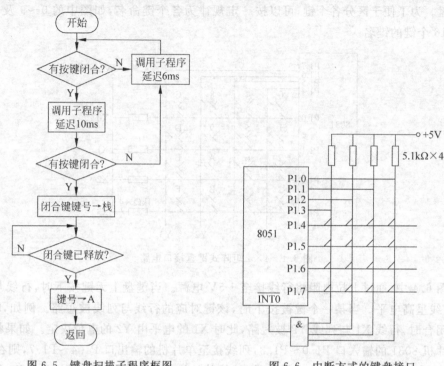

图 6.5　键盘扫描子程序框图　　　　图 6.6　中断方式的键盘接口

### 6.2.3　输出接口

输出接口是操作者对机电一体化系统进行监控的窗口。通过输出接口,系统操作者显示自身的运行状态、关键参数及运行结果等,并进行故障报警。下面对常用的人机输出接口做简要介绍。

**1. 显示器接口**

在机电一体化系统中,常用的显示器件有 LED(发光二极管)显示器、CRT(阴极射线管)显示器和 LCD(液晶显示器)等。其中,LED 和 LCD 显示器成本低、配置灵活、接口方便,故应用十分广泛。

1) 七段 LED 显示器

LED 显示器是机电一体化产品中常用的廉价输出设备,具有结构简单、体积小、可靠性高、寿命长、价格便宜等优点。它是将若干个发光二极管按照一定的形状制作在一块基板上,能够显示各种字符或符号。LED 显示器有多种组成形式,其中七段显示器最为常用。

如图 6.7(a)所示,七段显示器包含 8 个 LED(编号为 a、b、c、d、e、f、g 和 dp,分别与同名引脚相连),其中 7 个条形 LED 组成"8"字形状,1 个圆点形 LED 构成小数点显示。当某一个发光二极管导通时,相应的一个点或一个笔画发亮,于是控制不同组合的二极管导通,就可以实现各种字符的显示。

根据显示块内部 LED 连接方式的不同,七段显示器分为共阴极和共阳极两种形式,分别将各段发光二极管的阴极或阳极连接在一起作为公共端,这样可以使驱动电路简单。将各段发光二极管的阴极连接在一起并接地的称为共阴极显示器(图 6.7(b)),用高电平驱动,因此若要某个字符段发光,必须在相应的阳极加逻辑高电平(+5V)。将 8 个 LED 的阳极接在一起接+5V 电压的称为共阳极显示器(图 6.7(c)),用低电平驱动,因此当某个二极管的阴极加逻辑低电平时,该 LED 导通,相应的字符段发光,否则不发光。

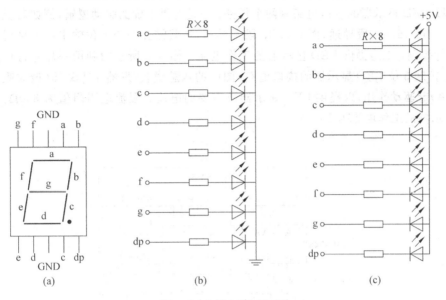

图 6.7　七段 LED 显示块

(a) 引脚配置；(b) 共阴极；(c) 共阳极

七段显示器虽然能显示的字符数量较少,但是控制简单,与单片机的接口很方便,只要将一个 8 位并行输出口与显示块的发光二极管引脚相连即可。8 位并行输出口输出不同的字节数据即可获得不同的数字或字符。

2) LED 显示器的显示方法

LED 显示器的显示方法有两种,即静态显示和动态显示。静态显示方式是指当显示器显示某一个字符时,相应的发光二极管恒定地导通或截止。用这种方法显示时,以较小的电流便能得到较高的亮度,所以可以直接由 8255 的输出口驱动。静态显示方法的优点是显示稳定,由于只有在需要更新显示内容时,计算机才执行显示更新子程序,因而占用机时少,大大提高了工作效率。缺点是当显示器位数较多时,需要的 I/O 口比较多,线路比较复杂,此时应采用动态显示方式。

动态显示就是一位一位地轮流点亮显示器的各个位。对于显示器的每一位而言,每隔一段时间就点亮一次。虽然在任意时刻只有一位显示器被点亮,但是利用人眼的视觉暂留效应和发光二极管熄灭的余辉效应,当扫描频率足够高时,仍可获得稳定的显示。显示器的亮度与导通电流、点亮时间和间隔时间的比例有关。调整电流和时间参数,可以实现较高亮度、较为稳定的显示。若显示器的位数不大于 8 位,则控制显示器公共极电位只需一个 8 位并行口(称为扫描口),控制所显示的字形也需要一个公用的 8 位口(段数据口)。与静态工作方式相比,动态方式大大减少了对 I/O 口的占用数量,节省了硬件费用。然而,为了获得稳定的显示,计算机需要定期对显示器进行刷新扫描,将占用大量的 CPU 时间,故主要适用于 CPU 相对不十分繁忙的场合。

值得一提的是,单片机的端口输出电流较小,一般在几毫安以下,而发光二极管通常需要十几到几十毫安的电流驱动才能正常发光,因此,由单片机发出的显示控制信号必须经过驱动电路才能使显示器正常工作。

3)七段 LED 显示器接口

七段 LED 显示器的接口电路有两个任务:一是提供正确的驱动逻辑,例如若显示"0",就要使 a、b、c、d、e、f 段导通,而 g 和 dp 段不导通,这就需要一个 8 位输出口分别对各段显示器进行控制;二是提供 LED 显示器的工作电流。图 6.8 所示为利用一片并行口扩展芯片 8255 扩展 3 位 LED 显示器的接口电路,图中的八总线收/发器 74LS245(最大吸收电流为 24mA)起驱动作用,以提供 LED 显示器所需要的电流。限流电阻阻值为 300Ω,从而使 LED 显示器的工作电流为 10mA。

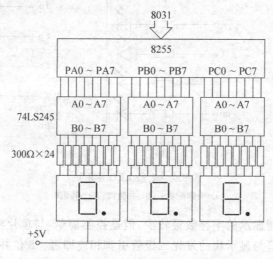

图 6.8　3 位 LED 静态显示接口

图 6.9 为通过 8155 扩展口控制 8 位共阴极 LED 显示器的接口电路。8155 的 PA 口作为扫描口,经 BIC8718 驱动器接显示器公共极,PB 口作为段数据口,经驱动后接显示器的 a、b、c、d、e、f、g、dp 各引脚,如 PB0 输出经驱动后接各显示器的 a 引脚,PB1 输出经驱动后接各显示器的 b 引脚,依次类推。

**2. 声音输出接口**

在机电一体化产品中,经常采用扬声器、蜂鸣器或电铃等产生声音信号以提示系统状态,如状态异常、工序结束等。

蜂鸣器是一个双引脚器件,只需在两个引脚之间加上适当的直流电压即可发声,因此与控制计算机接口简单,也易于编程。图 6.10 为蜂鸣器接口电路,图中 74LS07 为驱动器。当 P1.0 输出低电平时,蜂鸣器发声,而当 P1.0 输出高电平时,则停止发声。但是蜂鸣器的音量较小,因此在噪声较大的环境中通常选用扬声器做声音输出。

扬声器要求以音频信号驱动,音频信号可以由硬件或软件生成。图 6.11(a)所示电路利用集成电路产生音频信号,经放大后驱动扬声器。在该电路中,音频信号的频率取决于电阻和电容的值,能否发声受单片机控制,软件设计简单。不足之处在于,一旦确定了电路参

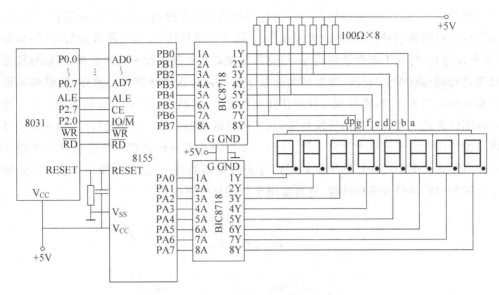

图 6.9　8 位 LED 动态显示接口

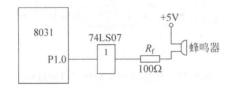

图 6.10　蜂鸣器驱动接口电路

数,扬声器的驱动频率就固定了下来,所以只能以一种音调工作。对于图 6.11(b)示出的驱动电路,音频信号由 8031 的软件产生,因此扬声器的音调丰富,并且可以根据需要改变,但是软件设计工作量较大。

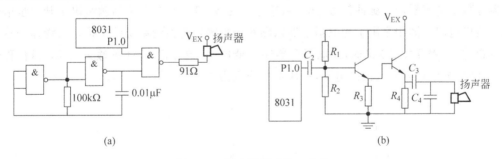

图 6.11　扬声器驱动接口电路

## 6.3　信息采集接口

在机电一体化产品中,控制计算机要对生产机械实施有效控制,就必须随时对其运行状态进行监视,随时检测各运行参数(如温度、速度、压力、位置等)。因此,必须选用相应的传感器将这些物理量转换为电量,再经过信息采集接口进行整形、放大、匹配、转换,使之成为控制计算机(单片机)可以接收的信号。传感器的输出信号既有开关信号(如限位开关、行程开关等),又有频率信号(如超声波无损探伤);既有数字量信号,又有模拟量信号(如热敏电阻、应变片等)。针对不同性质的信号,信息采集接口要对其进行不同的处理,例如对模拟信号必须进行模/数(A/D)转换,将其转换为数字量后再传送给计算机。另外,传感器要根据机械系统的结构来布置,而且现场环境往往比较恶劣,容易受到电磁干扰的影响;加之传感器与控制计算机之间通常采用长线传输,而传感器的输出信号一般都比较弱,因此在信息采集接口设计中也应考虑抗干扰的问题。图 6.12 给出了不同输出信号的传感器与控制计算机的接口形式。图中缓冲器的作用是对信号进行整形和放大,以避免噪声干扰;计数器的基本功能是对脉冲信号进行计数,也可以用于分频和数字运算。

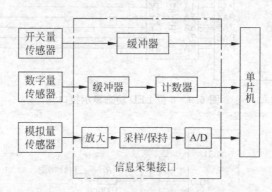

图 6.12　传感器与控制计算机的接口

### 6.3.1　数字信号采集

数字信号包括开关量和数字量两种类型。行程开关、限位开关、光电开关等装置的输出信号只有开和关(1 和 0)两种状态,属于开关量。光电编码器、红外测距传感器、光栅位移传感器等数字传感器产生脉冲信号,属于数字量。图 6.13 以行程开关为例给出了开关量信号采集接口电路。图中采用了光电耦合器以隔断现场噪声对控制系统的干扰。当物体到达极限位置时,行程开关 SQ 接通,光电耦合器输出低电平,单片机 8031 的输入为 0;当行程开关断开时,光电耦合器输出高电平,单片机的输入为 1。

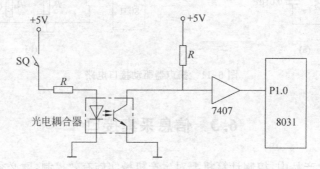

图 6.13　数字信号采集接口电路

### 6.3.2　模拟信号采集

在机电一体化系统中,很多传感器是以模拟量形式输出信号的,如用于位置检测的差动变压器、用于温度检测的热电偶和热电阻、用于转速检测的测速发电机等。由于单片机是一个数字系统,只能接收、处理和输出数字量,这就要求信息采集接口能完成 A/D 转换功能,将传感器输出的模拟量转换成相应的数字量,再输入给单片机,这一功能通常由 A/D 转换器来实现。当然,目前有些单片机(如 MCS-96 系列等)片内集成了 A/D 转换器件,但是对于大多数单片机(如 8031)而言,则必须外部扩展 A/D 转换芯片。

**1. A/D 转换器的类型**

A/D 转换器是模拟输入接口中的核心部件。实现 A/D 转换的方法有很多,按照转换原理可以分为计数式 A/D 转换器、双积分式 A/D 转换器、逐位比较式 A/D 转换器和并行比较式 A/D 转换器。计数式 A/D 转换器结构简单,但是转换速度很慢,所以已很少使用。双积分式 A/D 转换器抗干扰能力强,价格便宜,转换精度高,但是速度比较慢,主要用于速度要求不高的场合,如数字式测量仪表中。并行式 A/D 转换器的应用主要是为了适应实时处理系统快速性的要求(如图像信号处理),其转换速度最快,价格较贵,但是分辨率较低。逐位比较式 A/D 转换器结构较简单,精度较高,转换速度和价格居中,抗干扰能力较差,但是分辨率远高于并行比较式 A/D 转换器,是目前种类最多、数量最大、应用最广的 A/D 转换器。

A/D 转换器还有其他分类方法。按转换速度可分为低速、中速、高速、超高速 A/D 转换器;按分辨率可分为 4 位、8 位、10 位、12 位、14 位和 16 位 A/D 转换器。

**2. A/D 转换器的性能指标**

A/D 转换器的性能指标是选用 ADC 芯片的基本依据,也是衡量 ADC 芯片质量的重要内容。

A/D 转换器的主要性能指标有以下几种。

1) 分辨率和量化误差

A/D 转换器的分辨率是指 A/D 转换器对输入模拟信号的分辨能力,通常用能够转换成数字量的位数表示,如果模拟信号的满量程输入电压为 $u_m$,则位数为 $n$ 的 A/D 转换器的分辨率为 $u_m/(2^n-1)$。分辨率可用绝对分辨率和相对分辨率($2^{-n} \times 100\%$)来表示。例如,对于一个 8 位 A/D 转换器,其分辨率为 8 位,相对分辨率为 $0.39\%(1/2^8)$。

量化误差与分辨率是统一的,是指以有限数字对模拟信号进行量化所引起的误差,理论上量化误差为 1 个单位分辨率,即 $\pm 0.5$ LSB,因此提高分辨率可减小量化误差。

2) 转换精度

A/D 转换器的转换精度是指模拟信号的实际量化值与理想量化值的差值,有绝对精度和相对精度之分。绝对精度用 A/D 转换器的数字最低有效位 LSB 的分数表示,相对精度用该差值占满量程的百分数表示。

3) 转换时间和转换速度

A/D 转换器的转换时间是指完成一次 A/D 转换所需要的时间,其倒数即为转换速度。高速全并行式 A/D 转换器的转换时间可达 $1\mu s$ 以下,中速的逐位比较 A/D 转换器的转换时间在几微秒至几百微秒之间,双积分 A/D 转换器的转换时间则在几十毫秒以上。

### 3. 8 位 A/D 转换芯片 ADC0809

ADC0809 是采用逐位比较原理的 8 位分辨率 A/D 转换器芯片,采用 28 引脚双列直插式封装,芯片内自带一个 8 选 1 的多路模拟量选择开关和地址译码锁存器,转换后的数字量经三态输出数据锁存器输出。ADC0809 有 8 个模拟量输入通道,通过具有锁存功能的 8 路模拟开关,可以分时进行 8 路 A/D 转换。输入模拟量量程为 0～+5V,对应的 A/D 转换值为 00H～FFH。在外部提供的最高为 640kHz 时钟频率下,每一个通道的转换时间约为 100μs;转换精度为 1 LSB。图 6.14 和图 6.15 分别示出了 ADC0809 的内部结构和引脚分布。

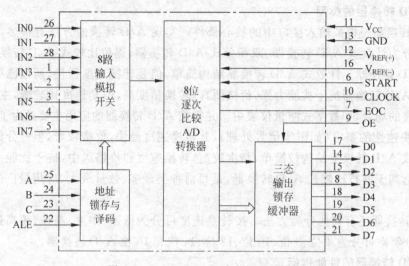

图 6.14　　ADC0809 芯片内部原理框图

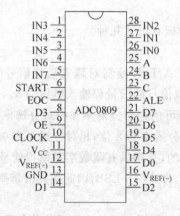

图 6.15　ADC0809 芯片引脚分布

引脚说明如下。

IN0～IN7(引脚 26～28、1～5)为 8 个模拟输入端。ADC0809 允许有 8 路模拟量输入,但同一时刻只能接通 1 路进行转换。

C～A(引脚 23～25)为通道地址线。C 为最高位,A 为最低位。如表 6.1 所示,C、B、A 的 8 种组合状态 000～111 对应了 8 个模拟通道选择。

表 6.1　ADC0809 模拟通道地址码

| 地址码 | | | 选能模拟通道 |
|---|---|---|---|
| C | B | A | |
| 0 | 0 | 0 | IN0 |
| 0 | 0 | 1 | IN1 |
| 0 | 1 | 0 | IN2 |
| 0 | 1 | 1 | IN3 |
| 1 | 0 | 0 | IN4 |
| 1 | 0 | 1 | IN5 |
| 0 | 1 | 0 | IN6 |
| 1 | 1 | 1 | IN7 |

ALE(引脚 22)为地址锁存允许端,是 C、B、A 这 3 根地址线的地址锁存允许信号。高电平时,数据输入到锁存器中,高电平向低电平的下降沿使地址锁存,保证地址得以正确输入。

CLOCK(引脚 10)为外部时钟输入端,决定 A/D 转换的速度。对于 ADC0809,其典型频率为 640kHz,对应的转换速度为 $100\mu s$。

START(引脚 6)为启动 A/D 转换输入信号,高电平有效。其上升沿将 ADC 内部寄存器清零,下降沿则用于启动内部控制逻辑电路,使 A/D 转换器开始工作。

EOC(引脚 7)为转换结束信号,在 A/D 转换期间为低电平,转换结束时由低电平变为高电平,表示 CPU 可以在三态输出锁存缓冲器中读取转换数据。

OE(引脚 9)为数据输出允许信号。OE 为低电平时,数字输出端为高阻状态;OE 为高电平时,三态锁存缓冲器的数据送到输出线上。

$V_{REF(+)}$、$V_{REF(-)}$(引脚 12、16)为参考电压输入端,一般可将 $V_{REF(+)}$ 接 +5V,而 $V_{REF(-)}$ 接地。

D0~D7(引脚 17、14、15、8、18~21)为转换数据输出线,引脚 21 位最高有效位(MSB) D7。变换后的数字量经由 D0~D7 输出,可与 CPU 数据总线直接相连。

$V_{CC}$(引脚 11)为电源端,接 +5V。

GND(引脚 13)为接地端。

**4. ADC0809 与单片机接口**

由图 6.16 所示 ADC0809 与单片机 8031 的接口电路可以看出,ADC0809 的启动信号 START 由片选线 P2.7 与写信号 $\overline{WR}$ 的或非产生,这就要求一条向 ADC0809 输入的操作指令来启动转换。ALE 与 START 相连,即根据输入的通道地址接通模拟量并启动转换。输出允许信号 OE 由读信号 $\overline{RD}$ 与片选线 P2.7 的或非产生,因此需要一条 ADC0809 的读操作指令使数据输出。

依照图中的片选法接线,ADC0809 的模拟通道 IN0~IN7 的地址为 7FF8H~7FFFH,输入电压 $V_{IN} = D \times V_{REF}/255 = 5D/255$,其中 $D$ 为采集的数据字节。

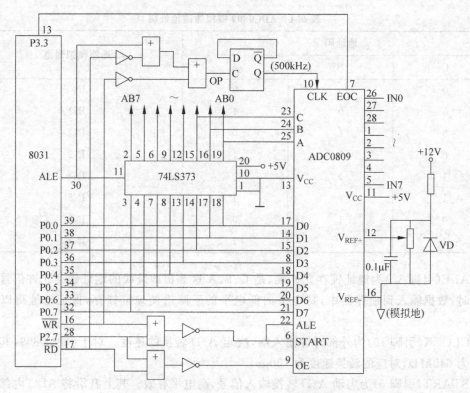

图 6.16　ADC0809 与 8031 的接口电路

# 6.4　控制输出接口

　　控制系统通过信息采集接口检测机械装置的运行状态,经过运算处理,发出有关控制信号,需要经过控制输出接口进行匹配、转换和功率放大,才能驱动执行元件,使其按控制要求动作。如图 6.17 所示,根据执行元件的不同,控制输出接口的任务也不同:对于交流电动机变频调速器,其控制信号应为 0～5V 电压或 4～20mA 电流信号,则接口必须进行模/数(A/D)转换;对于交流接触器等大功率器件,接口又必须对微弱的控制信号进行功率放大。另外,由于机电一体化系统中执行元件多为大功率设备,如电动机、电热器和电磁铁等,它们工作时所产生的电磁干扰往往会影响计算机正常工作,因此在进行控制输出接口设计时还应关注抗干扰的问题。

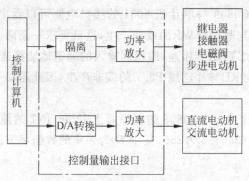

图 6.17　控制输出接口的不同形式

### 6.4.1 数字信号输出

在机电一体化系统中,常常需要驱动一些功率很大的交/直流负载,其工作电压高,工作电流大,还很容易引入各种现场干扰。而控制计算机输出的数字控制信号一般功率都比较弱,因此必须经过功率放大后才能用于驱动负载。常用的功率驱动器件有晶闸管、功率晶体管、大功率场效应晶体管和固态继电器等。

图 6.18 为继电器与单片机的接口电路。在继电器动作时,会对电源造成一定的干扰。因此,在单片机和继电器之间一般都采用光电耦合器来避免输出端对输入端的电磁干扰,从而保证系统安全可靠地运行。由于单片机大多采用 TTL 电平,比较微弱,不能直接驱动发光二极管,所以通常在它们之间加一级驱动器,如 7406(反相驱动器)和 7407(同相驱动器)等。

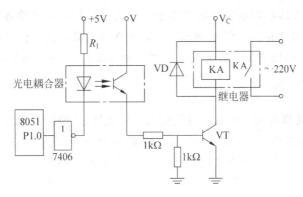

图 6.18 继电器与单片机的接口电路

图中采用光电耦合器进行电气隔离,其驱动电流由 7406 提供;继电器的驱动由大功率晶体管 VT 实现。当单片机输出的控制信号为高电平时,经反相驱动器 7406 变为低电平,发光二极管发光,使光敏三极管导通,从而使 VT 导通,于是继电器 KA 的线圈通电,其动合触点闭合,使交流 220V 电源接通。反之,当单片机输出低电平时,KA 触点断开。电阻 $R_1$ 为限流电阻;二极管 VD 为续流二极管,其作用是保护晶体管 VT。当继电器 KA 吸合时,二极管 VD 反向截止,不影响电路工作;当继电器释放时,由于线圈存在电感,会生成反电动势。这个反电动势与 $V_C$ 叠加在一起作用在 VT 的集电极上,很有可能将其击穿。在继电器线圈两端反向并联二极管 VD 后,为继电器线圈产生的感应电流提供了通路,不会产生很高的感应电压,从而保护了晶体管。

图 6.18 中的继电器线圈也可以是接触器线圈或步进电动机绕组。为了提高驱动能力,还可以采用达林顿晶体管输出型(图 6.19)或晶闸管输出型(图 6.20)光电耦合器,或者将图中的晶体管 VT 改为达林顿电路。

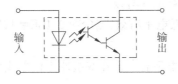

图 6.19 达林顿晶体管输出型光电耦合器

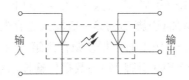

图 6.20 晶闸管输出型光电耦合器

### 6.4.2　模拟信号输出

在机电一体化产品中,很多被控对象要求以模拟量作为控制信号,如交流电动机变频调速器、直流电动机调速器、滑差电动机调速器等,而控制计算机是数字系统,无法输出模拟量,这就要求控制输出接口能将计算机输出的数字信号转换成模拟信号。这一任务主要由D/A转换器来完成。

**1. D/A 转换器及其主要性能参数**

D/A转换器有很多种类型,按照模拟量输出方式,可分为电流输出型和电压输出型D/A转换器;按照分辨率,又有8位、10位、12位、16位D/A转换器之分。

与A/D转换器相同,D/A转换器的主要性能参数有分辨率、转换时间和转换精度等。

1)分辨率

分辨率是指D/A转换器所能分辨的最小电压增量,或D/A转换器能够转换的二进制位数,位数越多则分辨率越高。例如,8位D/A转换器能够转换8位二进制数。如果转换后的满量程电压是5V,则它的分辨率为 $5V/2^8 = 5000mV/256 \approx 20mV$,因此该转换器能分辨出20mV的电压变化。

2)转换时间

D/A转换器的转换时间是指数字量从输入到完成转换、输出达到最终值直至稳定所需要的时间。转换时间越短,则转换速度越快。电流型D/A转换较快,一般在几纳秒至几百微秒之间;电压型D/A转换较慢,取决于运算放大器的响应时间。

3)转换精度

转换精度指D/A转换器实际输出电压与理论电压之间的差值,一般采用数字量的最低有效位作为衡量单位,如±1/2 LSB。

目前使用的D/A转换器基本上都是集成电路芯片,常用的有8位的DAC0832和12位的DAC1210等。

**2. 8 位 D/A 转换芯片 DAC0832**

DAC0832芯片是8位电流输出型D/A转换器,具有价格低廉、接口简单等特点,其主要参数为:分辨率8位,转换时间 $1\mu s$,精度±1 LSB,参考电压 $-10 \sim +10V$,供电电压 $+5 \sim +15V$,逻辑电平输入与TTL兼容。如图6.21所示,DAC0832由8位输入寄存器、8位DAC寄存器和8位D/A转换器组成。DAC0832芯片采用20引脚双列直插式封装,引脚分布见图6.22。各引脚含义如下。

D7~D0(引脚13~16、4~7)为8位数据线,作为8位数字信号输入端,可直接与CPU的数据总线相连,D0为最低有效位LSB,D7为最高有效位MSB。

$\overline{CS}$(引脚1)为片选信号输入线,低电平有效,与ILE一起决定 $\overline{WR_1}$ 是否起作用。

ILE(引脚19)为数据锁存允许控制信号输入线,高电平有效。

$\overline{WR_1}$(引脚2)为第一级输入寄存器写选通控制,低电平有效,当 $\overline{CS}=0$、ILE=1、$\overline{WR_1}=0$ 时,D0~D7上的数据被锁存到第一级输入寄存器中。

$\overline{XFER}$(引脚17)为数据传输控制信号输入线,低电平有效。在双缓冲工作方式中,常与地址译码器连接来控制对DAC寄存器选择。

$\overline{WR_2}$(引脚18)为DAC寄存器写选通控制,低电平有效,当 $\overline{XFER}=0$、$\overline{WR_2}=0$ 时,输入

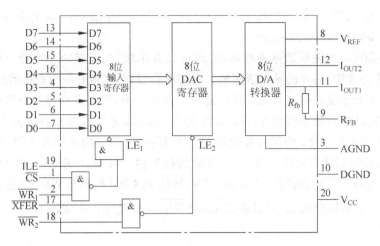

图 6.21　DAC0832 内部结构原理框图

寄存器状态传入 DAC 寄存器中。

$I_{OUT1}$（引脚 11）为 D/A 转换器电流输出端 1。当输入数字量全为 1 时，$I_{OUT1}$ 最大；当输入数字量全为 0 时，$I_{OUT1}$ 最小。

$I_{OUT2}$（引脚 12）为 D/A 转换器电流输出端 2，与 $I_{OUT1}$ 一起常作为运算放大器差动输入信号，且两个数值之和为常数。

$R_{FB}$（引脚 9）为反馈电阻引出端，可接一电阻作为外接运算放大器的反馈电阻。

$V_{REF}$（引脚 8）为参考电压（基准电压）输入端，范围为 $-10 \sim +10\mathrm{V}$。

$V_{CC}$（引脚 20）为芯片供电电压，范围为 $5 \sim +15\mathrm{V}$，最佳工作状态为 $+15\mathrm{V}$。

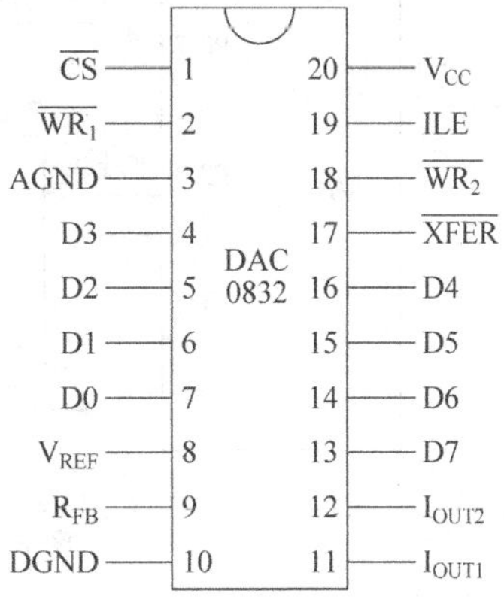

图 6.22　DAC0832 引脚图

AGND（引脚 3）为模拟信号接地端，最好与基准电源共地。

DGND（引脚 10）为数字信号接地端，最好与电源共地。

当 $\overline{CS}$ 和 $\overline{WR_1}$ 为有效低电平、ILE 为有效高电平时，输入寄存器的输出随输入变化；这三个信号中有一个无效时，$\overline{LE_1}=0$，输入数据被锁存在寄存器中；当 $\overline{XFER}$ 和 $\overline{WR_2}$ 均为有效低电平时，$\overline{LE_1}=1$，DAC 寄存器的输出随输入的变化而变化，即允许 D/A 转换。同样，当 $\overline{XFER}$ 和 $\overline{WR_2}$ 中任何一个变为高电平时，输入数据被锁存，禁止（停止）对输入寄存器内的数据进行 D/A 转换。

**3. DAC0832 与单片机接口**

DAC0832 模拟输出是电流信号，当需要模拟输出为电压信号时，可在 DAC0832 的输出端接一运算放大器（见图 6.23），将电流信号转换成电压信号，此时得到的输出电压 $u_{OUT}$ 是单极性的，极性与参考电压 $V_{REF}$ 相反，即

$$u_{OUT} = -\frac{N}{2^n}V_{REF} \tag{6.1}$$

式中　　$N$——输入数字量。当 $N = 11111111$B 时为最大,即 $u_{OUT}$ 满刻度输出;当 $N =$ 00000000B 时,$u_{OUT} = 0$。

　　由于 DAC0832 有两级数据寄存器,因此可以有单缓冲、双缓冲和直通三种工作方式。在单缓冲工作方式中,芯片的输入数据被一个寄存器锁存,也就是一个寄存器处于直通工作状态,而另一个处于受控锁存状态;在双缓冲工作方式中,两个寄存器都对数据进行锁存;在直通工作方式中,数据不被锁存。图 6.23 为 DAC0832 芯片在单缓冲方式下与单片机的连接电路。由于 DAC0832 内部有 8 位数据输入寄存器,可以用来锁存 CPU 输出的数据。因此,CPU 的数据总线可直接接到 DAC0832 的数据输入线 D0~D7 上。按单缓冲工作方式,使输入寄存器处于锁存状态,ILE 接 +5V,$\overline{WR_1}$ 接 CPU 写信号 $\overline{WR}$,$\overline{CS}$ 接地址译码器。DAC 寄存器处于不锁存状态,所以将 $\overline{XFER}$ 和 $\overline{WR_2}$ 直接接地。通常将 AGND 和 DGND 都接在数字地上。

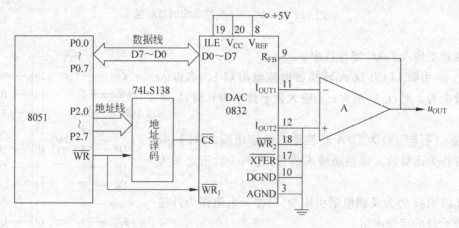

图 6.23　DAC0832 芯片与单片机接口电路

## 习题与思考题

　　6.1　何谓接口?机电一体化系统的接口有哪两种功能?

　　6.2　根据功能的不同,接口可分为哪几种?试举例说明。

　　6.3　何谓人机接口?常用的人机接口有哪些?

　　6.4　键盘为何要防止抖动?如何实现?

　　6.5　常用的键盘接口有哪几种?各有何特点?

　　6.6　LED 显示器的显示方法有几种?各有何特点?

　　6.7　A/D 和 D/A 转换器的作用分别是什么?其性能指标分别有哪些?

　　6.8　A/D 转换器的转换原理有几种?各有何特点?

　　6.9　若 ADC0809 芯片的最大输入电压为 5V,试计算其分辨率。

　　6.10　试述图 6.18 所示电路的工作原理,并说明其中光电耦合器的作用。

# 第7章 典型机电一体化系统

## 7.1 足球机器人

### 7.1.1 机器人足球比赛

机器人足球比赛是近年来在国际上迅速开展起来的一项具有体育竞技魅力的高科技对抗项目,它涉及机械电子学、机器人学、传感器、信息融合、实时信号处理、机器视觉、计算机图形学、人工智能、无线通信、多机器人协作、自主导航、智能控制等多个领域的技术融合。

机器人足球比赛兴起于 20 世纪 90 年代。1992 年,加拿大不列颠哥伦比亚大学 Alan Mackworth 教授首次提出利用机器人进行足球比赛的设想。自 1996 年举办第一届国际赛事以来,机器人足球比赛在世界范围内蓬勃开展。目前,国际上比较有影响力的机器人足球比赛有两大系列,即 FIRA 和 RoboCup。FIRA 是国际机器人足球联盟(Federation of International Robot-Soccer Association)的缩写,比赛项目包括微型机器人世界杯足球锦标赛(MicroSot)、仿真机器人世界杯足球锦标赛(SimuroSot)、类人机器人世界杯足球锦标赛(HuroSot)、全自主人形机器人世界杯足球锦标赛(AndroSot)、全自主机器人世界杯足球锦标赛(RoboSot)、超小型半自主机器人世界杯足球锦标赛(NaroSot)、超小型全自主机器人世界杯足球锦标赛(KheperaSot),其中 MicroSot 是 FIRA 系列中历史最悠久、影响最广泛的经典赛事。RoboCup 是机器人世界杯足球赛(Robot World Cup)的缩写,由日本人工智能研究会举办,比赛设置为:

(1) 机器人足球锦标赛(RoboCup Soccer),包括仿真组比赛(2D 和 3D 仿真)、小型组比赛(F180)、中型组比赛(F2000)、标准平台组比赛(二足类人机器人 Nao 和四腿机器狗 Aibo)。

(2) 营救比赛(RoboCup Rescue),包括仿真组比赛和实物组比赛。

(3) 青少年比赛(RoboCup Junior),包括足球机器人比赛和舞蹈机器人比赛。

图 7.1～图 7.7 为 FIRA 和 RoboCup 相关比赛的比赛现场。

国内的许多高校和研究机构也以极高的热情投身机器人足球的研究之中,如哈尔滨工业大学、东北大学、哈尔滨工程大学、哈尔滨商业大学、浙江大学、清华大学、北京大学、中国地质大学(武汉)、北京信息科技大学、华中科技大学、武汉工程大学、武汉理工大学、西北工业大学、广东工业大学、四川大学、西华大学等都组建了自己的机器人足球队,并在近年来的世界杯比赛中取得了不俗的战绩。国内的全国性机器人足球比赛始于 1999 年,包括中国人工智能学会 FIRA 中国分会组织的全国机器人足球锦标赛和中国自动化学会组织的中国机器人大赛(2006 年以后发展为暨 RoboCup 中国公开赛)。图 7.8 为 FIRA 中国分会主席、哈尔滨工业大学的洪炳镕教授和他的团队在展示他们研制的类人型足球机器人系统。

图 7.1　FIRA MicroSot 比赛现场

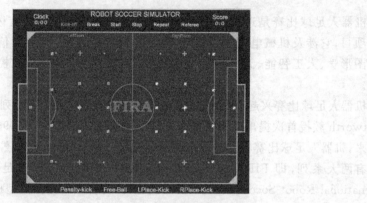

图 7.2　FIRA SimuroSot 比赛平台

图 7.3　FIRA AndroSot 比赛现场

图 7.4　RoboCup F180 比赛现场

图 7.5　RoboCup F2000 比赛现场

图 7.6　RoboCup Nao 机器人比赛现场

图 7.7　RoboCup Aibo 比赛现场

图 7.8　哈尔滨工业大学研制的类人型足球机器人系统

### 7.1.2　足球机器人系统的工作模式

足球机器人系统的工作模式根据决策部分所处的位置可分为基于视觉的足球机器人系统和基于机器人的足球机器人系统。根据机器人的智能程度,前者又有"无智能"和"有智能"之分。下面进行具体介绍。

**1. 基于视觉遥控的无智能足球机器人系统**

该系统亦称为集控式足球机器人系统,如图 7.9 所示,在这种系统中,安装在球场上方的摄像头摄取赛场信息,并送至主机进行图像分析与识别;由决策软件统一作出决策,形成机器人的控制命令,再通过无线通信的方式发送给机器人。每个足球机器人根据主机发来的数据控制其运动方向和运动速度,便可实现所要求的动作。视觉数据处理、策略决策以及机器人的位置均在主机上完成。因此,就机器人而言,主机起到遥控的作用。

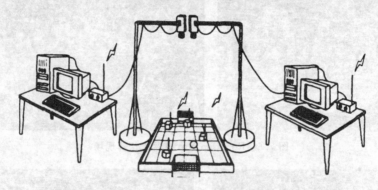

图 7.9　集控式足球机器人系统

**2. 基于视觉的有智能足球机器人系统**

在这种系统中,主机通过视觉数据进行决策处理,然后发出命令给机器人,机器人根据命令作出相应的行为反应,并根据自身安装的外部传感器(如红外线传感器、超声波传感器等)的信息自动进行避障运动规划,而不必由上位机决策系统实现,因此,机器人除了具有速度控制、位置控制等功能外,还具备自主避障功能。

**3. 基于机器人的足球机器人系统**

在这种系统中,每个机器人通过自携式摄像头来获取比赛信息并作出运动与合作规划,所有的计算包括视觉处理、策略决策等均由机器人自身来完成,主机仅用于处理视觉数据,并将我方、对方及足球的位置等信息传送给机器人。机器人间的信息交互依靠无线通信网络。由于采用这种模式的机器人具有许多的自主行为,所以该系统也称为全自主式足球机器人系统。

从智能性的角度看,以上三种模式的足球机器人系统的智能性依次增强;从控制方式的角度看,第一、二种模式的系统属于集中式控制,而第三种模式属于分布式控制。在集中式控制中,由于只有一个决策机制,机器人的行动完全由主机控制,因此系统对机器人的要求相对来说较低。另外,机器人根据接收到的主机命令便可控制其运动方向和速度,而视觉数据处理、策略决策以及机器人位置控制均在主机中完成,因此机器人的结构相对比较简单,设计与实现较为容易。在分布式控制中,各个机器人各自负责自身的信息感知、决策和动作执行,每个机器人的行动通过机器人之间的信息交互确定,而不受到主机的控制。

从目前参加 MicroSot 比赛的情况来分析,第一模式系统的主机和视觉系统负担过重,且成为高速信息处理的瓶颈;第二模式系统中的机器人需要配置各种传感器、高级计算机和通信系统,对各种技术的要求都很高,开发难度较大,实现起来比较困难。因此,MicroSot 大多采用基于视觉的有智能足球机器人系统。

### 7.1.3　足球机器人系统的组成

如上所述,不同工作模式下的足球机器人系统在组成及原理上虽不尽相同,但也具有很多的共同之处。下面以集控式足球机器人为例介绍足球机器人系统的构成。

#### 1. 硬件体系

足球机器人系统从功能上可分为机器人、视觉、决策和通信等四个子系统。其中,机器人子系统是系统的执行机构;视觉子系统相当于机器人的眼睛,负责实时提供比赛现场的情况,使决策子系统能够针对赛场上的动态环境迅速作出反应;决策子系统相当于机器人的大脑,负责机器人定位、导航以及行为决策;无线通信子系统则是多机器人协作的基础。从自动控制理论角度来看,这四个子系统构成了一个大的闭环控制系统。各个子系统之间的关系以及相互之间的信息传递情况如图 7.10 所示。

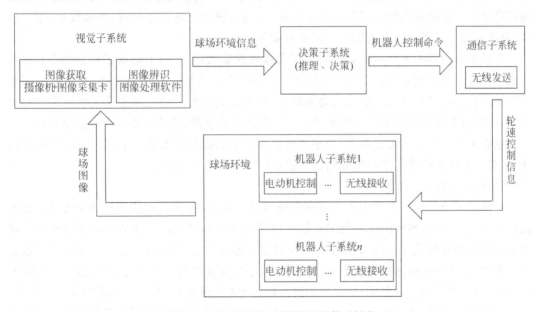

图 7.10　足球机器人系统的硬件体系结构

在比赛过程中,足球机器人通过视觉子系统对整个比赛现场进行监控,由摄像机采集场上双方机器人的位置、方向以及球的位置,经图像采集卡进行处理而转换为数字信号,并由计算机主机对这些信息进行识别和处理。当然,也可使用数字式摄像机,然后通过 1394 数据线直接将摄像机获取的数字图像传送给主机,而无须进行 A/D 转换。决策子系统则根据这些信息作出判断与决策,决定是进攻还是防守;从策略库中调用相应的比赛策略,分配各机器人的角色;确定各机器人的目标位置,进行轨迹规划;从动作函数库中调用相应的动作函数,产生各个机器人的速度控制命令,然后通过无线通信子系统将速度指令发送给本方机器人,最后由机器人子系统实施速度的精确控制,完成相应的动作,直至比赛暂停或结束。

1）机器人子系统

集控式足球机器人的形式为机器人小车,其任务是准确接收来自主机的控制指令,并根据指令的要求迅速、准确地完成决策子系统所要求的动作。

机器人小车由车体、车轮、动力驱动装置、无线通信接收模块、车载微处理器、电源系统及定位避障系统等组成,具备接收控制指令、调节速度及控制转弯、红外检测与规避障碍等三大功能。为了能够进行红外检测,机器人车体应为浅颜色,但某些功能区(如装配传感器、车轮和抓球机构的区域)除外。由于受到尺寸的限制以及场外各种光线的干扰,加之为了减轻车载微处理器的负担,也可略去红外检测与避障环节,这部分功能可由决策子系统根据视觉子系统所提供的赛场信息并通过路径规划来实现。

根据比赛规则,机器人小车的尺寸比较小(MicroSot 限定机器人尺寸为 7.5cm×7.5cm×7.5cm),而小车上还需要安装各种装置,所以要求机器人小车所包含的各种功能模块尽可能小型化和集成化。另外,由于在比赛过程中不可避免地会发生激烈的碰撞,因此要求车体结构合理,并且具有良好的机械强度。

驱动机构决定了机器人小车的运动能力。为了满足比赛要求,机器人小车应具有高度的机动性和灵活性,以快速实现前进、后退、转弯、停车等基本动作。目前,机器人小车普遍采用电动机通过减速器驱动车轮的运动方式。因此,选择合适的电动机、减速机构、驱动方式、驱动芯片以及设计合理的驱动电路尤为重要。

车载微处理器的主要任务是处理由通信模块送来的信息,将其转换成控制命令;接收编码器发送来的计数脉冲,进行处理并得出当前速度;调用相应控制算法,产生脉宽调制(PWM)信号,通过驱动电路驱动电动机转动,从而控制小车运动。由于受到机器人尺寸的限制,在选择车载微处理器时不但要考虑其运算速度和功能,还应考虑尺寸和能量消耗。

电源系统采用直流充电电池,为整个机器人小车系统提供电能。电源必须存储足够的能量(至少要保证机器人半场比赛的供电需求),并保持电压的稳定。

2）视觉子系统

视觉子系统是足球机器人系统的图像信号采集部件,由悬挂在比赛场地上方 2m 处的摄像机、安装在主机内的图像采集卡和相关图像处理软件组成。其任务是在动态环境中对场上机器人和足球进行检测和识别,并对足球进行跟踪预测,将场上运动实体的位置数据提供给主机,供主机中的决策子系统进行分析以制定决策之用。比赛时,在机器人小车的顶部粘贴不同颜色的标签(色标)来区分不同的球队和不同的队员,摄像机摄取赛场上的情况,得到一帧视频图像,经图像采集卡进行 A/D 转换,得到相应的数字图像,再利用图像识别算法对这些数字图像进行辨识,生成场上运动物体的位置信息,并传送给计算机主机。由于比赛双方拥有不同颜色的队标,而机器人也有不同的队员色标,这样计算机就可以根据颜色分割辨识出全部机器人与球的坐标位置和朝向(模式识别),实时采集、处理赛场信息并提供给决策子系统进行分析和决策。视觉子系统组成框图如图 7.11 所示。

图 7.11　视觉子系统组成框图

　　由于球场上情形多变,机器人小车的运动速度往往很快,视觉子系统获取和处理数据的速度将直接影响发出指令的速度,进而影响场上机器人小车运动的灵活性和准确性。因此,视觉子系统应具备很好的实时性以及一定的适应性和抗干扰性。对于比赛现场的理想要求是光线充足,辨识物体无影,机器人和球的颜色及形状特征明晰,比赛场地和各物体颜色饱和度高。但是,实际的赛场环境很容易受到各种因素的干扰而难以达到理想状况,加之比赛时的现场环境与调试环境也不尽相同,系统必须具备快速初始化能力以适应比赛需要。这就对视觉子系统提出了具有一定的稳定性和适应性的要求。

　　衡量视觉子系统性能好坏的两项指标为识别精度和识别速度,它们直接影响了整个系统的性能和比赛结果。因此,应尽可能在节约成本的基础上选择高性能的摄像机和图像采集卡等硬件资源,并研制开发出识别处理速度快、识别效果好、鲁棒性强的图像处理软件。

　　3) 决策子系统

　　决策子系统是以视觉子系统处理得到的球场环境信息为依据,根据现场的情况(如当前得分、控球方、对手的水平等因素)制定相应的策略,决定是进攻还是防守,确定机器人队形和角色分配;由策略数据库调用比赛策略,规划各机器人的任务;决定各机器人的运动轨迹;从动作函数库中调用相应的动作函数进行轨迹跟踪,生成机器人小车左右轮速度的控制命令,最后通过通信子系统发送给赛场上的足球机器人。由此可见,决策子系统是决定整个系统实时性的重要因素,其决策水平将极大地影响比赛的胜负结果。决策子系统控制流程如图 7.12 所示。

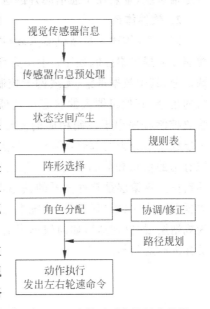

图 7.12　决策子系统控制流程图

　　决策子系统的载体是计算机主机,其决策功能由主机内运行的决策程序来完成。比赛策略是根据比赛规则和比赛经验提取出来,并存储在策略数据库中。策略库中有一个具有自学习能力的智能体,用于对指令的执行效果作出评估,并对策略库作出必要的修改以不断地充实竞赛攻略。策略库设计得越丰富、越完善,则获胜的概率就越大。

　　足球机器人应具备一定的自适应、自学习以及观察周围环境变化的能力,这些都需要通过决策子系统来实现。因此,决策子系统应满足适应性好、具有自学习能力、实时性好等要求。由图 7.10 可见,决策子系统上接视觉子系统、下接通信子系统,是整个足球机器人系统智能的中心枢纽,涉及智能控制与人工智能中的多方面知识,如专家系统、模糊理论、人工网络、决策对策与博弈理论、轨迹规划与智能算法、自组织与自学习理论等。

　　4) 通信子系统

　　根据比赛规则要求,足球机器人必须采用无线通信。无线通信子系统是联系主机与机器人的桥梁与纽带,主要负责主机与机器人之间的信息传递。

　　通信子系统包括发射模块和接收模块两部分,发射模块与主机相连,接收模块安装在机器人上。来自决策子系统的控制命令通过计算机的串行口送至通信发射模块,经过调制后发送出去,机器人的车载无线通信接收模块接收命令,经解调后传送给车载微处理器进行处理,以决定机器人的行为。

足球机器人系统是一个快速实时系统,数据传输速度的快慢将影响机器人接收命令的速度,进而影响整个系统的快速性和比赛结果。因此,要求通信子系统具有较高的通信速率(数据传输波特率一般为 9.6~38.4kbit/s)。

信号以无线电波的方式进行传输时较易受到外界噪声及近频带信号的干扰而产生误差。另外,由于机器人上的接收模块与机器人的控制电路布置在一起,加之机器人中还装有电动机及其驱动电路,因此很容易受到电磁干扰而产生误差。通信过程的误差将导致机器人做出错误的动作,所以要求通信系统具有较强的抗干扰能力和较高的可靠性。

通信子系统是足球机器人闭环控制系统的一个重要组成部分,其通信性能的好坏将严重影响机器人的运动和比赛是否能够顺利进行。为了提高通信质量和通信效率,应精心设计通信系统,重点在于通信芯片的选择以及通信协议的制定。

**2. 软件体系**

图 7.13 描述了足球机器人软件体系结构的功能框架。该框架分为三层:底层为驱动控制和数据采集控制程序;中层为行为规划和信息采集层;上层为决策层。底层程序分为两部分,其中数据采集、无线网卡控制、测距控制模块为系统提供基础的环境状态、监控计算机的指令、其他机器人的状态以及球场围栏或障碍物的距离信息等;左右轮电动机和踢球装置控制程序用于控制相应的驱动装置,实现机器人需要完成的移动和踢球等特定动作。中层程序也分为两部分:信息采集层对系统和环境的信息进行综合处理,实现信息融合,提取有用的信息和数据上传给决策层;行为规划层接收决策层的指令,并规划出一系列特定的动作。决策层是软件体系的核心,根据环境感知和信息融合的结果,利用数据库中的有用数据和策略库(相当于专家系统中的知识库)中的有效策略给出行为决策结论,并传送给行为规划层,如发现球后如何根据当前的状况快速移动去抢球,抢到球后如何规划避开对方队员并进行射门等。

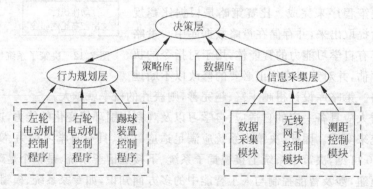

图 7.13    足球机器人软件体系结构

# 7.2  模糊控制全自动洗衣机

全自动洗衣机是指具有洗涤剂投放、进/排水控制、漂洗类型及时间选择等功能,从而自动完成洗衣、漂洗和脱水的洗衣机,全程无须人工操作。图 7.14 示出了其结构简图。这类洗衣机均采用套桶式结构,进水、排水均采用电磁阀,由控制器按提前预设的程序不断发出指令,以驱动各执行器件动作,使整个洗衣过程自动完成。

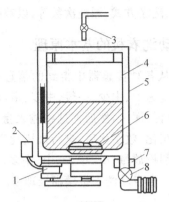

图 7.14　全自动洗衣机结构简图

1—电动机；2—水位/布量传感器；3—进水阀；4—洗衣桶；
5—外壳；6—搅动器；7—光电传感器；8—排水阀

### 7.2.1　全自动洗衣机的分类

从控制方式的发展阶段上分,全自动洗衣机分为电动控制洗衣机和计算机控制洗衣机两类,其控制器分别由电动元器件和微型计算机组成。随着计算机及微电子技术的发展,自动控制系统正在逐步实现硬件软化,电动控制全自动洗衣机已逐步退出家电舞台。因此,本书将主要介绍计算机控制全自动洗衣机。

在计算机控制的全自动洗衣机中,有以下两种不同的控制方式。

**1. 程序控制**

程序控制方式以洗衣机生产厂家设定的数十种操作程序为基础,用户在使用时可根据洗衣量、布质的轻重、衣物的脏污程度及脏污性质等因素,选择不同的洗涤程序。程序控制全自动洗衣机的按钮很多,对程序的选择需要一定的洗衣经验。

**2. 模糊控制**

模糊控制技术是当今世界最先进的控制技术之一,它是将模糊数学理论应用于控制领域,更真切地模拟人脑思维和判断,对产品工作过程进行选择和控制,从而达到智能化的新技术。1994 年,国家经贸委将"模糊控制技术在洗衣机上的应用"列入国家重点技术开发项目。

全自动洗衣机模糊控制方式以洗衣机内部的各种传感器为信息采集源,对传感器传回的洗衣量、衣物布质、脏污程度以及脏污性质等信息进行模糊逻辑推理,作出模糊决策,从而自动设置相应的洗涤参数,并对洗衣的全过程进行实时的监测与控制。其中,模糊决策是根据测量结果,通过模糊规则所作出的,而模糊规则是总结人类经验,并经必要的模糊数学处理后存入计算机。模糊规则可有数百乃至数千种,因此可以满足各种情况下的选择。模糊控制全自动洗衣机的按钮只有很少几个,操作起来更为便捷。但是由于使用了多种传感器和模糊逻辑控制器,其成本远高于程序控制洗衣机。

如前所述,程序控制洗衣机采用的是量化的固定程序,一经设定便不能更改;而模糊控制洗衣机则是应用模糊控制器来代替人脑进行"分析"和"判断",洗衣程序可在一定程度上随时变化,故具有人工智能。它通过各种传感器自动检测所要洗涤衣物的质地、重量、脏污程度以及水的温度、浑浊度等,然后利用模糊控制器对这些检测信息进行判断,从而决定洗涤剂和水的用量以及洗涤时间、洗涤方式、漂洗次数等,以获得最佳的洗涤效果。

### 7.2.2　模糊控制全自动洗衣机的基本原理

模糊控制全自动洗衣机将从各种传感器中得到的信息按照数值的大小分成不同的档次,如衣质为棉、混纺、化纤,衣量为少、中少、一般、中多、多,水温为高、中、低,脏污程度为很脏、一般、不太脏,脏污性质为油污、泥污,然后把这些输入量送入模糊控制推理器中。模糊控制推理器将人的洗衣经验模糊化、数字化后,进行规则化以生成模糊推理规则,从而决定水位(低、中低、中高、高)、洗涤剂投放量(少、中少、中、中多、多)、洗涤时间(短、中短、中、中长、长)和水流强度(弱、中、强)。全自动洗衣机模糊推理框图如图 7.15 所示。

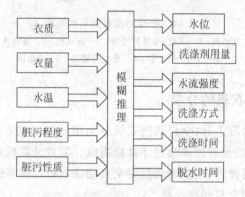

图 7.15　模糊控制洗衣机的推理框图

全自动洗衣机的模糊逻辑推理规则分为洗涤剂浓度推理和洗衣推理两个部分。洗涤剂浓度推理为:若浑浊度低,则洗涤剂投放量少;若浑浊度较高,则放入较多洗涤剂;若浑浊度高,则洗涤剂投放量大。洗衣推理为:若衣量少、化纤布质偏多且水温较高,则水流非常弱,洗涤时间非常短;若衣量多、棉布布质偏多且水温较低,则水流应为特强,洗涤时间为特长。在具体运用的时候,可根据不同的输入组合,采用不同的规则即可。

### 7.2.3　模糊控制全自动洗衣机中的传感器

模糊控制洗衣机具有检测各种状态的传感器,主要有衣量传感器、布质传感器、水位传感器、水温传感器、压电传感器、光电传感器等。控制器接收这些传感器采集到的信息,经过综合判定后自动选择出最适当的水位、洗涤时间和洗衣方式等工作参数,并根据衣物重量及衣物质地等信息来执行最佳洗涤程序。

**1. 衣量传感器**

衣量传感器主要用于检测所洗涤衣物的多少。当衣物放入洗衣桶后,在无水或加少量水的状态下进行几次正反转搅拌。当电动机切断电源后,由于惯性经过一段时间才停止运转。在这个过程中,转子的剩磁形成一个旋转磁场,定子绕组切割磁力线,在绕组中产生感应电动势。这个交变的感应电动势加在光电耦合器上,使其每周导通一次,形成一个脉冲。当布量大时,形成的脉冲个数少;当布量小时,形成的脉冲个数多。因此,根据脉冲的个数就可以推算出布量的多少。

**2. 布质传感器**

布质传感器通过检测衣物的重量和吸水程度来获知衣物的质地,进而决定洗衣机的洗涤方式。其工作原理是,首先注入一定量的水,然后启动主电动机旋转,紧接着断电,电动机因惯性而继续运转直至停止。在电动机刚停机时,由于惯性的作用产生反电动势,此时主电动机处于发电状态。在一定的水位下,布质不同,其布阻抗也有所不同:硬质布的阻抗大,而软质布的阻抗小。随着布阻抗大小的不同,主电动机处于发电状态的时间长短也不同。只要检测出主电动机处于发电状态的时间,便可反推出布阻抗的大小(主电动机发电时间越长,则布阻抗越小,反之亦然),进而通过模糊推理便可得出相应的布质信息。

**3. 水位传感器**

水位传感器用于根据洗涤物的多少自动设定并自动控制用水量。水位检测的精度直接影响洗净度、水流强度和洗涤时间等参数。对于模糊控制洗衣机,要求水位的检测必须是连续的,因此通常采用谐振式水位传感器,如图 7.16 所示。谐振式水位传感器是利用电磁谐振电路 LC 作为传感器的敏感元件,将被测水位的变化转变为 LC 参数的变化,最终以频率参数输出。其工作原理为:将水位的高低通过导管转换为气室中气体压力的变化,驱动气室上方的隔膜移动,带动隔膜中心的磁芯在线圈中移动,从而使线圈的电感发生变化,进而引起谐振电路的固有频率随水位发生变化。

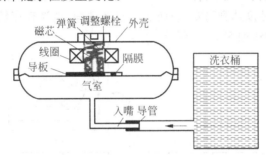

图 7.16　谐振式水位传感器结构原理简图

**4. 水温传感器**

模糊控制洗衣机可以根据环境温度和水温来自动决定洗涤时间。可采用热敏电阻作为水温传感器,并安装在洗衣桶下部。

**5. 压电传感器**

模糊控制洗衣机可采用压电传感器实现脱水控制。当脱水桶高速旋转时,从脱水桶喷射出来的水作用于压电传感器上,根据该压力的变化可自动控制停止脱水运转。

**6. 光电传感器**

模糊控制洗衣机通常使用红外光电传感器来检测洗涤液的浑浊度,以此判断所洗衣物的脏污程度和脏污性质,进而决定洗涤时间、漂洗次数等洗涤参数。如图 7.17 所示,红外光电传感器由设置在排水管两侧的红外发光二极管和光敏三极管组成。发光二极管发出的红外光透过洗涤液被排水管另一侧的光敏三极管接收,光敏三极管将接收到的光信号转换为电压信号。

图 7.17　模糊控制洗衣机中的光电传感器

　　通常将清水状态下光敏三极管接收到的红外光强度设定为初始值。开始洗涤后,衣物上的污垢逐渐溶于水中,水的浑浊度逐渐提高,光的透过率随之逐渐下降,洗涤液越脏,其饱和时光的透过率就越低。根据洗涤液的浑浊度可以推知所洗衣物的脏污程度。另外,根据达到相同浑浊度所需时间的不同,可以判断衣物上的污垢性质是属于"泥污"还是"油污"。由于泥性污垢脱落较快,而油性污垢脱落较慢,因此在洗涤泥性污垢的衣物时,洗涤液的光透过率较早地达到饱和状态。于是,根据光电传感器所接收到的红外光强度就可以判断衣物的脏污程度和污垢性质。

　　根据衣物洗涤过程中洗衣水的透光率(反映衣物脏污程度),可完成衣物洗净程度、排水终了、漂洗终了、脱水终了的自动判断,从而自动调整洗涤时间、漂洗时间和脱水时间的长短并自动选择漂洗次数,从而做到节水省电、缩短洗衣时间,使洗衣机在最佳条件下运行。

　　1) 洗净程度判断

　　衣物和洗涤剂投入洗衣桶后,按下启动按钮开始供水。最初,由于浓度很高的洗涤液流入排水口,光电传感器的输出急速下降。当供水达到规定水位后,洗涤搅拌器开始转动,洗涤剂逐渐溶解。当洗涤剂完全溶解时,洗涤液浓度均匀,透光度逐渐增加。随着搅拌器不断转动,衣物上的污垢逐渐脱落,洗涤液变得越来越浑浊。在衣物洗净后,污垢不再出现,洗涤液的浑浊度不再发生变化。光电传感器每隔一段时间检测一次洗涤液的透光度,一旦透光度不再发生变化,即浑浊度达到稳定,说明衣物已经洗净,洗涤程序结束,将进入排水程序。洗涤过程透光度变化曲线如图 7.18 所示。

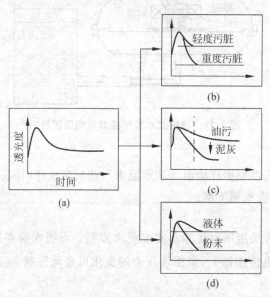

图 7.18　洗涤过程透光度变化曲线

(a)基本曲线;(b)脏污程度对透光度的影响;(c)污垢性质对透光度的影响;(d)洗涤剂种类对透光度的影响

　　2) 排水终了判断

　　洗涤一旦结束便向外排水。开始时,由于洗涤液中的泡沫进入排水口,透射光变得散乱,光电传感器输出下降。当洗涤液流过排水口时,泡沫浮于洗涤液表面,排水口流过的只有洗涤液,于是光电传感器输出开始上升。当排水即将终了时,排水口又流入泡沫,光电传感器输出急速下降。

3) 漂洗终了判断

全自动洗衣机漂洗程度与光电传感器输出之间的关系如图 7.19 所示。当洗涤后的浊水排空后便开始注入清水。当清水到达所规定的水位后,搅动器开始转动,控制器根据漂洗液的浑浊程度和泡沫多少决定漂洗方法。漂洗搅动器开始转动后,衣物中的洗涤液开始溶出,清水逐渐变得浑浊。根据漂洗搅动前后水的光透射率之差 $U_1$ 可判定漂洗液的浑浊程度,根据漂洗液最后流入排水口时光电传感器输出的变化 $U_2$ 可判定漂洗液中所含泡沫的多少。当 $U_1$ 和 $U_2$ 之和($U$)很小时说明衣物已经漂洗干净;如果 $U$ 继续变化,则根据不同情况追加贮水漂洗或用活水漂洗,直至漂净后进入甩干程序。

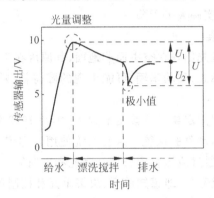

图 7.19 漂洗程度与光电传感器输出的关系

4) 甩干终了判断

漂洗排水完毕后即进入甩干程序,搅动器甩出衣物水分,排水口处的流水因包含空气而形成散乱的透射光,光电传感器的输出下降;排水流量随着甩干过程的进行而不断减少,光透射率又慢慢回升。当光透射率达到一定数值不再发生变化时,说明甩干程序结束。

## 7.3 自动驾驶汽车

自动驾驶汽车(autonomous vehicles,AV)是一种通过车载计算机系统可实现自主、安全驾驶的智能化汽车,它集自动控制、人工智能、视觉计算、激光雷达监测和全球定位系统等众多技术于一体,是计算机科学、模式识别和智能控制技术高度发展、高度融合的产物,也是衡量一个国家科研实力和工业水平的重要标志,在国防和国民经济领域具有广阔的应用前景。麦肯锡公司预测,截至 2030 年,自动驾驶技术的普及将为现有的汽车工业带来约 30% 的新增产值,这包括受益于自动驾驶技术而获得更大发展空间的共享汽车经济(如在交通拥堵、人口稠密以及偏远的地区,利用自动驾驶技术可大幅提高共享经济的发展空间)以及因自动驾驶技术的普及而发展起来的车上数据服务(如应用程序、导航服务、娱乐服务、远程服务、软件升级等)。更为乐观的是,国外研究机构预测"在 2050 年之后,几乎所有汽车都将是自动驾驶汽车"。

除了解放人类驾驶员的手脚,使其能够把以前驾驶汽车的时间用于工作、思考问题、召开会议、娱乐之外,自动驾驶汽车的优势还体现在缓解交通拥堵、节能环保和保障安全等方面。自动驾驶汽车可以按照目的地自动排成密集队列,避免汽车变道,减少车速变换,使道路使用效率得到提升,从而让交通更加流畅。自动驾驶汽车通过计算机系统可以获得最有效的行驶方式,这样不仅可以减少燃料消耗,还能减少温室气体排放。自动驾驶汽车的行驶过程由系统智能执行,能够避免由于驾驶者疲劳等因素所造成的安全隐患,确保交通安全。

### 7.3.1　自动驾驶技术

有人将自动驾驶汽车称为"无人驾驶汽车"。其实,自动驾驶并不等同于无人驾驶。无人驾驶意味着"100%交由机器操控",也就是说车内每一个人都是乘客,行驶的事情全部交给车载计算机。事实上,自动驾驶汽车通常也要配置驾驶位和方向盘,需要人类驾驶员进行模式选择,并在紧急情况下实施人工干预。

**1. 自动驾驶技术的发展**

自动驾驶技术的应用最先出现在空中而非地面,其原因在于在飞机上进行感知和操控,环境复杂度远低于由交通标志、移动车辆、可能出现的障碍物、随时可能闯入路面的行人等组成的地面交通状况。

在距人类发明的第一架固定翼飞机首飞不到 10 年的 1912 年,为飞机制造导航仪表的 Sperry 公司研制出第一套自动驾驶系统。这套系统使用陀螺仪来判定飞行航向,使用气压高度计来测定飞行高度,并通过液压装置操控升降舵和方向舵。它虽然简单,但已具备了自动驾驶系统必备的几个组成部分,即感知单元、决策单元和控制单元。

(1)感知单元:主要由各种传感器和智能感知算法组成,用于感知交通工具行经路线上的实时环境情况。

(2)决策单元:主要由控制机械、控制电路或计算机软硬件系统组成,用于根据环境信息决定对交通工具实施何种操作。

(3)控制单元:主要通过交通工具的控制接口,直接或间接操控交通工具的可操纵界面(如飞机的操纵界面或汽车的方向盘、踏板等),完成实际的驾驶工作。

由于高空的环境复杂度较低,飞机的自动驾驶系统发展很快。两次世界大战前后,飞机自动驾驶或辅助驾驶技术不断改进。1947 年,美国空军的一架道格拉斯 C-54 运输机完成了一次横跨大西洋的飞行,飞机全程使用自动驾驶系统控制,包括起飞和降落环节。如今,现代客机、货机及战斗机绝大多数配备了自动驾驶或辅助驾驶系统,可以大幅减轻飞行员的工作强度。在大部分气象条件下,只要飞行员允许,飞机的自动驾驶系统都可以自动完成包括起飞、降落在内的全部飞行控制操作。为了解决较复杂的降落段自动驾驶问题,全球各大机场还根据情况安装了不同级别的仪表着陆系统,使用无线电信号或高强度灯光阵列来为飞机提供精密引导。

自动驾驶技术在航空领域取得的巨大成功为自动驾驶汽车提供了有价值的参考。

**2. 自动驾驶技术的分类体系**

目前,许多高档汽车已配备有碰撞告警、车道保持、ACC 主动巡航、自动泊车等自动化功能,而且厂家在做宣传时会将这些利用计算机辅助完成特定操作的系统称为自动驾驶系统,然而这并不是真正意义上的自动驾驶。

为了更好地区分不同层次的自动驾驶技术,国际汽车工程师学会(SAE International)于 2014 年发布了自动驾驶的 6 级分类体系,如表 7.1 所示。目前,绝大多数主流自动驾驶研究机构已将 SAE 标准当作通行的分类原则。

表 7.1 SAE 自动驾驶分类体系

| SAE级别 | 名称 | 功能描述 | 转向和加/减速操控的执行者 | 对驾驶环境的监控者 | 复杂情况下动态驾驶任务的执行者 | 系统支持的路况和驾驶模式 |
|---|---|---|---|---|---|---|
| 0 | 非自动化 | 所有驾驶任务均由人类驾驶员进行操控(即使安装了告警或干预系统) | 人类驾驶员 | 人类驾驶员 | 人类驾驶员 | — |
| 1 | 辅助驾驶 | 在特定驾驶模式下由一个辅助驾驶系统根据驾驶环境信息控制转向或加/减速,并期望人类驾驶员完成所有其他动态驾驶任务 | 人类驾驶员和系统 | 人类驾驶员 | 人类驾驶员 | 部分路况和驾驶模式 |
| 2 | 部分自动化 | 在特定驾驶模式下由一个或多个辅助驾驶系统根据驾驶环境信息控制转向和加/减速,并期望人类驾驶员完成所有其他动态驾驶任务 | 系统 | 人类驾驶员 | 人类驾驶员 | 部分路况和驾驶模式 |
| 3 | 有条件的自动驾驶 | 在特定驾驶模式下由一个自动驾驶系统完成所有动态驾驶任务,但期望人类驾驶员能正确响应请求并接管操控 | 系统 | 系统 | 人类驾驶员 | 部分路况和驾驶模式 |
| 4 | 高度自动化 | 在特定驾驶模式下由一个自动驾驶系统完成所有动态驾驶任务,即便人类驾驶员无法正确响应请求并接管操控 | 系统 | 系统 | 系统 | 部分路况和驾驶模式 |
| 5 | 全自动化 | 自动驾驶系统在全部时间、全部路况和环境条件下(可由人类驾驶员管理)完成所有动态驾驶任务 | 系统 | 系统 | 系统 | 全部路况和驾驶模式 |

按照 SAE 分类标准,目前日常使用的大多数汽车处于第 0 级和第 1 级之间,碰撞告警属于第 0 级的技术,自动防碰撞、ACC 主动巡航属于第 1 级的辅助驾驶,自动泊车功能介于第 1 级和第 2 级之间。另外,第 2 级技术和第 3 级技术之间存在相当大的跨度:使用第 1 级和第 2 级辅助驾驶功能时,人类驾驶员必须时刻关注路况,并及时对各种复杂情况作出反应;而在第 3 级技术标准中,监控路况的任务由自动驾驶系统来完成。因此,通常将第 2 级和第 3 级之间的分界线视作辅助驾驶和自动驾驶的区别所在。

### 7.3.2 自动驾驶汽车的技术原理

图 7.20 为利用丰田普锐斯改装的谷歌(Google)自动驾驶汽车,它利用车载传感器阵列来了解周围的交通状况。

**1. 激光测距仪**

水桶状的激光测距仪安装在车顶,能对各个方位进行半径 60m 以内的扫描,以生成精确的有关周围环境的三维地图并传送至车载控制中枢,为计算机提供判断依据。

**2. 视频摄像头**

在汽车的后视镜附近装有视频摄像头,用于识别交通信号灯,并帮助车载计算机识别车辆行驶路线上遭遇的移动障碍,如其他车辆、行人或自行车骑行者等。

**3. 车载雷达**

谷歌自动驾驶汽车装有 4 个车载雷达,以三前一后的布局分布,用于判定汽车与前后左

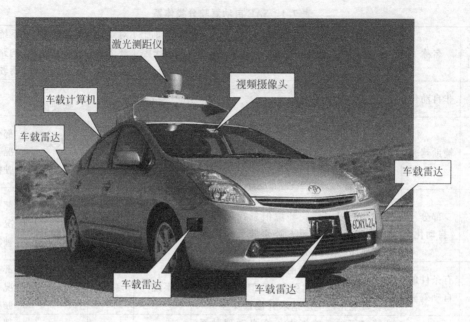

图 7.20　Google 自动驾驶汽车

右物体间的距离。

**4. 位置传感器**

位置传感器负责监控车辆是否偏离 GPS 导航仪所制定的路线,它安装在汽车的左后轮上,通过测定汽车的微小移动来帮助计算机在地图上为汽车定位,以确定汽车在道路上的精确位置。

**5. 车载计算机**

车载计算机是自动驾驶汽车的核心装备,一般安置在后备厢中,用于负责汽车自动规划行车路线、自动控制车辆的转向和速度、自动制定行驶方式等。

### 7.3.3　自动驾驶汽车的发展

**1. 国外自动驾驶汽车**

谈及自动驾驶汽车,很多人会自然想到 Google。其实,在 Google 之前,大批公司和科研机构已经对汽车的自动驾驶系统做了多年的研究。

早在 20 世纪 20 年代,当时的主流汽车厂商就开始试验自动驾驶或辅助驾驶功能。现代意义上的第一辆自动驾驶汽车是 20 世纪 80 年代美国卡内基-梅隆大学计算机科学学院的机器人研究中心研制的 Navlab,它安装了 3 台 Sun 工作站、1 台卡内基-梅隆大学自行研制的 WARP 并行计算阵列、1 部 GPS 信号接收器以及其他相关的硬件单元。限于当时的技术条件,这部汽车的最高时速只有 32km,而且很不实用,但是已经具备了现代自动驾驶汽车的雏形。1989 年,卡内基-梅隆大学在自动驾驶系统中引入了神经网络技术,并进行了感知和控制单元的试验。

塞巴斯蒂安·特龙(Sebastian Thrun)被誉为 Google 自动驾驶汽车之父,他在加入 Google 之前就曾带领斯坦福大学的技术团队研发了名为 Stanley 的自动驾驶汽车,并在

2005 年由美国国防高等研究计划署(DARPA)举办的第二届自动驾驶挑战赛中夺冠。Stanley 自动驾驶汽车使用了多种传感器组合,包括激光雷达、摄像机、GPS 及惯性传感器,所有这些传感器收集的实时信息被超过十万行软件代码解读、分析并完成决策。在障碍检测方面,Stanley 运用了机器学习技术。设计者将 Stanley 在进行道路测试时不得不由人类驾驶员干预处理的所有紧急情况记录下来,交由机器学习程序反复分析,从中总结出可以复用的感知模型和决策模型,用不断迭代测试、不断改进算法模型的方式,使 Stanley 汽车越来越具有智能性。

2009 年,Google 公司内部举办了一个名为 GooCamp 的技术交流活动,并邀请少数工程师试乘了基于丰田普锐斯改装的 Google 第一代自动驾驶汽车(见图 7.20)。2010 年,Google 在官方博客中宣布正在开发自动驾驶汽车,目标是通过改变汽车的基本使用方式,协助预防交通事故,将人们从大量的驾车时间中解放出来,并减少碳排放。在 2014 年 5 月 28 日召开的 Code Conference 科技大会上,Google 推出了新一代自动驾驶原型车,如图 7.21所示。除了拥有卡通版的造型外,这辆汽车与传统汽车的最大不同之处在于,它没有方向盘、油门和刹车踏板,完全不需要人工干预。

图 7.21　Google 新一代自动驾驶原型车

与 Google 相比,特斯拉在推广自动驾驶技术方面更为激进。早在 2014 年,特斯拉就在销售电动汽车的同时向车主提供可选配的辅助驾驶软件 Autopilot。计算机在辅助驾驶过程中依靠车载传感器实时获取的路面信息和预先通过机器学习得到的经验模型来自动调整车速,并控制电动机功率、制动系统以及转向系统,帮助车辆避免来自前方和侧方的碰撞,防止车辆滑出路面。由于 Autopilot 提供的只是半自动辅助驾驶功能,车辆在路面行驶时,仍需驾驶员对潜在危险保持警觉并随时准备接管汽车操控。

除此之外,包括通用、宝马、丰田、本田、沃尔沃等在内的许多传统汽车行业的厂商也纷纷加大对自动驾驶系统的投入。图 7.22 为沃尔沃公司的 Drive Me 自动驾驶汽车,图 7.23 为本田推出的搭载了协调型自动驾驶系统的汽车。2016 年 12 月,Google 公司宣布,自动驾驶团队正式分离出来,成立一个新的子公司——Waymo。图 7.24 为 Waymo 于 2017 年 1 月推出的搭载有自动驾驶系统的克莱斯勒 Pacifica。2017 年 1 月,在 CES 展会上,宝马展示了旗下最新的产品——5 系 Personal CoPilot 自动驾驶原型车,如图 7.25 所示。根据宝马提交的报告,该车在 1000 多千米的测试里程中只有一次脱离,在所有实际测试过的车企中成绩仅次于 Google。2017 年 6 月 14 日,通用汽车公司生产的 130 辆采用了新一代自动驾驶技术的测试版雪佛兰 Bolt 纯电动汽车(见图 7.26)在美国密歇根州的奥莱恩工厂下线。这是全球首次利用量产车的生产线组装自动驾驶汽车,通用也因此成为第一家可以实现自动驾驶汽车量产规模的汽车厂商。

图 7.22 沃尔沃 Drive Me 汽车

图 7.23 本田基于第 9 代混动版雅阁的自动驾驶汽车

图 7.24 Waymo 基于克莱斯勒 Pacifica 的
自动驾驶测试车

图 7.25 宝马 5 系 Personal CoPilot 自动
驾驶原型车

图 7.26 通用雪佛兰 Bolt 自动驾驶纯电动汽车

**2. 国内自动驾驶汽车**

早在 1987 年,国防科技大学就研制出一辆自动驾驶汽车的原型车。虽然这辆车与常规意义上的汽车外形相差甚远(样子酷似行李拉杆箱),但基本具备了自动驾驶汽车的主要组成部分。2003 年,国防科技大学与一汽集团基于红旗 CA7460 平台打造出一辆自动驾驶汽车,其最高速度可达 130km/h,而且实现了自主超车和自动汇入车流的功能。2011 年,在国家自然科学基金"视听觉信息的认知计算"重大研究计划支持下,第二代自动驾驶红旗轿车 HQ3(见图 7.27)完成了从长沙到武汉 286km 的公路测试。试验中,HQ3 平均时速 87km,自主超车 67 次;在特殊情况下进行人工干预的里程为 2.24km,仅占总里程的 0.78%。

图 7.27　国防科技大学第二代自动驾驶汽车 HQ3

百度在自动驾驶领域也投入了极大的热情,与第三方汽车厂商(包括宝马、北汽、奇瑞、比亚迪、博世等)合作推出自动驾驶测试车。图 7.28(a)和图 7.28(b)分别是百度与宝马和比亚迪合作研发的自动驾驶汽车。2017 年 7 月,在"百度 AI 开发者大会"上,百度开放了 Apollo 自动驾驶平台,并宣称"开发者可以借助 Apollo 搭建自己的自动驾驶汽车"。

　　　　　　　(a)　　　　　　　　　　　　　　　　(b)

图 7.28　百度与第三方汽车厂商合作推出的自动驾驶汽车

## 7.4　自助柜员机

随着国民经济的快速发展、人民生活水平的不断提高,人们到银行办理业务的频次越来越多,并迫切希望能够享受到高效、优质、方便的金融服务。为了减少储户的等待时间、减轻柜面人员的工作强度、提高业务办理的效率,各银行都会引导储户尽可能通过自助的方式来办理相关业务,这就离不开柜员机,其中包括越来越被人们熟悉并接受的无人值守自动柜员机和近年来新兴的智慧柜员机。

### 7.4.1　自动柜员机

自动柜员机(见图 7.29)为 automatic teller machine(ATM)的中文译名。因其早期功能主要是用于取款,故又称为自动取款机。现在的 ATM 机大多为存取款一体机,它是 ATM 机的升级版,可自动进行自动取款和自动存款,实现存取款现金的自动循环功能,故其英文名为 cash recycling system,业内人士一般直接使用其缩写 CRS。为方便起见,本书将存取款一体机视为具有自动存款功能的 ATM 机。

#### 1. ATM 机的工作原理

ATM 机是一种高度精密的机电一体化设备,持卡人利用磁条卡或 IC 卡可在 ATM 机上实现自助取款、存款、账户余额查询、密码修改、行内或跨行转账等金融服务,以替代银行柜面人员的工作。

ATM 机的工作流程如图 7.30 所示。以取款为例,用户插入银行卡激活 ATM 机工作。ATM 机首先读取银行卡的磁条或芯片信息,读到合格的信息后,提示输入密码和取款金额。ATM 机将这个取款指令连同卡号、密码等信息发送到银行计算机中心后台进行验证。验证通过并进行一系列账务处理后,由计算机中心后台向 ATM 机发出"付款"指令,ATM 机根据该指令进行点钞、验钞、吐钞操作,待用户从出钞口取走钱后,操作完成。如果用户在一定时间内未将钱及时取走,这些钱将自动归还到回钞箱里。

图 7.29　ATM 机

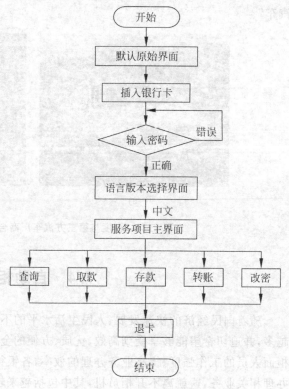

图 7.30　ATM 机工作流程

**2. ATM 机的主要构成**

1）总体结构

ATM 机实质上就是一台有着厚重的保险钢甲（厚度超过一般的保险箱）的机器，对外呈现的通常只是操作台。如图 7.31 所示，其内部结构为上下布置的两层，上层是计算机主机、屏幕对外的显示器、读卡器、扬声器、打印机等；下层是若干个用于储放现金的储钞箱以及一个废钞箱。ATM 机中有两台打印机，一台为凭条打印机，用于为客户提供交易凭证；另一台为流水打印机，用来记录 ATM 机的所有交易行为和操作行为，包括开/关机、客户操作、管理员操作及维护人员操作。此外还有用来由钱箱里挖钞、清点、对外吐钞的机械设备。

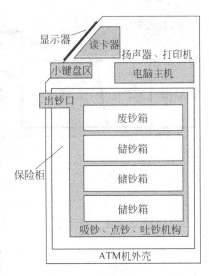

图 7.31　ATM 机组成示意图

由此可见，ATM 机具有读卡器和键盘两个输入装置以及扬声器、显示屏、打印机和出钞口四个输出装置。输入装置可以让用户对 ATM 机发送命令：通过读卡器，ATM 机获取银行卡背面磁条或芯片中的信息，通过 RS232、RS485 USB 协议与外界通信的接口传送给主机，再由主机将此信息传送到银行；用户通过键盘输入个人密码以进行身份验证，并告知银行需要进行何种交易以及交易的具体金额。

ATM 机的核心是钞箱和出钞模块。大多数小型 ATM 机的整个底部为容纳现金的钞箱。ATM 机有一个电子眼，在机器吐出钞票时点数每张钞票。另外，在 ATM 机的每个出钞通道都装有钞票厚度传感器，负责检测从钞箱挖出的钞票的厚度、宽度和长度，以确保每次出钞为一张，且宽度和长度基本符合要求。如果两张钞票粘连在一起，则被视为废钞而投入废钞箱。对于非常破旧和折叠的钞票也是同样处理。废钞箱中的钱数也需要做记录，这样 ATM 机的所有者便能知道装入机器中的钞票的质量。废钞率过高表明钞票或 ATM 机可能出现了问题。

2）机械结构

ATM 机由两大功能模块组成，即上层的验钞、送钞、废钞回收模块以及下层的钞箱、挖钞模块（包括 1~4 个结构相同的挖钞单元），结构示意如图 7.32 所示。验钞及送钞模块的作用是对由挖钞模块挖出的每张钞票进行高度以及倾斜度的检测，通过控制分拣器把不合格的钞票送进废钞箱，合格的钞票则送到叠钞器，最后由送钞机械手把整叠的钞票送到出钞口，从而完成一次出钞操作。如客户超时取款，则把钞票收回并放到回钞箱。挖钞模块的作用是放置钞箱并根据指令把钞票从钞箱中一张一张地挖出来。挖钞有真空吸钞和摩擦出钞两种方式：真空吸钞精确可靠，容易维护，但出钞速度较慢（1~2 张/s），而且当挖钞模块的环境温度低于 10℃时吸钞吸力将减小，从而导致吸钞失败，目前只有美国的 NCR 公司使用；摩擦出钞技术的优点是出钞速度快（5~7 张/s），目前为绝大部分 ATM 机厂商所采用。

3）挖钞模块控制软件

挖钞模块控制软件主要接收计算机主机的控制命令，根据这些命令执行相应的功能操

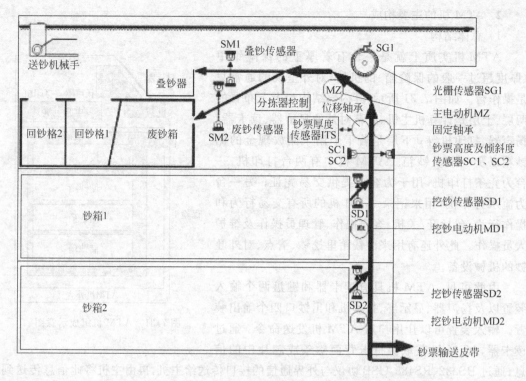

图 7.32　ATM 机械结构示意图

作,并将执行结果送回到主机。ATM 挖钞模块控制软件可分为通信模块和命令功能模块。

通信模块用于实现挖钞模块与计算机主机之间的信息交换。通信模块与挖钞模块之间的通信采用中断方式。CPU 接收到一个命令包之后,设立一个标志,主程序检测到这个标志后便读取命令包。挖钞模块在执行命令后,以一定格式将命令的执行结果返回到主机,在执行命令过程中挖钞模块将不再接收命令,直到命令返回。

命令功能模块主要实现挖钞命令、送钞命令、未取钞回收命令、通道清理与复位命令、获取钞箱信息命令、出钞口取钞检测命令和拒绝命令等操作,计算机主机通过发送这些命令实现用户在 ATM 机上的取款操作。控制软件在启动时,首先发送通道清理与复位命令,以检测挖钞模块的状态;进行一次完整的取款操作需要依次发送获取钞箱信息命令、挖钞命令、送钞命令和出钞口取钞检测命令;如果在规定的时间内检测到钞票没有被取走,则发送未取钞回收命令,将出钞口处的钞票回收;拒绝命令是在挖钞命令执行出错时发送。上述命令都必须按照这一顺序来发送,否则将被视为非法命令而不予以执行。

4) 控制电路

ATM 机控制电路构成如图 7.33 所示。ATM 机采用嵌入式处理器 LPC2212 作为系统控制器,主要功能就是通过各种电子电路来驱动电磁阀、单/双向电动机和步进电动机,以实现对整个出钞模块的所有机械部件的驱动控制,并对各种开关量输入(如光电传感器、微动开关等)和各种物理参数测量电路的直流电压信号(如单张、整叠钞票厚度)进行实时、连续的检测,根据检测结果及时调整机械部件的动作,保证用户取钞过程中 ATM 机能够正确、安全、稳定地运行。同时,在运行过程中出现故障时能够记录故障状态,给出错误代码,并进行相应的故障处理,为维护人员提供准确的参考数据。电源电路采用 DC/DC 变换线性电源,提供 5V、3.6V、3.3V 和 1.8V 各等级的电压,并采用大容量锂电池作为后备电源以及存储器掉电电池,在系统断电的情况下,保证所存储的相关信息和出钞模块的故障记录不致丢失。ATM 机通过 RS232、USB 等通信接口接收从主机发送来的控制命令。在线编程电路用于完成系统程序的下载,使系统具有 ISP 功能。

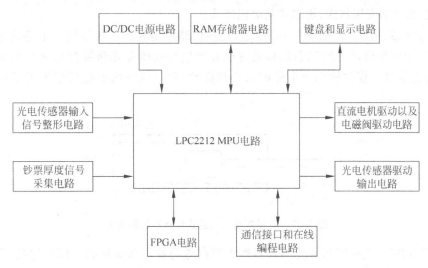

图 7.33　ATM 机控制电路构成

### 3. ATM 机中的传感器

1) 光电传感器

光电传感器是 ATM 机中使用最多的一种,主要用于 ATM 机的打印机、传送机构、读卡器以及挖钞机构等多个部分。其工作原理是当钞票或者银行卡经过光电传感器时,光电传感器的发光功能以及感光通道会使得输出电压发生变化,电压的变化就可以实现对物体位置的检测。

光电传感器在 ATM 机中可应用于以下场合:用于读卡器,来检测银行卡的位置、银行卡是否符合长度要求;用于打印机,来检测打印头位置、打印头是否归位、打印机是否缺纸;用于挖钞机构,来检测挖钞轮的转动次数及吸嘴的吸钞次数;用于传送机构,来检测钞票位置等。

下面以打印机应用为例说明光电传感器的工作原理。如图 7.34 所示,当打印头不在光电传感器中时,$V_{out} \approx V_{cc}$;否则,$V_{out} \approx 0$,由此可以准确判断打印机是否位于起始位置。当打印头应位于起始位置而实际上并未如此时,程序将根据 $V_{out} \approx V_{cc}$ 的结果提示未找到起始位置。

2) 人体接近传感器

目前,ATM 机中广泛应用的人体接近传感器是微波探测器,它是基于微波的多普勒效应来准确

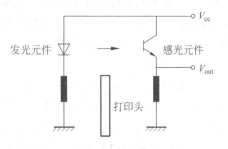

图 7.34　光电传感器工作原理

探知附近运动物体的靠近,从而在 ATM 机内触发监控录像。其优点为:检测灵敏度高;探测区域呈双扇形,覆盖空间范围大;探测人体接近距离的范围可调(可调节半径为 0～5m);工作可靠,对检测信号进行幅度和宽度双重比较,一般没有误报;环境温度适应性高(能

在−15～+60℃的温度范围内稳定工作)等。

3) 钞票厚度传感器

钞票厚度传感器的主要功能是能够检测从出钞通道中吸出或者挖出的纸币是否有重钞,从而保证不出现因两张纸币粘连得过于紧密而被误当成是一张的现象。这类传感器有多种形式,如差动变压器式、霍尔式及电涡流式。

(1) 差动变压器式。如图 7.35 所示,这种传感器是利用变压器型的电感式机电转换元件,将处于交变磁场中的磁芯位移通过磁芯产生的互感变化转换为与之呈基本线性函数关系的电信号。根据输出电信号的大小和极性,便可检测出通过传感器的纸币是否为重钞。

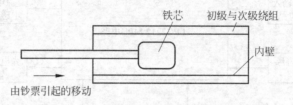

铁芯　初级与次级绕组

内壁

由钞票引起的移动

图 7.35　利用差动变压器式传感器检测重钞

(2) 霍尔式。利用霍尔式传感器对钞票厚度进行检测和识别的工作原理是,需要进行检测的钞票在摩擦送钞机构的传送下快速通过检测轴,钞票厚度的变化引起检测轴之间距离的改变。此时,经过放大支臂的放大后,使检测轴与霍尔式传感器之间的距离发生变化,进而引起传感器感应磁场的变化,便可以检测出有问题的钞票。

(3) 电涡流式。电涡流厚度检测通过选择合适的频率点和被测金属材料,可用于检测金属材料的位移,通过机械结构将钞票厚度转换为金属材料位移的变化,便可实现钞票厚度测量。该方法具有成本低、线性范围大等优点。

如图 7.36 所示,电涡流式厚度传感器主要由 1 根基准轴和 12 个浮动轮构成。基准轴固定在两侧框架上,要求旋转时圆周跳动尽可能小。浮动轮围绕着转轴上下运动,被测金属片固定在浮动轮上,随浮动轮一起上下运动。电涡流线圈固定在印制电路板(PCB)上,位置固定不变。弹簧负责给浮动轮施加压力,使浮动轮紧贴基准轴。限位片用于防止浮动轮横向移动。基准轴和浮动轮紧贴在一起旋转,当钞票在两者之间通过时,浮动轮会被顶起,造成被测金属片和电涡流线圈之间的距离发生变化,从而使输出电压信号相应地改变。于是,通过检测浮动轮被顶起的高度,便可以获知钞票的厚度。

4) 干簧开关

干簧开关的结构非常简单。如图 7.37 所示,干簧开关是将两片可磁化的簧片密封于装填有高纯度惰性气体的玻璃管中。当外界永久磁铁或线圈产生的磁场强度增强或减弱时,玻璃管内的触点闭合或断开,从而使与两端的引线相连的回路接通或断开电流。

目前广电运通 ATM 机采用的就是这种传感器。其工作原理是 ATM 机钱箱内的压钞板上装有一个永久磁铁,而在相应的槽位上安装一个干簧开关。当钱箱内的纸币数量足够多时,干簧开关与永久磁铁间的距离较远。在 ATM 机出钞的过程中,钱箱内的纸币数量不断减少,二者之间的距离不断拉近。当干簧开关与永久磁铁接近到一定程度时,触点闭合,使回路接通。因此,控制系统通过此信号便可了解钱箱中剩余钞票的情况。

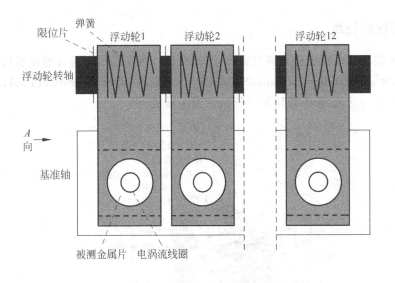

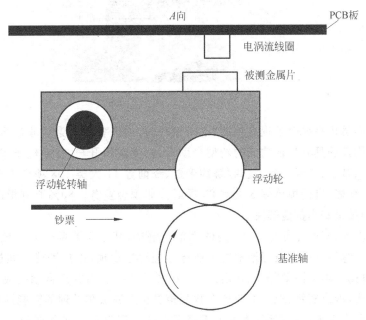

图 7.36　电涡流式厚度传感器机械结构示意图

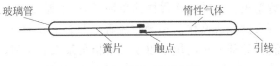

图 7.37　干簧开关的结构

5）热敏传感器

热敏传感器的主要功能是用于检测 ATM 机的温度并实施报警。当 ATM 机内的温度过高时,该传感器将启动报警,这样就有利于银行工作人员在第一时间掌握 ATM 机出现的故障,并及时进行处理。

### 7.4.2　智慧柜员机

近年来,各大银行都在积极构建智慧银行,其缩影之一便是纷纷引进智慧柜员机。智慧柜员机的英文名为 smart teller machine(STM)或 intelligent teller machine(ITM),本书采用的是 STM。图 7.38 所示为中国建设银行的智慧柜员机。

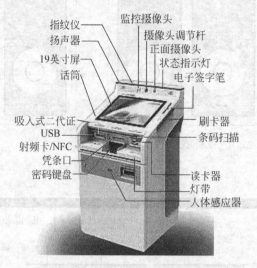

图 7.38　智慧柜员机

智慧柜员机是融合了现有柜面、电子银行、自助设备的全渠道非现金业务功能,运用大数据技术构建的具有见证功能的新型自助设备,能实现开户、开通电子银行、结售汇、转账、定期、理财、基金、特殊业务、签约/解约聚财、查询等 11 大类 108 项个人非现金业务以及结算卡查询、转账、自助填单等 8 大类 25 项对公非现金业务。80% 原有柜面的非现金综合业务,智慧柜员机基本都能解决。

在此以前,柜面业务是 100% 地依靠柜员解决,甚至需要两个人复核授权,既费时又费力。然而智慧柜员机则很好地解决了业务办理程序烦琐、用户等待时间过长等问题。它采用"客户自助＋柜员协助"的工作模式,将 70% 的业务交由客户自助完成,余下的 30% 由柜员协助完成,涉及实物、现金的业务在智慧柜员机上完成预处理的智能排号,客户识别信息、预处理信息直接传递到柜面,大大地提高了业务处理效率。在办理开户、开通电子银行、结售汇、转账等业务时,智慧柜员机的操作用时比柜面用时缩减至原来的 1/2～1/15 倍。

如图 7.39 所示,智慧柜员机的操作界面简单明了,一个界面一步操作,客户仅需点击按键或输入少量信息即可自助完成操作。在操作流程上只需一次插卡、一次审核、一次签名、一次结果展示,流程简捷,无须复杂的填单以及等候柜员录入的时间,高效便捷。同时,它改变了以往纸质签名方式,而采取"电子签名"的确定模式。在硬件上,它整合了多款设备功能(包括发卡机、预填单机、自助终端等),改变了网点设备多、放置乱的状况,成功实现了"一机多能",使得用户以往需要在多个设备上才能办理完的业务,现在只需在智慧柜员机上一次操作即可完成。智慧柜员机不仅能满足目前的业务需要,而且也能很好地适应未来发展的变化,具有很高的先进性、智能性。

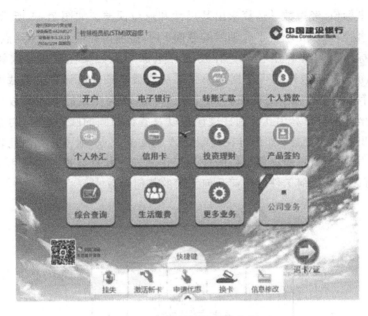

图 7.39　智慧柜员机的业务界面

# 7.5　三坐标测量机

　　三坐标测量机(图 7.40)(coordinate measuring machining,CMM)是 20 世纪 60 年代发
展起来的一种新型高效的精密测量仪器。它集成了精密
机械、电子技术、传感器技术、计算机技术。对于任何复
杂的几何表面与几何形状,只要测头能感受到的地方,就
可以测出它们的几何尺寸和相互位置关系,并借助于计
算机完成数据处理。三坐标测量机的出现,一方面是由
于自动机床、数控机床高效率加工,以及越来越多复杂形
状零件加工需要有快速可靠的测量设备与之配套;另一
方面是由于电子技术、计算机技术、数字控制技术以及精
密加工技术的发展为三坐标测量机的产生提供了技术基
础。1960 年,英国 FERRANTI 公司研制成功世界上第
一台三坐标测量机。现代三坐标测量机不仅能在计算机
控制下完成各种复杂测量,而且可以通过与数控机床交
换信息,实现对加工的控制,并且还可以根据测量数据,

图 7.40　三坐标测量机

实现反求工程。目前,三坐标测量机已广泛用于机械制造业、汽车工业、电子工业、航空航天
工业和国防工业等各部门,成为现代工业检测和质量控制不可缺少的万能测量设备。

## 7.5.1　三坐标测量机的工作原理

　　三坐标测量机是基于坐标测量的通用化数字测量设备。它首先将各被测几何元素的测
量转化为对这些几何元素上一些点集坐标位置的测量,在测得这些点的坐标位置后,再根据

这些点的空间坐标值,经过数学运算求出其尺寸和形位误差。如图 7.41 所示,要测量工件上一圆柱孔的直径,可以在垂直于孔轴线的截面 I 内,触测内孔壁上三个点(点 1、2、3),则根据这三点的坐标值就可计算出孔的直径及圆心坐标 $O_1$;如果在该截面内触测更多的点(点 1、2、…、$n$,$n$ 为测点数),则可根据最小二乘法或最小条件法计算出该截面圆的圆度误差;如果对多个垂直于孔轴线的截面圆(Ⅰ、Ⅱ、…、$m$,$m$ 为测量的截面圆数)进行测量,则根据测得点的坐标值可计算出孔的圆柱度误差以及各截面圆的圆心坐标,再根据各圆心坐标值又可计算出孔轴线位置;如果再在孔端面 $A$ 上触测三点,则可计算出孔轴线对端面的位置度误差。由此可见,三坐标测量机的这一工作原理使其具有很大的通用性与柔性。从原理上说,它可以测量任何工件的任何几何元素的任何参数。

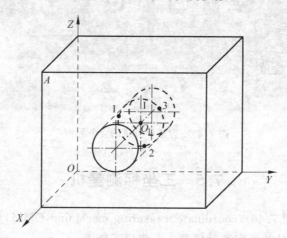

图 7.41　三坐标测量原理

## 7.5.2　三坐标测量机的组成

三坐标测量机的系统组成如图 7.42 所示。

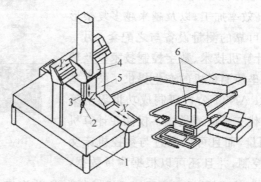

图 7.42　三坐标测量机组成
1—工作台;2—测头;3—Z 轴;4—中央滑架;5—移动桥架;6—电子系统

### 1. 机械系统

机械系统一般由三个正交的直线运动轴构成。$X$ 向导轨系统装在工作台上,移动桥架横梁是 $Y$ 向导轨系统,$Z$ 向导轨系统装在中央滑架内。三个方向轴上均装有光栅尺用来度量各轴位移值。人工驱动的手轮及机动、数控驱动的电动机一般都在各轴附近。用来触测被检测零件表面的测头装在 Z 轴端部。

1）工作台

早期的三坐标测量机的工作台一般是由铸铁或铸钢制成的，但近年来，已广泛采用花岗岩来制造工作台，这是因为花岗岩变形小、稳定性好、耐磨损、不生锈，且价格低廉、易于加工。

2）导轨

三坐标测量机上使用的导轨有滑动导轨、滚动导轨和气体静压导轨，但常用的为滑动导轨和气体静压导轨，滚动导轨应用较少，因为滚动导轨的耐磨性较差，刚度也较滑动导轨低。在早期的三坐标测量机中，许多机型采用的是滑动导轨。滑动导轨精度高，承载能力强，但摩擦阻力大，易磨损，低速运行时易产生爬行，也不易在高速下运行，有逐步被气体静压导轨取代的趋势。目前，多数三坐标测量机已采用气体静压导轨（又称为气浮导轨、气垫导轨），它具有许多优点，如制造简单、精度高、摩擦力极小、工作平稳等。

另外，目前不少生产厂在寻找高强度轻型材料作为导轨材料，有些生产厂已选用陶瓷或高模量型的碳素纤维作为移动桥架和横梁上运动部件的材料。另外，为了加速热传导，减少热变形，ZEISS 公司采用带涂层的抗时效合金来制造导轨，使其时效变形极小且使其各部分的温度更趋于均匀一致，从而使整机的测量精度得到提高，而对环境温度的要求却又可以放宽。

**2. 测量系统**

测量系统用于获得被测坐标点的数据，包括标尺系统和测头系统。

1）标尺系统

标尺系统用来度量各轴的坐标数值。目前，三坐标测量机上使用的标尺系统与各种机床和仪器上使用的标尺系统大致相同，按其性质可以分为机械式标尺系统（如精密丝杠加微分鼓轮、精密齿条及齿轮、滚动直尺）、光学式标尺系统（如光学读数刻线尺、光学编码器、光栅、激光干涉仪）和电气式标尺系统（如感应同步器、磁栅）。国内外生产三坐标测量机所使用的标尺系统最多的是光栅，其次是感应同步器和光学编码器，有些高精度三坐标测量机的标尺系统采用了激光干涉仪。

2）测头系统

三坐标测量机利用测头来拾取信号，因而测头的性能直接影响测量精度和测量效率，没有先进的测头就无法充分发挥测量机的功能。在三坐标测量机上使用的测头，按结构原理可分为机械式、光学式和电气式等。

机械接触式测头形状简单，制造容易，但是测量力的大小取决于操作者的经验和技能，因此测量精度差、效率低。目前除少数手动测量机还采用此种测头外，绝大多数测量机已不再使用这类测头。电气接触式测头目前已为绝大部分坐标测量机所采用。

**3. 控制系统**

控制系统是三坐标测量机的关键组成部分之一。其主要功能是：读取空间坐标值，控制测量瞄准系统对测头信号进行实时响应与处理，控制机械系统实现测量所必需的运动，实时监控三坐标测量机的状态以保障整个系统的安全性与可靠性等。

按自动化程度分类，三坐标测量机分为手动型、机动型和 CNC 型。早期的三坐标测量机以手动型和机动型为主，其测量是由操作者直接手动或通过操纵杆完成各个点的采样，然后在计算机中进行数据处理。随着计算机技术及数控技术的发展,CNC 型控制系统变得日益普及,它是通过程序来控制三坐标测量机自动进给和进行数据采样,同时在计算机中完成数据处理。

**4. 软件系统**

现代三坐标测量机都配备有计算机,由计算机来采集数据,通过运算输出所需的测量结果。其软件系统功能的强弱直接影响到测量机的功能。因此,各三坐标测量机生产厂家都非常重视软件系统的研究与开发,在这方面投入的人力和财力的比例在不断增加。

1) 测量软件包

测量软件包可含有许多种类的数据处理程序,以满足各种工程需要。一般将三坐标测量机的测量软件包分为通用测量软件包和专用测量软件包。通用测量软件包主要是指针对点、线、面、圆、圆柱、圆锥、球等基本几何元素及其形位误差、相互关系进行测量的软件包。通常各三坐标测量机都配置有这类软件包。专用测量软件包是指 CMM 生产厂家为了提高对一些特定测量对象进行测量的测量效率和测量精度而开发的各类测量软件包。如有不少三坐标测量机配备有针对齿轮、凸轮与凸轮轴、螺纹、曲线、曲面等常见零件和表面测量的专用测量软件包。在有的测量机中,还配备有测量汽车车身、发动机叶片等零件的专用测量软件包。

2) 系统调试软件

系统调试软件用于调试三坐标测量机及其控制系统,一般包括以下软件:

(1) 自检及故障分析软件包:用于检查系统故障并自动显示故障类别。

(2) 误差补偿软件包:用于对三坐标测量机的几何误差进行检测,并在三坐标测量机工作时,按检测结果对其误差进行修正。

(3) 系统参数识别及控制参数优化软件包:用于三坐标测量机控制系统的总调试,并生成具有优化参数的用户运行文件。

(4) 精度测试及验收测量软件包:用于按验收标准测量检具。

3) 系统工作软件

测量软件系统还必须配置一些属于协调和辅助性质的工作软件,其中有些是必备的,有些则用于扩充三坐标测量机功能。

(1) 测头管理软件:用于测头校准、测头旋转控制等。

(2) 数控运行软件:用于测头运动控制。

(3) 系统监控软件:用于对系统进行监控(如监控电源、气源等)。

(4) 编译系统软件:用于程序编译,生成运行目标代码。

(5) DMIS 接口软件:用于翻译 DMIS 格式文件。

(6) 数据文件管理软件:用于各类文件管理。

(7) 联网通信软件:用于与其他计算机实现双向或单向通信。

## 7.5.3　新型光学式三坐标测量机

近年来,光学测头发展较快。光学测头与被测物体没有机械接触,这种非接触式测量具有一些突出优点,主要体现在:①由于不存在测量力,因而适合于测量各种软的和薄的工件;②由于是非接触测量,可以对工件表面进行快速扫描测量;③多数光学测头具有比较大的量程,这是一般接触式测头难以达到的;④可以探测工件上一般机械测头难以探测到的部位。然而,光学测头式三坐标测量机也存在着一些测量难题,体现在:①光学测量探头的单色性能差,光斑尺寸较大,不利于三维轮廓测量;②三坐标测量机的测量方式为点扫描,进行高精度三维轮廓测量时,数据采集点密度大,造成测量时间过长,不利于工业化生产。

随着工业的发展,采用光学测头的非接触式三坐标测量机被逐渐广泛应用。它是利用微小尺寸的点光源测量探头取代传统三坐标测量机的接触式测量探头,并配置多轴旋转的高速直线电动机。光学式三坐标测量机对被测物体表面轮廓进行三维数据采集时,避免了探头测量时重复归位的烦琐工作,在一定程度上简化了测量步骤。另外,它不存在测量探头半径补偿的问题,因此可以减少测量误差。

激光测头的工作原理如图 7.43 所示。由激光器 3 发出的光,经聚光镜 2 形成很细的平行光束,照射到被测工件 1 上。工件表面反射回来的光可能是镜面反射光,也可能是漫反射光,三角法测头是利用漫反射光进行探测。漫反射回来的光经成像镜 5 在光电检测器 4 上成像。当被测工件处于不同位置时,漫反射光斑按照一定的三角关系成像于光电检测器的不同位置,从而探测出被测工件的位置。三角法测头的突出优点是工作距离大,在离工件表面很远的地方(40 ～ 100mm)也可对工件进行测量,且测头的测量范围也

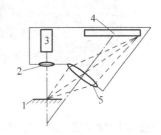

图 7.43　激光非接触式测头工作原理
1—工件;2—聚光镜;3—激光器;
4—光电检测器;5—成像镜

较大((±5～±10)mm)。不过这种测头的测量精度不是很高,其测量不确定度一般在几十至几百微米。

# 7.6　3D 打印机

## 7.6.1　3D 打印技术的发展背景和发展现状

制造业是一个国家工业化的产业基础,是生产力发展水平的重要标志,是人民生活水平的重要保障。与发达国家相比,我国技术创新能力薄弱,缺乏核心技术。众所周知,科学技术是第一生产力,国家要富强,必须依靠先进的技术。传统制造工艺通过刀具、模具和机床等对原材料进行切割、锻压、弯曲等多道工序进行产品制造,过程复杂且制造周期长。随着 3D 打印技术的兴起,传统加工领域所存在的问题得到了很好的解决,它打破了传统工艺的流水线生产过程,将数字模型与实际产品直接紧密地连接起来,大大缩短了产品制造周期,而且 3D 打印技术采用的是层层叠加的制造方式,传统工艺无法加工复杂性零件的问题也迎刃而解。

3D 打印技术的核心思想其实早在 19 世纪就已经出现,它起源于当时的照相雕塑技术和地貌成形技术。20 世纪 80 年代,3D 打印技术逐渐兴起,1984 年,美国 Helisys 公司的 Michael Feygin 研发了分层实体制造技术,1990 年左右制造了第一台商用打印机 LOM-1015。1986 年,美国得克萨斯大学奥斯汀分校的 C. R. Dechard 博士研发出选择性激光烧结技术(SLS)并于 1992 年制造了基于 SLS 技术的商用打印机。同年,3D system 公司创始人 Charles W. Hull 发明了立体光成型技术并且研制了第一台工业化 3D 打印机。1988 年,

熔融沉积成形(FDM)技术由 Stratasys 公司创始人 S. Scott Crump 研发成功,并在 1992 年研制了第一台商用机型 3D-Modeler。图 7.44 所示为 3D 打印机。

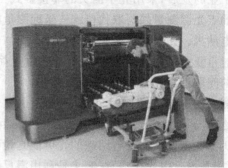

图 7.44　3D 打印机

经过多年的发展,国际上 3D 打印技术越来越趋于成熟,目前已经可以在 0.01mm 的单层厚度上实现 600 像素的精细分辨率,可以实现 25mm/h 的垂直构建速度,还可以实现 24 位色彩的彩色打印。由于 3D 打印技术的快速发展,其应用领域越来越广泛而且在很多领域都取得了不错的应用成果。在欧美等发达国家,3D 打印技术已经初步形成了商用模式。例如在汽车、航空、电子等领域,可以利用 3D 打印技术以低成本、高效率生产小批量的定制部件。由于 3D 打印的主要应用领域是个性化定制,用户可以把自己的设计方案提交给创意公司,创意公司再利用 3D 打印技术将用户的个性化方案制成实物进行销售。图 7.45 展现了 3D 打印技术在航空航天、汽车、医疗、建筑、电子、服装等行业的广阔应用。

近年来,我国一些企业已经实现了 3D 打印机的整机生产与销售,但是规模较小,技术水平和国外存在很大差距,距离形成完整的产业链还有相当长的路要走。另外,3D 打印对相关设备的精准度和稳定性要求较高,而且与信息技术、材料科学等多领域技术密切相关,而国产 3D 打印机相对于国外打印机加工简单,成本较低,导致打印质量较差。因此,我国在打印精度、打印速度、打印尺寸、软件支持以及新设备的研发等方面还有很大进步空间。

3D 打印技术的发展趋势是提升打印速度、打印精度和打印效率;提高成品表面质量和物理性能,以实现直接面向产品的制造;体积小型化、桌面化、成本低、操作简单;开发更多的打印材料,以扩大 3D 打印技术的应用领域。

### 7.6.2　3D 打印技术的分类和特点

3D 打印技术经历了飞速的发展过程,形成了许多不同工艺形式的 3D 打印技术。根据模型的最终成形方式的不同,可以将 3D 打印技术分成六大类,如表 7.2 所示,每一种成形方式都对应着不同的代表性累积技术和成型材料。如在成形方式为挤压成形的 3D 打印技术中,其代表性的累积技术是熔融沉积成形(fused deposition modeling, FDM),该技术将打印所需低熔点的丝状材料(如热塑性塑料、蜡或金属等)加热成熔融状态,使之由加热的喷嘴挤出,然后根据计算机切片得到的模型截面和预定轨迹,以设定的速度进行扫描沉积。该技术的优点为材料利用率高;材料成本低;可选材料种类多;工艺简捷。但是也存在一些缺

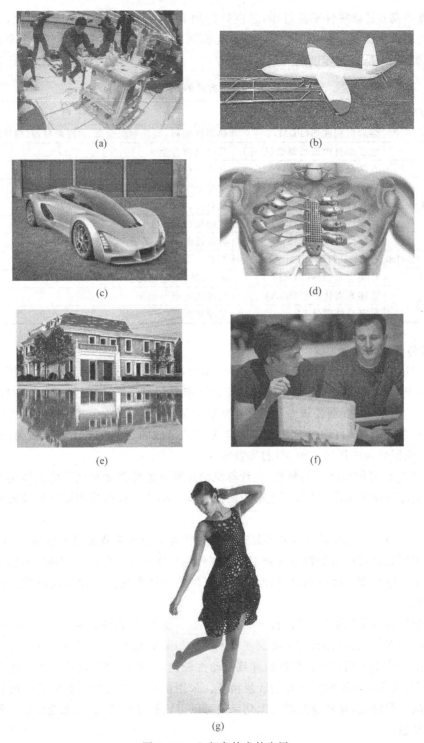

图 7.45　3D 打印技术的应用

（a）中科院研制的空间在轨 3D 打印机可用于打印空间站的零件；（b）英国南安普敦大学制造的 3D 打印飞机；

（c）全球首辆 3D 打印超级跑车 Blade；（d）为一位西班牙癌症患者打印的钛制胸骨和胸腔；

（e）位于阿姆斯特丹的 3D 打印房屋 Canal House；（f）全球首款 3D 打印笔记本电脑 Pi-Top；

（g）花费 48h 打印的"4D 裙"

点,如精度不高;复杂零件不易打印,悬空处需加支撑;表面质量不高等。因此,在实际应用中,该打印成形方式主要用于产品的概念建模和功能测试,适合打印零件的复杂程度不高的中小原型,而不适宜打印制造大型零件。

**表 7.2　不同成形方式的 3D 打印技术**

| 成形方式 | 累积技术 | 基 本 材 料 |
|---|---|---|
| 挤压 | 熔融沉积成形(FDM) | 热塑性塑料,共晶系统金属、可降解材料(聚乳酸 PLA) |
| 线 | 电子束自由成形制造(EBF) | 几乎任何合金 |
| 粒状 | 直接金属激光烧结(DMLS) | 几乎任何合金 |
| | 电子束熔化成形(EBM) | 钛合金 |
| | 选择性激光熔化成形(SLM) | 钛合金,钴铬合金,不锈钢,铝 |
| | 选择性热烧结(SHS) | 热塑性粉末 |
| | 选择性激光烧结(SLS) | 热塑性塑料,金属粉末,陶瓷粉末 |
| 粉末层喷头 3D 打印 | 石膏 3D 打印(PP) | 石膏 |
| 压层 | 分层实体制造(LOM) | 纸,金属膜,塑料薄膜 |
| 光聚合 | 立体光固化成形(SLA) | 光硬化树脂 |
| | 数字光处理(DLP) | 光硬化树脂 |

### 1. 立体光固化成形

立体光固化成形(stereolithography apparatus,SLA),又称立体光刻成形。该工艺最早由 Charles W. Hull 于 1984 年提出并获得美国国家专利,是最早发展起来的 3D 打印技术之一。Charles W. Hull 在获得该专利后两年便成立了 3D Systems 公司,并于 1988 年发布了世界上第一台商用 3D 打印机 SLA-250。SLA 工艺已成为目前世界上研究最为深入、技术最为成熟、应用最为广泛的一种 3D 打印技术。

SLA 工艺以光敏树脂作为材料,在计算机的控制下紫外激光对液态的光敏树脂进行扫描从而让其逐层凝固成形,SLA 工艺能以简捷且全自动的方式制造出精度极高的几何立体模型。

图 7.46 所示为 SLA 技术的基本原理。首先在液槽中盛满液态的光敏树脂,氦-镉激光器或氩离子激光器发射出的紫外激光束在计算机的操纵下按工件的分层截面数据在液态的光敏树脂表面进行逐行逐点扫描,从而使扫描区域的树脂薄层产生聚合反应后固化形成工件的一个薄层。

当一层树脂固化完毕后,工作台将下移一个层厚的距离,以便在原先固化好的树脂表面上再覆盖一层新的液态树脂,刮板将黏度较大的树脂液面刮平然后再进行下一层的激光扫描固化。由于液态树脂具有高黏性而导致流动性较差,在每层固化之后液面很难在短时间内迅速抚平,这样将会影响到实体的成形精度。采用刮板刮平后所需要的液态树脂将会均匀地涂在前一叠层上,这样经过激光固化后便可以得到较好的精度,也能使成形工件的表面更加光滑平整。

新固化的一层将牢固地黏合在前一层上,如此重复直至整个工件层叠完毕,这样就能得到一个完整的立体模型。

在工件完全成形后,首先需要将工件取出并把多余的树脂清理干净,然后清除掉支撑结构,最后再把工件放到紫外灯下进行二次固化。

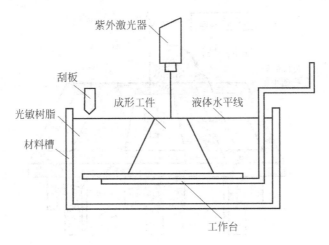

图 7.46　SLA 技术的基本原理

SLA 工艺成形效率高,系统运行相对稳定,工件表面光滑,成形精度高,适合制作结构异常复杂的模型,并且能够直接制作面向熔模精密铸造的中间模。但是,SLA 的成形尺寸有较大的限制,不适合制作体积庞大的工件,加之成形过程中伴随的物理变化和化学变化可能导致工件变形,因此成形工件需要有支撑结构。

目前,SLA 工艺所支持的材料还相当有限且价格昂贵,液态的光敏树脂具有一定的毒性和气味,材料需要避光保存以防止提前发生聚合反应。SLA 成形的成品硬度低,相对较为脆弱。另外,使用 SLA 成形的模型需要进行二次固化,后期处理相对较为复杂。

**2. 选择性激光烧结**

选择性激光烧结(selective laser sintering,SLS)工艺最早是由美国得克萨斯大学奥斯汀分校的 C. R. Dechard 于 1989 年在其硕士论文中提出,随后 C. R. Dechard 创立了 DTM 公司并于 1992 年发布了基于 SLS 技术的工业级商用 3D 打印机 Sinterstation。

一直以来,奥斯汀分校和 DTM 公司在 SLS 工艺领域投入了大量的研究工作,在设备研制、工艺与材料开发上都取得了丰硕的成果。德国 EOS 公司针对 SLS 工艺也进行了大量的研究工作,并且已开发出一系列的工业级 SLS 快速成形设备。在 2012 年欧洲模具展上,EOS 公司研发的 3D 打印设备大放异彩。国内许多科研机构积极开展关于 SLS 工艺的研究,如南京航空航天大学、中北大学、华中科技大学、武汉滨湖机电产业有限公司、北京隆源自动成型有限公司、湖南华曙高科等。

SLS 工艺使用的是粉末状材料,激光器在计算机的操控下对粉末进行扫描照射而实现材料的烧结黏合,就这样材料层层堆积实现成形。

如图 7.47 所示,选择性激光烧结加工首先采用压辊将一层粉末平铺到已成形工件的上表面,数控系统操控激光束按照该层截面轮廓在粉末层上进行扫描照射而使粉末的温度升至熔点,从而进行烧结并与下面已成形的部分实现黏合。

当一层截面烧结完后,工作台将下降一个层厚,这时压辊又会均匀地在上面铺上一层粉末并开始新一层截面的烧结,如此反复操作直至工件完全成形。

在成形过程中,未经烧结的粉末对模型的空腔和悬臂起着支撑的作用,因此 SLS 成形的工件不需要像 SLA 成形的工件那样需要支撑结构。SLS 工艺使用的材料与 SLA 相比更

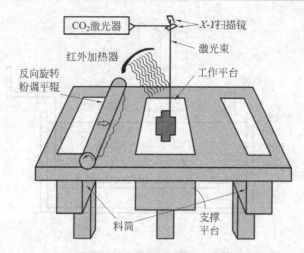

图 7.47　SLS 技术的基本原理

加丰富,主要有石蜡、聚碳酸酯、尼龙、纤细尼龙、合成尼龙、陶瓷甚至还可以是金属。

　　当工件完全成形并完全冷却后,工作台将上升至原来的高度,此时需要把工件取出,并使用刷子或压缩空气将模型表层的粉末去掉。

　　SLS 工艺不但支持多种材料,成形工件无须支撑结构,而且材料利用率较高。但是,SLS 设备的价格和材料价格仍然十分昂贵,烧结前材料需要预热,烧结过程中材料会挥发出异味,设备工作环境要求相对苛刻。

### 3. 熔融沉积成形

　　熔融沉积成形(fused deposition modeling,FDM)工艺由 Scott Crump 于 1988 年发明,之后 Scott Crump 创立了 Stratasys 公司,并于 1992 年推出了世界上第一台基于 FDM 技术的 3D 打印机 3D Modeler,这标志着 FDM 技术步入了商用阶段。国内的清华大学、北京大学、北京殷华公司、中科院广州电子技术有限公司都较早引进 FDM 技术并进行相关研究。FDM 工艺无须激光系统的支持,所用的成形材料也相对低廉,总体性价比高,这也是众多开源桌面 3D 打印机主要采用的技术方案。

　　熔融沉积亦称为熔丝沉积。如图 7.48 所示,FDM 的技术原理是将丝状的热熔性材料进行加热融化,通过带有微细喷嘴的挤出机将材料挤出。喷头可以沿 X 轴的方向进行移动,工作台则沿 Y 轴和 Z 轴方向移动(当然,不同的设备,其机械结构的设计也不尽相同),熔融的丝材被挤出后随即会和前一层材料黏合在一起。一层材料沉积后工作台将按预定的增量下降一个厚度,然后重复以上的步骤直至工件完全成形。

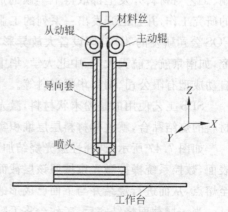

图 7.48　FDM 技术的基本原理

　　热熔性丝材(通常为 ABS 或 PLA 材料)被缠绕在供料辊上,辊子由步进电动机驱动旋转,材料丝在主动辊与从动辊之间摩擦力的作用下向由挤出机喷头送出。在供料辊和喷头之间有一导向套。导向套采用低摩擦力材料制成,以便丝材能够顺利准确地由供料辊输送到喷头的内腔。

　　喷头的上方有电阻丝式加热器,在加热器的作用下丝材被加热到熔融状态,然后通过挤出机把材料挤压到工作台上,材料冷却后便形成了工件的截面轮廓。

　　采用 FDM 工艺制作具有悬空结构的工件原型时需要有支撑结构的支持,为了节省材料成本和提高成形效率,新型 FDM 设备通常采用双喷头设计。其中,一个喷头负责挤出成形材料,而另外一个喷头负责挤出支撑材料。

　　一般来说,用于成形的材料丝相对更精细一些,且价格较高,但沉积效率也较低。而用于制作支撑材料的丝材相对较粗一些,且成本较低,但沉积效率会更高些。支撑材料一般会选用水溶性材料或比成形材料熔点低的材料,这样在后期处理时通过物理或化学的方式就能很方便地将支撑结构去除干净。

**4. 分层实体制造**

　　分层实体制造(laminated object manufacturing,LOM)技术自 1991 年问世以来得到迅速的发展。由于 LOM 多使用纸材、PVC 薄膜等材料,价格低廉且成形精度高,在产品概念设计可视化、造型设计评估、装配检验、熔模铸造等方面得到了广泛的应用。图 7.49 所示为 LOM 技术的基本原理。

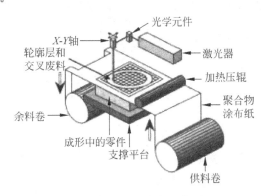

图 7.49　LOM 技术的基本原理

　　分层实体成形系统主要包括计算机、数控系统、原材料存储与运送部件、热黏压部件、激光切系统、可升降工作台等部分组成。

　　其中计算机负责接收和存储成形工件的三维模型数据,这些数据主要是沿模型高度方向提取的一系列截面轮廓。原材料存储与运送部件将存储在其中的原材料(底面涂有黏合剂的薄膜材料)逐步送至工作台上方。

　　激光切割器沿着工件截面轮廓线对薄膜进行切割,可升降的工作台支撑着成形的工件,并在每层成形之后降低一个材料厚度以便送进将要进行黏合和切割的新一层材料,最后热黏压部件将会一层一层地把成形区域的薄膜黏合在一起,如此重复上述的步骤直到工件完全成形。

　　LOM 工艺采用的原料价格便宜,故制作成本极为低廉,适用于大尺寸工件的成形,成形过程无须设置支撑结构,多余的材料易于剔除,精度较为理想。尽管如此,由于 LOM 技术成形材料的利用率不高,材料浪费严重而备受诟病。随着 3D 打印新技术的发展,LOM 工艺将有可能逐步被淘汰。

# 习题与思考题

7.1　足球机器人有哪几种工作模式？在不同的模式下，如何实现足球机器人的动作决策？

7.2　试以集控式足球机器人为例说明足球机器人系统的硬件构成。

7.3　举例说明传感器在模糊控制全自动洗衣机中的应用。

7.4　与传统汽车相比，自动驾驶汽车有何优势？

7.5　举例说明传感器在 ATM 机中的应用。

7.6　光学式三坐标测量机具有哪些特点？

7.7　与传统制造工艺相比，3D 打印有何特点？并以 FDM 工艺为例，说明 3D 打印的技术原理。

# 附录 A 日本 THK 滚珠丝杠副技术数据

## A.1 球保持器型精密滚珠丝杠——错位预紧 SBN 型

mm

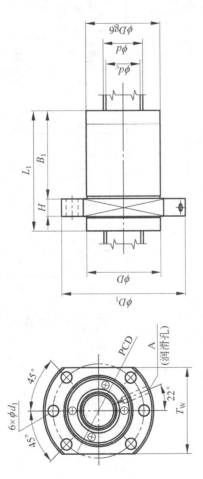

| 公称型号 | 丝杠轴外径 $d$ | 导程 $Ph$ | 滚珠直径 $d_p$ | 滚道底径 $d_c$ | 负荷圈数/(列×圈) | 基本额定负荷 $C_a$/kN | $C_{0a}$/kN | 刚性 $K$/(N/μm) | 螺母尺寸 外径 $D$ | 法兰直径 $D_1$ | 全长 $L_1$ | $H$ | $B_1$ | PCD | $d_1$ | $T_W$ | 润滑孔 A | 丝杠轴的惯性力矩/(kg·cm²/mm) | 螺母质量/kg | 轴质量/(kg/m) |
|---|---|---|---|---|---|---|---|---|---|---|---|---|---|---|---|---|---|---|---|---|
| SBK 3620-7.6 | 36 | 20 | 37.75 | 30.4 | 2×3.8 | 48.5 | 85 | 870 | 73 | 114 | 110 | 18 | 81 | 93 | 11 | 86 | PT 1/8 | $1.29×10^{-2}$ | 3.4 | 5.0 |
| SBK 4020-7.6 | 40 | 20 | 42 | 34.1 | 2×3.8 | 59.7 | 112.7 | 970 | 80 | 136 | 110 | 20 | 79 | 112 | 14 | 103 | PT 1/8 | $1.97×10^{-2}$ | 4.5 | 5.7 |
| SBK 4030-7.6 | 40 | 30 | 42 | 34.1 | 2×3.8 | 59.2 | 107.5 | 970 | 80 | 136 | 148 | 20 | 117 | 112 | 14 | 103 | PT 1/8 | $1.97×10^{-2}$ | 5.6 | 7.0 |
| SBK 5020-7.6 | 50 | 20 | 52 | 44.1 | 2×3.8 | 66.8 | 141.9 | 1170 | 90 | 146 | 110 | 22 | 77 | 122 | 14 | 110 | PT 1/8 | $4.82×10^{-2}$ | 5.3 | 10.2 |
| SBK 5030-7.6 | 50 | 30 | 52 | 44.1 | 2×3.8 | 66.5 | 135 | 1170 | 90 | 146 | 149 | 22 | 116 | 122 | 14 | 110 | PT 1/8 | $4.82×10^{-2}$ | 6.6 | 11.9 |
| SBK 5036-7.6 | 50 | 36 | 52 | 44.1 | 2×3.8 | 65.9 | 135 | 1170 | 90 | 146 | 172 | 22 | 139 | 122 | 14 | 110 | PT 1/8 | $4.82×10^{-2}$ | 7.4 | 12.5 |
| SBK 5520-7.6 | 55 | 20 | 57 | 49.1 | 2×3.8 | 69.8 | 156.4 | 1250 | 96 | 152 | 110 | 22 | 77 | 128 | 14 | 114 | PT 1/8 | $7.05×10^{-2}$ | 5.7 | 13.0 |
| SBK 5530-7.6 | 55 | 30 | 57 | 49.1 | 2×3.8 | 69.2 | 147 | 1250 | 96 | 152 | 149 | 22 | 116 | 128 | 14 | 114 | PT 1/8 | $7.05×10^{-2}$ | 7.2 | 14.8 |
| SBK 5536-7.6 | 55 | 36 | 57 | 49.1 | 2×3.8 | 69.1 | 148.7 | 1260 | 96 | 152 | 172 | 22 | 139 | 128 | 14 | 114 | PT 1/8 | $7.05×10^{-2}$ | 8.1 | 15.5 |

## A.2 标准库存精密滚珠丝杠（轴端未加工品）
### ——双螺母垫片预紧 BNFN 型及单螺母螺母变位导程预紧 BIF 型

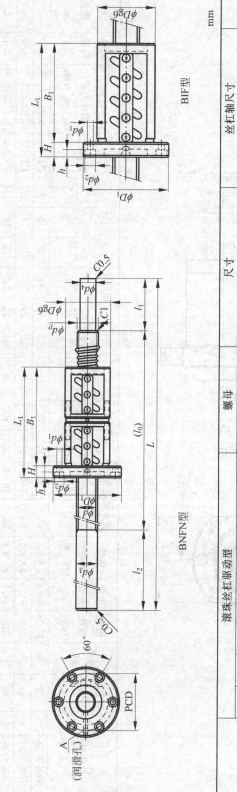

BNFN型

BIF型

mm

| 公称型号 | 丝杠轴外径 $d$ | 导程 $Ph$ | 滚珠直径 $d_p$ | 滚道底径 $d_c$ | 负载滚珠圈数 (列×圈) | 基本额定载荷 $C_a$/kN | $C_{0a}$/kN | 预紧载荷 /N | 外径 $D$ | 法兰直径 $D_1$ | 全长 $L_1$ | 质量 /kg | $H$ | $B_1$ | PCD $d_1$ | $d_2$ | $h$ | 润滑孔 | 标准在库产品 标记 | 全长 $L$ | $l_0$ | $l_1$ | $l_2$ | $d_3$ | $d_4$ | 轴质量 /(kg/m) |
|---|---|---|---|---|---|---|---|---|---|---|---|---|---|---|---|---|---|---|---|---|---|---|---|---|---|---|
| BNFN 1605-2.5 | 16 | 5 | 16.75 | 13.2 | 1×2.5 | 7.4 | 13.9 | 390 | 40 | 60 | 76 | 0.6 | 10 | 66 | 50 | 4.5 | 8 | 4.5 | A | A M6 | 410 | 200 | 50 | 160 | 16 | 12.8 | 0.92 |
| BIF 1605-5 | | | | | | | | 390 | | | 56 | 0.48 | | 46 | | | | | | 510 | 300 | 50 | 160 | 16 | 12.8 | 0.92 |
| | | | | | | | | | | | | | | | | | | | | 610 | 400 | 50 | 160 | 16 | 12.8 | 0.92 |
| | | | | | | | | | | | | | | | | | | | | 710 | 500 | 50 | 160 | 16 | 12.8 | 0.92 |

续表

| 公称型号 | 丝杠轴外径 $d$ | 导程 $Ph$ | 滚珠直径 $d_p$ | 滚道底径 $d_c$ | 负载滚珠圈数 (列×圈) | $C_a$/kN | $C_{0a}$/kN | 预紧载荷/N | 外径 $D$ | 法兰直径 $D_1$ | 全长 $L_1$ | 质量/kg | $H$ | $B_1$ | PCD $d_1$ | $d_2$ | $h$ | 润滑孔 A | 标准在库品标记 | 全长 $L$ | $l_0$ | $l_1$ | $l_2$ | $d_3$ | $d_4$ | 轴质量/(kg/m) |
|---|---|---|---|---|---|---|---|---|---|---|---|---|---|---|---|---|---|---|---|---|---|---|---|---|---|---|
| BNFN 1810-2.5 | 18 | 10 | 18.8 | 15.5 | 1×2.5 | 7.8 | 15.9 | 390 | 42 | 65 | 119 | 1.0 | 12 | 107 | 53 | 5.5 | 9.5 / 5.5 | M6 | A | 410 | 200 | 50 | 160 | 18 | 15.3 | 1.62 |
| BIF 1810-3 |  |  |  |  | 1×1.5 | 5.1 | 9.6 | 250 |  |  | 75 | 0.75 |  | 63 |  |  |  |  |  | 510 | 300 | 50 | 160 | 18 | 15.3 | 1.62 |
|  |  |  |  |  |  |  |  |  |  |  |  |  |  |  |  |  |  |  |  | 610 | 400 | 50 | 160 | 18 | 15.3 | 1.62 |
|  |  |  |  |  |  |  |  |  |  |  |  |  |  |  |  |  |  |  |  | 710 | 500 | 50 | 160 | 18 | 15.3 | 1.62 |
|  |  |  |  |  |  |  |  |  |  |  |  |  |  |  |  |  |  |  |  | 810 | 600 | 50 | 160 | 18 | 15.3 | 1.62 |
| BNFN 2005-5 | 20 | 5 | 20.75 | 17.2 | 2×2.5 | 15.1 | 35 | 740 | 44 | 67 | 106 | 0.9 | 11 | 95 | 55 | 5.5 | 9.5 / 5.5 | M6 | A | 410 | 200 | 50 | 160 | 20 | 15.3 | 1.65 |
| BIF 2005-5 |  |  |  |  | 1×2.5 | 8.3 | 17.4 | 440 |  |  | 56 | 0.57 |  | 45 |  |  |  |  |  | 510 | 300 | 50 | 160 | 20 | 15.3 | 1.65 |
|  |  |  |  |  |  |  |  |  |  |  |  |  |  |  |  |  |  |  |  | 610 | 400 | 50 | 160 | 20 | 15.3 | 1.65 |
|  |  |  |  |  |  |  |  |  |  |  |  |  |  |  |  |  |  |  |  | 710 | 500 | 50 | 160 | 20 | 15.3 | 1.65 |
|  |  |  |  |  |  |  |  |  |  |  |  |  |  |  |  |  |  |  |  | 810 | 600 | 50 | 160 | 20 | 15.3 | 1.65 |
|  |  |  |  |  |  |  |  |  |  |  |  |  |  |  |  |  |  |  |  | 1010 | 800 | 50 | 160 | 20 | 15.3 | 1.65 |
|  |  |  |  |  |  |  |  |  |  |  |  |  |  |  |  |  |  |  | B | 610 | 300 | 50 | 260 | 20 | 16.8 | 1.65 |
|  |  |  |  |  |  |  |  |  |  |  |  |  |  |  |  |  |  |  |  | 710 | 400 | 50 | 260 | 20 | 16.8 | 1.65 |
| BNFN 2505-5 | 25 | 5 | 25.75 | 22.2 | 2×2.5 | 16.7 | 44 | 830 | 50 | 73 | 105 | 1.2 | 11 | 94 | 61 | 5.5 | 9.5 / 5.5 | M6 | A | 520 | 300 | 60 | 160 | 25 | 20.3 | 2.84 |
| BIF 2505-5 |  |  |  |  | 1×2.5 | 9.2 | 22 | 440 |  |  | 55 | 0.75 |  | 44 |  |  |  |  |  | 620 | 400 | 60 | 160 | 25 | 20.3 | 2.84 |
|  |  |  |  |  |  |  |  |  |  |  |  |  |  |  |  |  |  |  |  | 720 | 500 | 60 | 160 | 25 | 20.3 | 2.84 |
|  |  |  |  |  |  |  |  |  |  |  |  |  |  |  |  |  |  |  |  | 820 | 600 | 60 | 160 | 25 | 20.3 | 2.84 |
|  |  |  |  |  |  |  |  |  |  |  |  |  |  |  |  |  |  |  |  | 1020 | 800 | 60 | 160 | 25 | 20.3 | 2.84 |
|  |  |  |  |  |  |  |  |  |  |  |  |  |  |  |  |  |  |  |  | 1220 | 1000 | 60 | 160 | 25 | 20.3 | 2.84 |
|  |  |  |  |  |  |  |  |  |  |  |  |  |  |  |  |  |  |  |  | 1420 | 1200 | 60 | 160 | 25 | 20.3 | 2.84 |
|  |  |  |  |  |  |  |  |  |  |  |  |  |  |  |  |  |  |  |  | B | 720 | 400 | 60 | 260 | 25 | 21.8 | 2.84 |
|  |  |  |  |  |  |  |  |  |  |  |  |  |  |  |  |  |  |  |  |  | 820 | 500 | 60 | 260 | 25 | 21.8 | 2.84 |

续表

| 公称型号 | 滚珠丝杠驱动型 | | | | | | | | 螺母 | | | | 尺寸 | | | | | | | 标准品/非标准品标记 | 丝杠轴尺寸 | | | | | | 轴质量/(kg/m) |
|---|---|---|---|---|---|---|---|---|---|---|---|---|---|---|---|---|---|---|---|---|---|---|---|---|---|---|---|
| | 丝杠轴外径 $d$ | 导程 Ph | 滚珠直径 $d_p$ | 滚道底径 $d_c$ | 负载滚珠圈数(列×圈) | $C_a$/kN | $C_{0a}$/kN | 预紧载荷/N | 外径 $D$ | 法兰直径 $D_1$ | 全长 $L_1$ | 质量/kg | $H$ | $B_1$ | PCD | $d_1$ | $d_2$ | $h$ | 润滑孔 | | 全长 $L$ | $l_0$ | $l_1$ | $l_2$ | $d_3$ | $d_4$ | |
| BNFN 2510A-2.5 | 25 | 10 | 26.3 | 21.4 | 1×2.5 | 15.8 | 33 | 780 | 58 | 85 | 120 | 2.0 | 18 | 102 | 71 | 6.6 | 11 | 6.5 | M6 | A | 620 | 400 | 60 | 160 | 25 | 20.3 | 2.68 |
| BIF 2510A-5 | | | | | | | | 780 | | | 100 | 1.87 | | 82 | | | | | | | 820 | 600 | 60 | 160 | 25 | 20.3 | 2.68 |
| | | | | | | | | | | | | | | | | | | | | | 1020 | 800 | 60 | 160 | 25 | 20.3 | 2.68 |
| | | | | | | | | | | | | | | | | | | | | | 1220 | 1000 | 60 | 160 | 25 | 20.3 | 2.68 |
| | | | | | | | | | | | | | | | | | | | | | 1420 | 1200 | 60 | 160 | 25 | 20.3 | 2.68 |
| | | | | | | | | | | | | | | | | | | | | | 520 | 300 | 60 | 160 | 28 | 20.3 | 3.89 |
| | | | | | | | | | | | | | | | | | | | | | 620 | 400 | 60 | 160 | 28 | 20.3 | 3.89 |
| BNFN 2806-5 | 28 | 6 | 28.75 | 25.2 | 2×2.5 | 17.5 | 49.4 | 880 | | | 122 | 1.7 | 12 | 110 | 69 | 6.6 | 11 | 6.5 | M6 | A | 720 | 500 | 60 | 160 | 28 | 20.3 | 3.89 |
| BIF 2806-5 | | | | | 1×2.5 | 9.6 | 24.6 | 490 | 55 | 85 | 68 | 1.0 | | 56 | | | | | | | 920 | 700 | 60 | 160 | 28 | 20.3 | 3.89 |
| BIF 2806-10 | | | | | 2×2.5 | 17.5 | 49.4 | 880 | | | 104 | 1.57 | | 92 | | | | | | | 1020 | 800 | 60 | 160 | 28 | 24.8 | 3.89 |
| | | | | | | | | | | | | | | | | | | | | | 1220 | 1000 | 60 | 160 | 28 | 24.8 | 3.89 |
| | | | | | | | | | | | | | | | | | | | | | 1420 | 1200 | 60 | 160 | 28 | 24.8 | 3.89 |
| | | | | | | | | | | | | | | | | | | | | B | 720 | 400 | 70 | 250 | 28 | 24.8 | 3.89 |
| | | | | | | | | | | | | | | | | | | | | | 920 | 500 | 70 | 350 | 28 | 24.8 | 3.89 |
| | | | | | | | | | | | | | | | | | | | | | 1100 | 700 | 70 | 330 | 28 | 24.8 | 3.89 |
| | | | | | | | | | | | | | | | | | | | | | 1300 | 700 | 70 | | 28 | 24.8 | 3.89 |
| BNFN 3205-5 | 32 | 5 | 32.75 | 29.2 | 2×2.5 | 18.5 | 56.4 | 930 | | | 106 | 1.54 | 12 | 94 | 71 | 6.6 | 11 | 6.5 | M6 | A | 730 | 500 | 70 | 160 | 32 | 25.3 | 5.03 |
| BIF 3205-5 | | | | | 1×2.5 | 10.2 | 28.1 | 490 | 58 | 85 | 56 | 0.87 | | 44 | | | | | | | 930 | 500 | 70 | 160 | 32 | 25.3 | 5.03 |
| BIF 3205-10 | | | | | 2×2.5 | 18.5 | 56.4 | 930 | | | 86 | 1.32 | | 74 | | | | | | | 1230 | 1000 | 70 | 160 | 32 | 25.3 | 5.03 |
| | | | | | | | | | | | | | | | | | | | | | 1430 | 1200 | 70 | 160 | 32 | 25.3 | 5.03 |
| | | | | | | | | | | | | | | | | | | | | | 1630 | 1400 | 70 | 160 | 32 | 27.8 | 5.03 |
| | | | | | | | | | | | | | | | | | | | | | 1830 | 1600 | 70 | 160 | 32 | 27.8 | 5.03 |

续表

| 公称型号 | 丝杠轴外径 $d$ | 导程 Ph | 滚珠直径 $d_p$ | 滚道底径 $d_c$ | 负载滚珠圈数 (列×圈) | $C_a$/kN | $C_{0a}$/kN | 预紧载荷 /N | 外径 $D$ | 法兰直径 $D_1$ | 全长 $L_1$ | 质量 /kg | $H$ | $B_1$ | PCD | $d_1$ | $d_2$ | $h$ | 润滑孔 A | 标准在库品标记 | 全长 $L$ | $l_0$ | $l_1$ | $l_2$ | $d_3$ | $d_4$ | 轴质量 /(kg/m) |
|---|---|---|---|---|---|---|---|---|---|---|---|---|---|---|---|---|---|---|---|---|---|---|---|---|---|---|---|
| BNFN 3206-5 | 32 | 6 | 33 | 28.4 | 2×2.5 | 25.2 | 70.4 | 1270 | 62 | 89 | 123 | 2.0 | 12 | 111 | 75 | 6.6 | 11 | 6.5 | M6 | A | 730 | 500 | 70 | 160 | 32 | 25.3 | 4.63 |
| BIF 3206-5 | | | | | 1×2.5 | 13.9 | 35.2 | 690 | | | 63 | 1.2 | | 51 | | | | | | | 930 | 700 | 70 | 160 | 32 | 25.3 | 4.63 |
| BIF 3206-10 | | | | | 2×2.5 | 25.2 | 70.4 | 1270 | | | 99 | 1.76 | | 87 | | | | | | | 1230 | 1000 | 70 | 160 | 32 | 25.3 | 4.63 |
| | | | | | | | | | | | | | | | | | | | | | 1430 | 1200 | 70 | 160 | 32 | 25.3 | 4.63 |
| | | | | | | | | | | | | | | | | | | | | 1630 | 1400 | 70 | 160 | 32 | 27.8 | 4.63 |
| | | | | | | | | | | | | | | | | | | | | 1830 | 1600 | 70 | 160 | 32 | 27.8 | 4.63 |
| | | | | | | | | | | | | | | | | | | | B | 930 | 500 | 70 | 360 | 32 | 27.8 | 4.63 |
| | | | | | | | | | | | | | | | | | | | | 1100 | 700 | 70 | 330 | 32 | 27.8 | 4.63 |
| | | | | | | | | | | | | | | | | | | | | 1430 | 1000 | 70 | 360 | 32 | 27.8 | 4.63 |
| BNFN 3210A-5 | 32 | 10 | 33.75 | 26.4 | 2×2.5 | 47.2 | 112.7 | 2350 | 74 | 108 | 190 | 5.5 | 15 | 175 | 90 | 9 | 14 | 8.5 | M6 | A | 730 | 500 | 70 | 160 | 32 | 25.3 | 3.66 |
| BIF 3210A-5 | | | | | 1×2.5 | 26.1 | 56.2 | 1270 | | | 100 | 2.8 | | 85 | | | | | | | 930 | 700 | 70 | 160 | 32 | 25.3 | 3.66 |
| | | | | | | | | | | | | | | | | | | | | 1430 | 1200 | 70 | 160 | 32 | 25.3 | 3.66 |
| | | | | | | | | | | | | | | | | | | | | 1830 | 1600 | 70 | 160 | 32 | 25.3 | 3.66 |
| BNFN 3610-5 | 36 | 10 | 37.75 | 30.5 | 2×2.5 | 50.1 | 126.4 | 2500 | 75 | 120 | 201 | 6.0 | 18 | 183 | 98 | 11 | 17.5 | 11 | M6 | A | 730 | 500 | 70 | 160 | 36 | 30.3 | 5.03 |
| BIF 3610-5 | | | | | 1×2.5 | 27.6 | 63.3 | 1370 | | | 111 | 3.4 | | 93 | | | | | | | 930 | 700 | 70 | 160 | 36 | 30.3 | 5.03 |
| BIF 3610-10 | | | | | 2×2.5 | 50.1 | 126.4 | 2500 | | | 171 | 4.8 | | 153 | | | | | | | 1430 | 1200 | 70 | 160 | 36 | 30.3 | 5.03 |
| | | | | | | | | | | | | | | | | | | | | 1830 | 1600 | 70 | 160 | 36 | 30.3 | 5.03 |
| | | | | | | | | | | | | | | | | | | | B | 930 | 500 | 100 | 330 | 36 | 30.3 | 5.03 |
| | | | | | | | | | | | | | | | | | | | | 1100 | 700 | 100 | 300 | 36 | 30.3 | 5.03 |
| | | | | | | | | | | | | | | | | | | | | 1830 | 1200 | 100 | 530 | 36 | 30.3 | 5.03 |

续表

| 公称型号 | 滚珠丝杠驱动型 | | | | | | | | 螺母 | | | | 尺寸 | | | | | | | | 丝杠轴尺寸 | | | | | | |
| --- | --- | --- | --- | --- | --- | --- | --- | --- | --- | --- | --- | --- | --- | --- | --- | --- | --- | --- | --- | --- | --- | --- | --- | --- | --- | --- | --- |
| | 丝杠轴外径 $d$ | 导程 Ph | 滚珠直径 $d_p$ | 滚道底径 $d_c$ | 负载滚珠圈数(列×圈) | 基本额定载荷 $C_a$/kN | $C_{0a}$/kN | 预紧载荷/N | 外径 $D$ | 法兰直径 $D_1$ | 全长 $L_1$ | 质量/kg | $H$ | $B_1$ | PCD | $d_1$ | $d_2$ | $h$ | 润滑孔 A | 标准品在库标记 | 全长 $L$ | $l_0$ | $l_1$ | $l_2$ | $d_3$ | $d_4$ | 轴质量/(kg/m) |
| BNFN 4010-5 | 40 | 10 | 41.75 | 34.4 | 2×2.5 | 52.7 | 141.1 | 2650 | 82 | 124 | 193 | 6.8 | 18 | 175 | 102 | 11 | 17.5 | 11 | M6 | A | 1230 | 1000 | 70 | 160 | 40 | 30.3 | 6.59 |
| BIF 4010-5 | | | | | 1×2.5 | 29 | 70.4 | 1470 | | | 103 | 3.58 | | 85 | | | | | | | 1730 | 1500 | 70 | 160 | 40 | 30.3 | 6.59 |
| BIF 4010-10 | | | | | 2×2.5 | 52.7 | 141.1 | 2650 | | | 163 | 5.18 | | 145 | | | | | | | 2030 | 1800 | 70 | 160 | 40 | 30.3 | 6.59 |
| | | | | | | | | | | | | | | | | | | | | | 2230 | 2000 | 70 | 160 | 40 | 30.3 | 6.59 |
| BNFN 4012-5 | 40 | 12 | 42 | 34.1 | 2×2.5 | 61.6 | 158.8 | 3090 | 84 | 126 | 227 | 6.3 | 18 | 209 | 104 | 11 | 17.5 | 11 | M6 | A | 1230 | 1000 | 70 | 160 | 40 | 30.3 | 6.39 |
| BIF 4012-5 | | | | | 1×2.5 | 33.9 | 79.2 | 1720 | | | 119 | 4.2 | | 101 | | | | | | | 1730 | 1500 | 70 | 160 | 40 | 30.3 | 6.39 |
| BIF 4012-10 | | | | | 2×2.5 | 61.6 | 158.8 | 3090 | | | 191 | 6.24 | | 173 | | | | | | B | 2030 | 1800 | 70 | 160 | 40 | 30.3 | 6.39 |
| | | | | | | | | | | | | | | | | | | | | | 2230 | 2000 | 70 | 160 | 40 | 30.3 | 6.39 |
| | | | | | | | | | | | | | | | | | | | | | 1730 | 1200 | 100 | 430 | 40 | 33.8 | 6.39 |
| | | | | | | | | | | | | | | | | | | | | | 2030 | 1700 | 100 | 730 | 40 | 33.8 | 6.39 |
| BNFN 5010-5 | 50 | 10 | 51.75 | 44.4 | 2×2.5 | 58.2 | 176.4 | 2890 | 93 | 135 | 193 | 7.2 | 18 | 175 | 113 | 11 | 17.5 | 11 | PT 1/8 | A | 1300 | 1000 | 100 | 200 | 50 | 40.3 | 11.36 |
| BIF 5010-5 | | | | | 1×2.5 | 32 | 88.2 | 1620 | | | 103 | 4.4 | | 85 | | | | | | | 1800 | 1500 | 100 | 200 | 50 | 40.3 | 11.36 |
| BIF 5010-10 | | | | | 2×2.5 | 58.2 | 176.4 | 2890 | | | 163 | 6.35 | | 145 | | | | | | | 2300 | 2000 | 100 | 200 | 50 | 40.3 | 11.36 |
| | | | | | | | | | | | | | | | | | | | | | 2800 | 2500 | 100 | 200 | 50 | 40.3 | 11.36 |

# A.3 精密滚珠丝杠——单螺母变位导程预紧 BIF 型及双螺母垫片预紧 BNFN 型

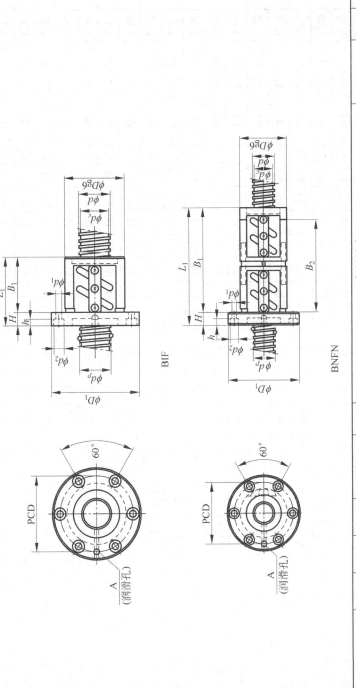

BIF

BNFN

| 丝杠轴外径 $d$ | 导程 Ph | 公称型号 | 滚珠直径 $d_p$ | 滚道底径 $d_c$ | 负载滚珠圈数 (列×圈) | 基本额定载荷 $C_a$ kN | 基本额定载荷 $C_{0a}$ kN | 刚性 $K$/(N/μm) | 外径 $D$ | 法兰直径 $D_1$ | 全长 $L_1$ | $H$ | $B_1$ | $B_2$ | PCD | $d_1$ | $d_2$ | $h$ | 润滑孔 A | 丝杠轴的惯性力矩 (kg·cm²/mm) | 螺母质量 kg | 轴质量/(kg/m) |
|---|---|---|---|---|---|---|---|---|---|---|---|---|---|---|---|---|---|---|---|---|---|---|
| 16 | 5 | BIF 1605-5 | 16.75 | 13.2 | 1×2.5 | 7.4 | 13.9 | 330 | 40 | 60 | 56 | 10 | 46 | — | 50 | 4.5 | 8 | 4.5 | M6 | $5.05×10^{-4}$ | 0.56 | 1.25 |
| 16 | 6 | BIF 1606-05 | 16.8 | 13.2 | 1×2.5 | 7.5 | 14 | 330 | 40 | 60 | 62 | 10 | 52 | — | 50 | 4.5 | 8 | 4.5 | M6 | $5.05×10^{-4}$ | 0.56 | 1.3 |

续表

| 丝杠轴外径 $d$ | 导程 $Ph$ | 公称型号 | 滚珠直径 $d_p$ | 滚道底径 $d_c$ | 负载滚珠圈数 (列×圈) | 基本额定载荷 $C_a$/kN | 基本额定载荷 $C_{0a}$/kN | 刚性 $K$/(N/μm) | 外径 $D$ | 法兰直径 $D_1$ | 全长 $L_1$ | $H$ | $B_1$ | $B_2$ | PCD | $d_1$ | $d_2$ | $h$ | 润滑孔 $A$ | 丝杠轴的惯性力矩 (kg·cm²/mm) | 螺母质量/kg | 轴质量/(kg/m) |
|---|---|---|---|---|---|---|---|---|---|---|---|---|---|---|---|---|---|---|---|---|---|---|
| 18 | 10 | BIF 1810-3 | 18.8 | 15.5 | 1×1.5 | 5.1 | 9.6 | 230 | 42 | 65 | 75 | 12 | 63 | — | 53 | 5.5 | 9.5 | 5.5 | M6 | $8.09×10^{-4}$ | 0.75 | 1.81 |
| | | BNFN 1810-2.5 | 18.8 | 15.5 | 1×2.5 | 7.8 | 15.9 | 360 | 42 | 65 | 119 | 12 | 107 | 94 | 53 | 5.5 | 9.5 | 5.5 | M6 | $8.09×10^{-4}$ | 1.09 | 1.81 |
| 20 | 4 | BIF 2004-5 | 20.5 | 17.8 | 1×2.5 | 4.8 | 10.9 | 360 | 40 | 63 | 53 | 11 | 42 | — | 51 | 5.5 | 9.5 | 5.5 | M6 | $1.23×10^{-3}$ | 0.49 | 2.18 |
| | 5 | BIF 2005-5 | 20.75 | 17.2 | 1×2.5 | 8.3 | 17.4 | 390 | 44 | 67 | 56 | 11 | 45 | — | 55 | 5.5 | 9.5 | 5.5 | M6 | $1.25×10^{-3}$ | 0.57 | 2.06 |
| | | BNFN 2005-5 | 20.75 | 17.2 | 2×2.5 | 15.1 | 35 | 760 | 44 | 67 | 106 | 11 | 95 | 83 | 55 | 5.5 | 9.5 | 5.5 | M6 | $1.23×10^{-3}$ | 0.98 | 2.06 |
| | 6 | BIF 2006-5 | 20.75 | 17.2 | 1×2.5 | 8.3 | 17.5 | 390 | 48 | 71 | 62 | 11 | 51 | — | 59 | 5.5 | 9.5 | 5.5 | M6 | $1.23×10^{-3}$ | 0.8 | 2.13 |
| 25 | 5 | BIF 2505-5 | 25.75 | 22.2 | 1×2.5 | 9.2 | 22 | 470 | 50 | 73 | 55 | 11 | 44 | — | 61 | 5.5 | 9.5 | 5.5 | M6 | $3.01×10^{-3}$ | 0.75 | 3.35 |
| | | BNFN 2505-3.5 | 25.75 | 22.2 | 1×3.5 | 12.3 | 30.7 | 650 | 50 | 73 | 85 | 11 | 74 | 62 | 61 | 5.5 | 9.5 | 5.5 | M6 | $3.01×10^{-3}$ | 1.02 | 3.35 |
| | | BNFN 2505-5 | 25.75 | 22.2 | 2×2.5 | 16.7 | 44 | 910 | 50 | 73 | 105 | 11 | 94 | 82 | 61 | 5.5 | 9.5 | 5.5 | M6 | $3.01×10^{-3}$ | 1.22 | 3.35 |
| | 8 | BIF 2508-5 | 26.25 | 20.5 | 1×2.5 | 15.8 | 32.8 | 500 | 58 | 85 | 82 | 15 | 67 | — | 71 | 6.6 | 11 | 6.5 | M6 | $3.01×10^{-3}$ | 1.52 | 3.13 |
| | 10 | BIF 2510A-5 | 26.3 | 21.4 | 1×2.5 | 15.8 | 33 | 500 | 58 | 85 | 100 | 18 | 82 | — | 71 | 6.6 | 11 | 6.5 | M6 | $3.01×10^{-3}$ | 1.86 | 3.27 |
| | | BNFN 2510A-2.5 | 26.3 | 21.4 | 1×2.5 | 15.8 | 33 | 500 | 58 | 85 | 120 | 18 | 102 | 83 | 71 | 6.6 | 11 | 6.5 | M6 | $3.01×10^{-3}$ | 2.16 | 3.27 |
| 28 | 5 | BIF 2805-5 | 28.75 | 25.2 | 1×2.5 | 9.7 | 24.6 | 520 | 55 | 85 | 59 | 12 | 47 | — | 69 | 6.6 | 11 | 6.5 | M6 | $4.74×10^{-3}$ | 0.98 | 4.27 |
| | | BIF 2805-10 | 28.75 | 25.2 | 2×2.5 | 17.4 | 49.4 | 1000 | 55 | 85 | 89 | 12 | 77 | — | 69 | 6.6 | 11 | 6.5 | M6 | $4.74×10^{-3}$ | 1.34 | 4.27 |
| | | BNFN 2805-5 | 28.75 | 25.2 | 2×2.5 | 17.5 | 49.4 | 1000 | 55 | 85 | 104 | 12 | 92 | 79 | 69 | 6.6 | 11 | 6.5 | M6 | $4.74×10^{-3}$ | 1.52 | 4.27 |
| | 6 | BIF 2806-5 | 28.75 | 25.2 | 1×2.5 | 9.6 | 24.6 | 520 | 55 | 85 | 68 | 12 | 56 | — | 69 | 6.6 | 11 | 6.5 | M6 | $4.74×10^{-3}$ | 1.09 | 4.36 |
| | | BNFN 2806-5 | 28.75 | 25.2 | 2×2.5 | 17.5 | 49.4 | 1000 | 55 | 85 | 122 | 12 | 110 | 97 | 69 | 6.6 | 11 | 6.5 | M6 | $4.74×10^{-3}$ | 1.73 | 4.36 |
| | 10 | BIF 2810-3 | 29.75 | 22.4 | 1×1.5 | 15.7 | 29.4 | 350 | 65 | 106 | 88 | 18 | 70 | — | 85 | 11 | 17.5 | 11 | M6 | $4.74×10^{-3}$ | 2.33 | 3.66 |

续表

| 丝杠轴外径 $d$ | 导程 $Ph$ | 公称型号 | 滚珠直径 $d_p$ | 滚道底径 $d_c$ | 负载滚珠圈数/(列×圈) | 基本额定载荷 $C_a$/kN | 基本额定载荷 $C_{0a}$/kN | 刚性 $K$/(N/μm) | 螺母尺寸 外径 $D$ | 法兰直径 $D_1$ | 全长 $L_1$ | $H$ | $B_1$ | $B_2$ | PCD | $d_1$ | $d_2$ | $h$ | 润滑孔 $A$ | 丝杠轴的惯性力矩/(kg·cm²/mm) | 螺母质量/kg | 轴质量/(kg/m) |
|---|---|---|---|---|---|---|---|---|---|---|---|---|---|---|---|---|---|---|---|---|---|---|
| 32 | 4 | BIF 3204-10 | 32.5 | 30.1 | 2×2.5 | 10.5 | 35.4 | 1010 | 54 | 81 | 76 | 11 | 65 | — | 67 | 6.6 | 11 | 6.5 | M6 | $8.08×10^{-3}$ | 0.97 | 5.86 |
| | 5 | BNFN 3205-2.5 | 32.75 | 29.2 | 1×2.5 | 10.2 | 28.1 | 570 | 58 | 85 | 76 | 12 | 64 | 51 | 71 | 6.6 | 11 | 6.5 | M6 | $8.08×10^{-3}$ | 1.19 | 5.67 |
| | | BNFN 3205-3 | 32.75 | 29.2 | 2×1.5 | 12 | 33.8 | 690 | 58 | 85 | 103 | 12 | 91 | 78 | 71 | 6.6 | 11 | 6.5 | M6 | $8.08×10^{-3}$ | 1.52 | 5.67 |
| | | BNFN 3205-4.5 | 32.75 | 29.2 | 3×1.5 | 17 | 50.7 | 1000 | 58 | 85 | 123 | 12 | 111 | 98 | 71 | 6.6 | 11 | 6.5 | M6 | $8.08×10^{-3}$ | 1.77 | 5.67 |
| | | BNFN 3205-5 | 32.75 | 29.2 | 2×2.5 | 18.5 | 56.4 | 1110 | 58 | 85 | 106 | 12 | 94 | 81 | 71 | 6.6 | 11 | 6.5 | M6 | $8.08×10^{-3}$ | 1.56 | 5.67 |
| | | BNFN 3205-7.5 | 32.75 | 29.2 | 3×2.5 | 26.3 | 84.5 | 1640 | 58 | 85 | 136 | 12 | 124 | 111 | 71 | 6.6 | 11 | 6.5 | M6 | $8.08×10^{-3}$ | 1.93 | 5.67 |
| | 6 | BIF 3206-5 | 33 | 28.4 | 1×2.5 | 13.9 | 35.2 | 600 | 62 | 89 | 63 | 12 | 51 | — | 75 | 6.6 | 11 | 6.5 | M6 | $8.08×10^{-3}$ | 1.21 | 6.31 |
| | | BIF 3206-7 | 33 | 28.4 | 1×3.5 | 18.5 | 49.2 | 810 | 62 | 89 | 75 | 12 | 63 | — | 75 | 6.6 | 11 | 6.5 | M6 | $8.08×10^{-3}$ | 1.39 | 6.31 |
| | | BIF 3206-10 | 33 | 28.4 | 2×2.5 | 25.2 | 70.4 | 1150 | 62 | 89 | 99 | 12 | 87 | — | 75 | 6.6 | 11 | 6.5 | M6 | $8.08×10^{-3}$ | 1.75 | 6.31 |
| | | BNFN 3206-5 | 33 | 28.4 | 2×2.5 | 25.2 | 70.4 | 1150 | 62 | 89 | 123 | 12 | 111 | 98 | 75 | 6.6 | 11 | 6.5 | M6 | $8.08×10^{-3}$ | 2.11 | 6.31 |
| | 8 | BIF 3208A-5 | 33.25 | 27.5 | 1×2.5 | 17.8 | 42.2 | 610 | 66 | 100 | 82 | 15 | 67 | — | 82 | 9 | 14 | 8.5 | M6 | $8.08×10^{-3}$ | 1.93 | 5.39 |
| | | BIF 3208A-7 | 33.25 | 27.5 | 1×3.5 | 23.8 | 59.1 | 840 | 66 | 100 | 98 | 15 | 83 | — | 82 | 9 | 14 | 8.5 | M6 | $8.08×10^{-3}$ | 2.21 | 5.39 |
| | | BNFN 3208A-4.5 | 33.25 | 27.5 | 3×1.5 | 29.5 | 76 | 1070 | 66 | 100 | 167 | 15 | 152 | 111 | 82 | 9 | 14 | 8.5 | M6 | $8.08×10^{-3}$ | 3.45 | 5.39 |
| | 10 | BIF 3210A-5 | 33.75 | 26.4 | 1×2.5 | 26.1 | 56.2 | 640 | 74 | 108 | 100 | 15 | 85 | — | 90 | 9 | 14 | 8.5 | M6 | $8.08×10^{-3}$ | 2.92 | 4.98 |
| | | BNFN 3210A-5 | 33.75 | 26.4 | 2×2.5 | 47.2 | 112.7 | 1230 | 74 | 108 | 190 | 15 | 175 | 159 | 90 | 9 | 14 | 8.5 | M6 | $8.08×10^{-3}$ | 5.08 | 4.98 |
| 36 | 6 | BNFN 3606-5 | 36.75 | 33.2 | 2×2.5 | 19.4 | 63.4 | 1220 | 65 | 100 | 125 | 15 | 110 | 94 | 82 | 9 | 14 | 8.5 | M6 | $8.08×10^{-3}$ | 2.41 | 7.39 |
| | 10 | BIF 3610-5 | 37.75 | 30.5 | 1×2.5 | 27.6 | 63.3 | 700 | 75 | 120 | 164 | 18 | 146 | 45 | 77 | 11 | 17.5 | 11 | M6 | $1.29×10^{-2}$ | 2.57 | 6.51 |
| | | BIF 3610-10 | 37.75 | 30.5 | 2×2.5 | 50.1 | 126.4 | 1350 | 75 | 120 | 111 | 18 | 93 | — | 98 | 11 | 17.5 | 11 | M6 | $1.29×10^{-2}$ | 3.45 | 6.51 |
| | | BNFN 3610-5 | 37.75 | 30.5 | 2×2.5 | 50.1 | 126.4 | 1350 | 75 | 120 | 141 | 18 | 123 | 104 | 98 | 11 | 17.5 | 11 | M6 | $1.29×10^{-2}$ | 4.15 | 6.51 |

续表

| 丝杠轴外径 d | 导程 Ph | 公称型号 | 滚珠直径 $d_P$ | 滚道底径 $d_c$ | 负载滚珠圈数/(列×圈) | 基本额定载荷 $C_a$/kN | $C_{0a}$/kN | 刚性 K/(N/μm) | 螺母尺寸 外径 D | 法兰直径 $D_1$ | 全长 $L_1$ | H | $B_1$ | $B_2$ | PCD | $d_1$ | $d_2$ | h | 润滑孔 A | 丝杠轴的惯性力矩/(kg·cm²/mm) | 螺母质量/kg | 轴质量/(kg/m) |
|---|---|---|---|---|---|---|---|---|---|---|---|---|---|---|---|---|---|---|---|---|---|---|
| 40 | 10 | BIF 4010-5 | 41.75 | 34.4 | 1×2.5 | 29 | 70.4 | 750 | 82 | 124 | 103 | 18 | 85 | — | 102 | 11 | 17.5 | 11 | M6 | $1.97×10^{-2}$ | 3.69 | 8.22 |
|  |  | BIF 4010-10 | 41.75 | 34.4 | 2×2.5 | 52.7 | 141.1 | 1470 | 82 | 124 | 163 | 18 | 145 | — | 102 | 11 | 17.5 | 11 | M6 | $1.97×10^{-2}$ | 5.33 | 8.22 |
|  |  | BNFN 4010-5 | 41.75 | 34.4 | 2×2.5 | 52.7 | 141.1 | 1470 | 82 | 124 | 193 | 18 | 175 | 156 | 102 | 11 | 17.5 | 11 | M6 | $1.97×10^{-2}$ | 6.16 | 8.22 |
|  | 12 | BIF 4012-5 | 42 | 34.1 | 1×2.5 | 33.9 | 79.2 | 770 | 84 | 126 | 119 | 18 | 101 | — | 104 | 11 | 17.5 | 11 | M6 | $1.97×10^{-2}$ | 4.36 | 8.12 |
|  |  | BIF 4012-10 | 42 | 34.1 | 2×2.5 | 61.6 | 158.8 | 1490 | 84 | 126 | 191 | 18 | 173 | — | 104 | 11 | 17.5 | 11 | M6 | $1.97×10^{-2}$ | 6.47 | 8.12 |
|  |  | BNFN 4012-5 | 42 | 34.1 | 2×2.5 | 61.6 | 158.8 | 1490 | 84 | 126 | 227 | 18 | 209 | 190 | 104 | 11 | 17.5 | 11 | M6 | $1.97×10^{-2}$ | 7.52 | 8.12 |
| 45 | 10 | BNFN 4510-2.5 | 46.75 | 39.5 | 1×2.5 | 30.7 | 79.3 | 830 | 88 | 132 | 141 | 18 | 123 | 104 | 110 | 11 | 17.5 | 11 | PT 1/8 | $3.16×10^{-2}$ | 5.26 | 10.65 |
|  |  | BNFN 4510-3 | 46.75 | 39.5 | 2×1.5 | 35.9 | 95.2 | 990 | 88 | 132 | 164 | 18 | 146 | 127 | 110 | 11 | 17.5 | 11 | PT 1/8 | $3.16×10^{-2}$ | 5.96 | 10.65 |
|  |  | BNFN 4510-5 | 46.75 | 39.5 | 2×2.5 | 55.6 | 158.8 | 1610 | 88 | 132 | 201 | 18 | 183 | 164 | 110 | 11 | 17.5 | 11 | PT 1/8 | $3.16×10^{-2}$ | 7.09 | 10.65 |
| 50 | 10 | BIF 5010-5 | 51.75 | 44.4 | 1×2.5 | 32 | 38.2 | 900 | 93 | 135 | 103 | 18 | 85 | — | 113 | 11 | 17.5 | 11 | PT 1/8 | $4.82×10^{-2}$ | 4.31 | 13.38 |
|  |  | BIF 5010-10 | 51.75 | 44.4 | 2×2.5 | 58.2 | 176.4 | 1750 | 93 | 135 | 163 | 18 | 145 | — | 113 | 11 | 17.5 | 11 | PT 1/8 | $4.82×10^{-2}$ | 6.26 | 13.38 |
|  |  | BNFN 5010-5 | 51.75 | 44.4 | 2×2.5 | 58.2 | 176.4 | 1750 | 93 | 135 | 193 | 18 | 175 | 156 | 113 | 11 | 17.5 | 11 | PT 1/8 | $4.82×10^{-2}$ | 7.24 | 13.38 |
| 63 | 10 | BNFN 6310-2.5 | 64.75 | 57.7 | 1×2.5 | 35.4 | 111.7 | 1090 | 108 | 154 | 137 | 22 | 115 | — | 130 | 14 | 20 | 13 | PT 1/8 | $1.21×10^{-2}$ | 6.98 | 21.93 |

## A.4 轧制滚珠丝杠——单螺母弹簧预紧 JPF 型

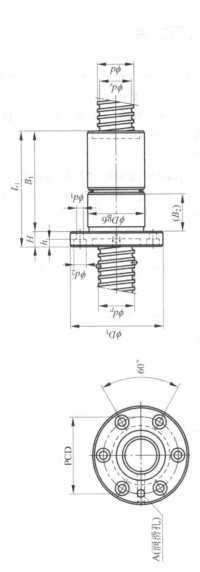

| 丝杠轴外径 $d$ | 导程 $Ph$ | 公称型号 | 滚珠直径 $d_p$ | 滚道底径 $d_c$ | 负载滚珠圈数/(列×圈) | 基本额定载荷 | | 螺母尺寸 | | | | | | | | | | 丝杠轴的惯性力矩/ $(kg \cdot cm^2/mm)$ | 螺母质量/ kg | 轴质量/ $(kg/m)$ |
|---|---|---|---|---|---|---|---|---|---|---|---|---|---|---|---|---|---|---|---|
| | | | | | | $C_a/$ kN | $C_{0a}/$ kN | 外径 $D$ | 法兰直径 $D_1$ | 全长 $L_1$ | $H$ | $B_1$ | $B_2$ | $PCD$ | $d_1 \times d_2 \times h$ | 润滑孔 A | | | |
| 14 | 4 | JPF 1404-4 | 14.4 | 11.5 | 2×1 | 2.8 | 5.1 | 26 | 46 | 52 | 10 | 42 | 16.5 | 36 | 4.5×8×4.5 | M6 | $2.96\times10^{-4}$ | 0.22 | 1.0 |
| 14 | 5 | JPF 1405-4 | 14.5 | 11.2 | 2×1 | 3.9 | 8.6 | 26 | 46 | 60 | 10 | 50 | 20 | 36 | 4.5×8×4.5 | M6 | $2.96\times10^{-4}$ | 0.24 | 0.99 |
| 16 | 5 | JPF 1605-4 | 16.75 | 13.5 | 2×1 | 3.7 | 8.2 | 30 | 49 | 60 | 10 | 50 | 19.5 | 39 | 4.5×8×4.5 | M6 | $5.05\times10^{-4}$ | 0.3 | 1.34 |
| 20 | 5 | JPF 2005-6 | 20.5 | 17.2 | 3×1 | 6 | 16 | 34 | 57 | 80 | 11 | 69 | 26.5 | 45 | 5.5×9.5×5.5 | M6 | $1.23\times10^{-3}$ | 0.46 | 2.15 |
| 25 | 5 | JPF 2505-6 | 25.5 | 22.2 | 3×1 | 6.9 | 20.8 | 40 | 66 | 80 | 11 | 69 | 26 | 51 | 5.5×9.5×5.5 | M6 | $3.01\times10^{-3}$ | 0.6 | 3.45 |
| 25 | 10 | JPF 2510-4 | 26.8 | 20.2 | 2×1 | 11.4 | 24.5 | 47 | 72 | 112 | 12 | 100 | 42 | 58 | 6.6×11×6.5 | M6 | $3.01\times10^{-3}$ | 1.2 | 3.26 |
| 28 | 5 | JPF 2805-6 | 28.75 | 25.2 | 3×1 | 7.3 | 23.9 | 43 | 69 | 80 | 12 | 68 | 25 | 55 | 6.6×11×6.5 | M6 | $4.74\times10^{-3}$ | 0.66 | 4.27 |
| 28 | 6 | JPF 2806-6 | 28.5 | 25.2 | 3×1 | 7.3 | 23.9 | 43 | 69 | 90 | 12 | 78 | 35 | 55 | 6.6×11×6.5 | M6 | $4.74\times10^{-3}$ | 0.72 | 4.44 |
| 32 | 10 | JPF 3210-6 | 33.75 | 27.2 | 3×1 | 19.3 | 49.9 | 54 | 88 | 135 | 15 | 120 | 53.5 | 70 | 9×14×8.5 | M6 | $8.08\times10^{-3}$ | 1.84 | 5.49 |
| 36 | 10 | JPF 3610-6 | 37 | 30.5 | 3×1 | 20.6 | 56.2 | 58 | 98 | 138 | 18 | 120 | 53.5 | 77 | 11×17.5×11 | M6 | $1.29\times10^{-2}$ | 2.22 | 6.91 |
| 40 | 10 | JPF 4010-6 | 41.75 | 35.2 | 3×1 | 22.2 | 65.3 | 62 | 104 | 138 | 18 | 120 | 53.5 | 82 | 11×17.5×11 | PT 1/8 | $1.97\times10^{-2}$ | 2.42 | 8.81 |

# 附录 B 日本哈默纳科谐波齿轮技术数据

## B.1 CSF 系列额定表

| 型号 | 减速比 | 输入2000r/min时的额定转矩/(N·m) | 启动停止时的容许峰值转矩/(N·m) | 平均负载转矩的容许最大值/(N·m) | 瞬间容许最大转矩/(N·m) | 容许最高输入转速/(r/min) | | 容许平均输入转速/(r/min) | | 转动惯量/(×10⁻⁴ kg·m²) |
|---|---|---|---|---|---|---|---|---|---|---|
| | | | | | | 油润滑 | 脂润滑 | 油润滑 | 脂润滑 | |
| 14 | 30 | 4.0 | 9.0 | 6.8 | 17 | 14000 | 8500 | 6500 | 3500 | 0.034 |
| | 50 | 5.4 | 18 | 6.9 | 35 | | | | | |
| | 80 | 7.8 | 23 | 11 | 47 | | | | | |
| | 100 | 7.8 | 28 | 11 | 54 | | | | | |
| 17 | 30 | 8.8 | 16 | 12 | 30 | 10000 | 7300 | 6500 | 3500 | 0.081 |
| | 50 | 16 | 34 | 26 | 70 | | | | | |
| | 80 | 22 | 43 | 27 | 87 | | | | | |
| | 100 | 24 | 54 | 39 | 108 | | | | | |
| | 120 | 24 | 54 | 39 | 86 | | | | | |
| 20 | 30 | 15 | 27 | 20 | 50 | 10000 | 6500 | 6500 | 3500 | 0.197 |
| | 50 | 25 | 56 | 34 | 98 | | | | | |
| | 80 | 34 | 74 | 47 | 127 | | | | | |
| | 100 | 40 | 82 | 49 | 147 | | | | | |
| | 120 | 40 | 87 | 49 | 147 | | | | | |
| | 160 | 40 | 92 | 49 | 147 | | | | | |
| 25 | 30 | 27 | 50 | 38 | 95 | 7500 | 5600 | 5600 | 3500 | 0.421 |
| | 50 | 39 | 98 | 55 | 186 | | | | | |
| | 80 | 63 | 137 | 87 | 255 | | | | | |
| | 100 | 67 | 157 | 108 | 284 | | | | | |
| | 120 | 67 | 167 | 108 | 304 | | | | | |
| | 160 | 67 | 176 | 108 | 314 | | | | | |
| 32 | 30 | 54 | 100 | 75 | 200 | 7000 | 4800 | 4600 | 3500 | 1.72 |
| | 50 | 76 | 216 | 108 | 382 | | | | | |
| | 80 | 118 | 304 | 167 | 568 | | | | | |
| | 100 | 137 | 333 | 216 | 647 | | | | | |
| | 120 | 137 | 353 | 216 | 686 | | | | | |
| | 160 | 137 | 372 | 216 | 686 | | | | | |

续表

| 型号 | 减速比 | 输入 2000r/min 时的额定转矩/ (N·m) | 启动停止时的容许峰值转矩/ (N·m) | 平均负载转矩的容许最大值/ (N·m) | 瞬间容许最大转矩/ (N·m) | 容许最高输入转速/ (r/min) | | 容许平均输入转速/ (r/min) | | 转动惯量/ (×10⁻⁴ kg·m²) |
|---|---|---|---|---|---|---|---|---|---|---|
| | | | | | | 油润滑 | 脂润滑 | 油润滑 | 脂润滑 | |
| 40 | 50 | 137 | 402 | 196 | 686 | 5600 | 4000 | 3600 | 3000 | 4.59 |
| | 80 | 206 | 519 | 284 | 980 | | | | | |
| | 100 | 265 | 568 | 372 | 1080 | | | | | |
| | 120 | 294 | 617 | 451 | 1180 | | | | | |
| | 160 | 294 | 647 | 451 | 1180 | | | | | |
| 45 | 50 | 176 | 500 | 265 | 950 | 5000 | 3800 | 3300 | 3000 | 8.86 |
| | 80 | 313 | 706 | 390 | 1270 | | | | | |
| | 100 | 353 | 755 | 500 | 1570 | | | | | |
| | 120 | 402 | 823 | 620 | 1760 | | | | | |
| | 160 | 402 | 882 | 630 | 1910 | | | | | |
| 50 | 50 | 122 | 715 | 175 | 1430 | 4500 | 3500 | 3000 | 2500 | 12.8 |
| | 80 | 372 | 941 | 519 | 1860 | | | | | |
| | 100 | 470 | 980 | 666 | 2060 | | | | | |
| | 120 | 529 | 1080 | 813 | 2060 | | | | | |
| | 160 | 529 | 1180 | 843 | 2450 | | | | | |
| 58 | 50 | 176 | 1020 | 260 | 1960 | 4000 | 3000 | 2700 | 2200 | 27.9 |
| | 80 | 549 | 1480 | 770 | 2450 | | | | | |
| | 100 | 696 | 1590 | 1060 | 3180 | | | | | |
| | 120 | 745 | 1720 | 1190 | 3330 | | | | | |
| | 160 | 745 | 1840 | 1210 | 3430 | | | | | |
| 65 | 50 | 245 | 1420 | 360 | 2830 | 3500 | 2800 | 2400 | 1900 | 47.8 |
| | 80 | 745 | 2110 | 1040 | 3720 | | | | | |
| | 100 | 951 | 2300 | 1520 | 4750 | | | | | |
| | 120 | 951 | 2510 | 1570 | 4750 | | | | | |
| | 160 | 951 | 2630 | 1570 | 4750 | | | | | |

## B.2　CSF 系列尺寸表

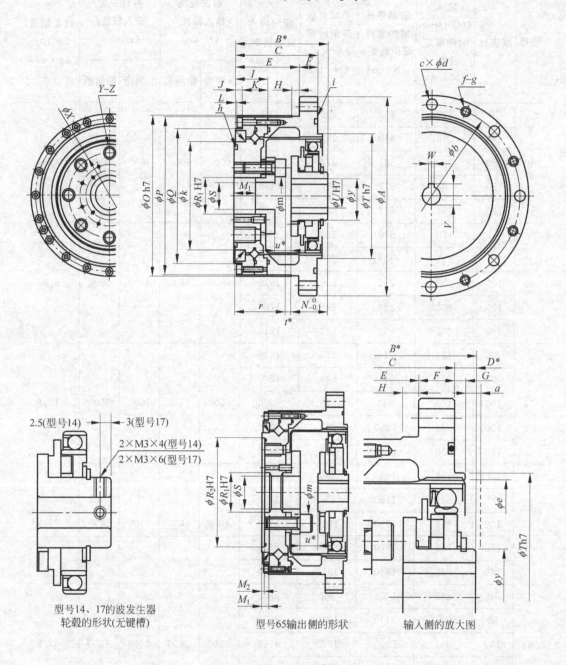

型号14、17的波发生器
轮毂的形状(无键槽)

型号65输出侧的形状

输入侧的放大图

mm

| 符号＼型号 | 14 | 17 | 20 | 25 | 32 | 40 | 45 | 50 | 58 | 65 |
|---|---|---|---|---|---|---|---|---|---|---|
| $\phi A$ | 73 | 79 | 93 | 107 | 138 | 160 | 180 | 190 | 226 | 260 |
| $B^*$ | $41^{\ 0}_{-0.9}$ | $45^{\ 0}_{-0.9}$ | $45.5^{\ 0}_{-1.9}$ | $52^{\ 0}_{-1.0}$ | $62^{\ 0}_{-1.1}$ | $72.5^{\ 0}_{-1.1}$ | $79.5^{\ 0}_{-1.2}$ | $90^{\ 0}_{-1.3}$ | $104.5^{\ 0}_{-1.3}$ | $115^{\ 0}_{-1.3}$ |
| $C$ | 34 | 37 | 38 | 46 | 57 | 66.5 | 74 | 85 | 97 | 108.5 |
| $D^*$ | $7^{\ 0}_{-0.8}$ | $8^{\ 0}_{-0.9}$ | $7.5^{\ 0}_{-1.0}$ | $6^{\ 0}_{-1.0}$ | $5^{\ 0}_{-1.1}$ | $6^{\ 0}_{-1.1}$ | $5.5^{\ 0}_{-1.2}$ | $5^{\ 0}_{-1.3}$ | $7.5^{\ 0}_{-1.3}$ | $6.5^{\ 0}_{-1.3}$ |
| $E$ | 27 | 29 | 28 | 36 | 45 | 50.5 | 58 | 69 | 77 | 84.5 |
| $F$ | 7 | 8 | 10 | 10 | 12 | 16 | 16 | 16 | 20 | 24 |
| $G$ | 2 | 2 | 3 | 3 | 3 | 4 | 4 | 4 | 5 | 5 |
| $H$ | 3.5 | 4 | 5 | 5 | 5 | 5 | 6 | 6 | 6 | 6 |
| $I$ | 16.5 | 16.5 | 16.5 | 18.5 | 22.5 | 24 | 27 | 31 | 35 | 39 |
| $J$ | 4.5 | 4.5 | 4 | 4.5 | 5.5 | 7.5 | 7 | 8 | 8.5 | 8.5 |
| $K$ | 12 | 12 | 12.5 | 14 | 17 | 16.5 | 20 | 23 | 26.5 | 30.5 |
| $L$ | 0.5 | 0.5 | 0.5 | 0.5 | 1 | 1.5 | 1 | 1 | 1.5 | 2 |
| $M_1$ | 9.4 | 9.5 | 9 | 12 | 15 | 5 | 6 | 8 | 10 | 10 |
| $M_2$ | — | — | — | — | — | — | — | — | — | 4 |
| $N^{\ 0}_{-0.1}$ | 17.6 | 19.5 | 20.1 | 20.2 | 22 | 27.5 | 27.9 | 32 | 34.9 | 40.9 |
| $\phi O$ h7 | 56 | 63 | 72 | 86 | 113 | 127 | 148 | 158 | 186 | 212 |
| $\phi P$ | 55 | 62 | 70 | 85 | 112 | 126 | 147 | 157 | 185 | 210 |
| $\phi Q$ | 42.5 | 49.5 | 58 | 73 | 96 | 109 | 127 | 137 | 161 | 186 |
| $\phi R_1$ H7 | 11 | 10 | 14 | 20 | 26 | 32 | 32 | 40 | 46 | 52 |
| $\phi R_2$ H7 | — | — | — | — | — | — | — | — | — | 142 |
| $\phi S$ | 8 | 7 | 10 | 15 | 20 | 24 | 25 | 32 | 38 | 44 |
| $\phi T$ h7 | 38 | 48 | 56 | 67(68) | 90 | 110 | 124 | 135 | 156 | 177 |
| $\phi U$ H7 | 6 | 8 | 12 | 14 | 14 | 14 | 19 | 19 | 22 | 24 |
| $V$ | — | — | $13.8^{+0.1}_{0}$ | $16.3^{+0.1}_{0}$ | $16.3^{+0.1}_{0}$ | $16.3^{+0.1}_{0}$ | $21.8^{+0.1}_{0}$ | $21.8^{+0.1}_{0}$ | $24.8^{+0.1}_{0}$ | $27.3^{+0.2}_{0}$ |
| $W$ Js9 | — | — | 4 | 5 | 5 | 5 | 6 | 6 | 6 | 8 |
| $\phi X$ | 23 | 27 | 32 | 42 | 55 | 68 | 82 | 84 | 100 | 110 |
| $Y$ | 6 | 6 | 8 | 8 | 8 | 8 | 8 | 8 | 8 | 8 |
| $Z$ | M4×8 | M5×10 | M6×9 | M8×12 | M10×15 | M10×15 | M12×18 | M14×21 | M16×24 | M16×24 |
| $a$ | 1 | 1 | 1.5 | 1.5 | 1.5 | 2 | 2 | 2 | 2.5 | 2.5 |
| $\phi b$ | 65 | 71 | 82 | 96 | 125 | 144 | 164 | 174 | 206 | 236 |
| $c$ | 6 | 6 | 6 | 8 | 12 | 8 | 12 | 12 | 12 | 8 |
| $\phi d$ | 4.5 | 4.5 | 5.5 | 5.5 | 6.6 | 9 | 9 | 9 | 11 | 14 |
| $\phi e$ | 38 | 45 | 53 | 66 | 86 | 106 | 119 | 133 | 154 | 172 |
| $f$ | 6 | 6 | 6 | 8 | 12 | 8 | 12 | 12 | 12 | 8 |
| $g$ | M4 | M4 | M5 | M5 | M6 | M8 | M8 | M8 | M10 | M12 |
| $h$ | 29.0×0.50 | 34.5×0.80 | 40.64×1.14 | 53.28×0.99 | S71 | AS568-042 | S100 | S105 | S125 | S135 |
| $i$ | S50 | S56 | S67 | S80 | S105 | S125 | S145 | S155 | S180 | S205 |
| $\phi k$ | 31 | 38 | 45 | 58 | 78 | 90 | 107 | 112 | 135 | 155 |
| $\phi m$ | 10 | 10.5 | 15.5 | 20 | 27 | 34 | 36 | 39 | 46 | 56 |
| $r$ | 21.4 | 23.5 | 23 | 29 | 37 | 39.5 | 45.5 | 53 | 62.8 | 66.5 |
| $t^*$ | 2 | 2 | 2.4 | 2.8 | 3 | 5.5 | 6.1 | 5 | 6.8 | 7.6 |
| $u^*$ | 6 | 7 | 7.4 | 8.8 | 11 | 15.5 | 18.1 | 19 | 22.8 | 23.6 |
| $\phi y$ | 14 | 18 | 21 | 26 | 26 | 32 | 32 | 32 | 40 | 48 |
| 质量/kg | 0.52 | 0.68 | 0.98 | 1.5 | 3.2 | 5.0 | 7.0 | 8.9 | 14.6 | 20.9 |

注：（ ）内的数据为减速比 30 时的尺寸。

# 附录 C  盖奇同步带及同步带轮技术数据

## C.1  同 步 带

### C.1.1  单面齿橡胶同步带

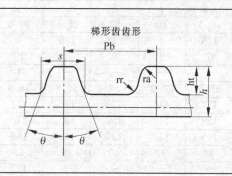

梯形齿齿形

| 型号 | 节距 Pb/mm | 齿高 ht/mm | 带厚 h/mm | 角度 2θ | 齿根厚 s/mm | 齿根圆角半径 rr | 齿顶圆角半径 ra |
|---|---|---|---|---|---|---|---|
| MXL | 2.032 | 0.51 | 1.14 | 40 | 1.14 | 0.13 | 0.13 |
| XXL | 3.175 | 0.76 | 1.52 | 50 | 1.73 | 0.2 | 0.2 |
| XL | 5.08 | 1.27 | 2.3 | 50 | 2.57 | 0.38 | 0.38 |
| L | 9.525 | 1.91 | 3.6 | 40 | 4.65 | 0.51 | 0.51 |
| H | 12.7 | 2.29 | 4.3 | 40 | 6.12 | 1.02 | 1.02 |
| XH | 22.225 | 6.35 | 11.2 | 40 | 12.57 | 1.57 | 1.19 |
| XXH | 31.75 | 9.35 | 15.7 | 40 | 19.05 | 2.29 | 1.52 |

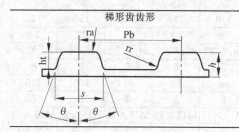

梯形齿齿形

| 型号 | 节距 Pb/mm | 齿高 ht/mm | 带厚 h/mm | 角度 2θ | 齿根厚 s/mm | 齿根圆角半径 s | 齿顶圆角半径 s |
|---|---|---|---|---|---|---|---|
| T2.5 | 2.5 | 0.7 | 1.3 | 40 | 1.5 | 0.2 | 0.2 |
| T5 | 5 | 1.2 | 2.2 | 40 | 2.65 | 0.4 | 0.4 |
| T10 | 10 | 2.5 | 4.5 | 40 | 5.3 | 0.6 | 0.6 |
| T20 | 20 | 5 | 8 | 40 | 10.15 | 0.8 | 0.8 |

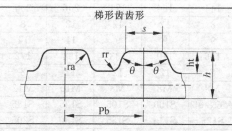

梯形齿齿形

| 型号 | 节距 Pb/mm | 齿高 ht/mm | 带厚 h/mm | 角度 2θ | 齿根厚 s/mm | 齿根圆角半径 rr | 齿顶圆角半径 ra |
|---|---|---|---|---|---|---|---|
| AT5 | 5 | 1.2 | 2.7 | 50 | 2.5 | 0.86 | 0.4 |
| AT10 | 10 | 2.5 | 5 | 50 | 5 | 1.25 | 0.4 |
| AT20 | 20 | 5 | 8 | 50 | 10 | 2.5 | 1.75 |

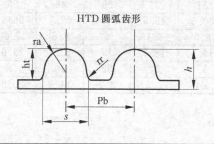

HTD 圆弧齿形

| 型号 | 节距 Pb/mm | 齿高 ht/mm | 带厚 h/mm | 齿根厚 s/mm | 齿根圆角半径 rr | 齿顶圆角半径 ra |
|---|---|---|---|---|---|---|
| 2M | 2 | 0.75 | 1.36 | 1.17 | 0.15 | 0.56 |
| 3M | 3 | 1.17 | 2.4 | 1.78 | 0.26 | 0.87 |
| 5M | 5 | 2.08 | 3.8 | 3.05 | 0.42 | 1.49 |
| 8M | 8 | 3.36 | 6 | 5.15 | 0.7 | 2.46 |
| 14M | 14 | 6.02 | 10 | 9.4 | 1.25 | 4.5 |
| 20M | 20 | 8.4 | 13.2 | 14.00 | 1.9 | 6.5 |

续表

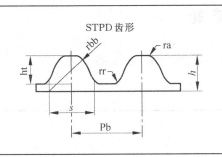

| 型号 | 节距 Pb/mm | 齿高 ht/mm | 带厚 h/mm | 齿根厚 s/mm | 齿轮弧半径 rbb | 齿根圆角半径 rr | 齿顶圆角半径 ra |
|---|---|---|---|---|---|---|---|
| S2M | 2 | 0.76 | 1.36 | 1.3 | 1.3 | 0.2 | 0.2 |
| S3M | 3 | 1.14 | 2.2 | 1.95 | 1.95 | 0.3 | 0.3 |
| S4.5M | 4.5 | 1.71 | 2.81 | 2.93 | 2.93 | 0.45 | 0.45 |
| S5M | 5 | 1.91 | 3.4 | 3.25 | 3.25 | 0.5 | 0.5 |
| S8M | 8 | 3.05 | 5.3 | 5.2 | 5.2 | 0.8 | 0.8 |
| S14M | 14 | 5.3 | 10.2 | 9.1 | 9.1 | 1.4 | 1.4 |

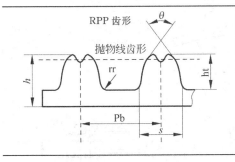

| 型号 | 节距 Pb/mm | 齿高 ht/mm | 带厚 h/mm | 齿根厚 s/mm | 齿根圆角半径 rr | 齿角度 θ |
|---|---|---|---|---|---|---|
| RPP2M | 2 | 0.76 | 1.36 | 1.3 | 0.2 | 32 |
| RPP3M | 3 | 1.15 | 1.9 | 1.95 | 0.4 | 32 |
| RPP5M | 5 | 1.95 | 3.5 | 3.3 | 0.6 | 32 |
| RPP8M | 8 | 3.2 | 5.5 | 5.5 | 1.0 | 32 |
| RPP14M | 14 | 6 | 10 | 9.5 | 1.75 | 32 |

## C.1.2 双面齿橡胶同步带

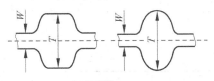

DA型

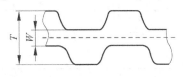

DB型

| 型号 | W | T | 规格代号 | 节线长 | 齿数 |
|---|---|---|---|---|---|
| D-XL | 0.508 | 3.05 | 196XL-1970XL | 497.84～5003.8 | 98～985 |
| D-L | 0.762 | 4.58 | 203L-1988L | 514.35～5048.25 | 54～530 |
| D-H | 1.372 | 5.95 | 670H-2500H | 1701.8～6350 | 124～500 |
| D-XH | 2.794 | 15.49 | 700XH-2275XH | 1778.00～5778.5 | 80～260 |
| D-T2.5 | 0.6 | 2 | T2.5x500-T2.5x5000 | 500.00～5000.00 | 200～2000 |
| D-T5 | 1 | 3.4 | T5x500-T5x7000 | 500.00～7000.00 | 100～1400 |
| D-T10 | 2 | 7 | T10x500-T10x7050 | 500.00～7050.00 | 50～705 |
| D-AT10 | 2 | 7 | AT10x500-AT10xx7000 | 500.00～7000.00 | 50～700 |
| HTD.DA-3M | 0.76 | 3.1 | 500-3M-5010-3M | 501.00～5010.00 | 167～1670 |
| HTD.DA-5M | 1.143 | 5.26 | 500-5M-7000-5M | 500.00～7000.00 | 50～1400 |
| HTD.DA-8M | 1.372 | 8.17 | 512-8M-6880-8M | 512～6880 | 64～860 |
| HTD.DA-14M | 2.8 | 14.84 | 1750-14M-6860-14M | 1750～6860 | 125～490 |
| HTD.DA-S8M | 1.372 | 7.48 | S8M-512-S8M-6880 | 512～6880 | 64～860 |

## C.2 同步带轮

### C.2.1 MXL 同步带轮

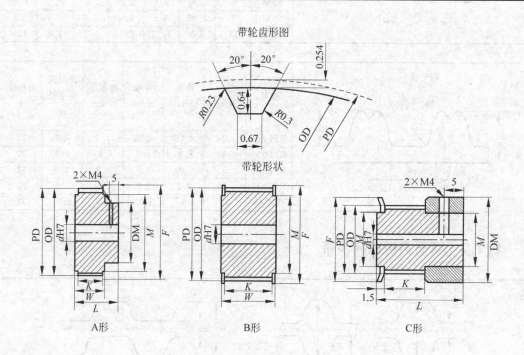

带轮齿形图

带轮形状

A形  B形  C形

| 规格 | 形状 | 节径 PD | 外径 OD | 挡边外径 F | 挡边内径 M | 轮毂直径 DM | 内孔 dH7 | | | | |
|------|------|---------|---------|-----------|-----------|------------|----------|------|------|------|------|
| | | | | | | | B形 | | A、C形 | | |
| | | | | | | | H | C.N | H | P | C.N |
| 14MXL | C | 9.06 | 8.55 | 12 | 6 | 12 | 3、4 | — | 3、4 | 3、4 | — |
| 15MXL | | 9.70 | 9.19 | 12 | 6 | 12 | 3、4 | | 3、4 | 3、4 | — |
| 16MXL | | 10.35 | 9.84 | 14 | 8 | 14 | 3、4、5 | | 3、4、5 | 3、4、5 | — |
| 17MXL | | 11.00 | 10.49 | 14 | 8 | 14 | 3、4、5 | | 3、4、5 | 3、4、5 | — |
| 18MXL | | 11.64 | 11.13 | 14 | 8 | 14 | 3、4、5 | — | 3、4、5 | 3、4、5 | — |
| 19MXL | | 12.29 | 11.78 | 14 | 8 | 14 | 3、4、5 | | 3、4、5 | 3、4、5 | — |

续表

| 规格 | 形状 | 节径 PD | 外径 OD | 挡边外径 F | 挡边内径 M | 轮毂直径 DM | 内孔 dH7 | | | | |
|------|------|--------|--------|-----------|-----------|-----------|------|------|------|------|------|
| | | | | | | | B形 | | A、C形 | | |
| | | | | | | | H | C.N | H | P | C.N |
| 20MXL | | 12.94 | 12.43 | 18 | 11 | 9 | 3~6 | — | 4~6 | 4、5 | — |
| 21MXL | | 13.58 | 13.07 | 18 | 11 | 9 | 3~6 | — | 4~6 | 4、5 | — |
| 22MXL | | 14.23 | 13.72 | 18 | 11 | 9 | 3~6 | — | 4~6 | 4、5 | — |
| 23MXL | | 14.88 | 14.37 | 20 | 12 | 11 | 3~8 | — | 4~7 | 3~7 | — |
| 24MXL | | 15.52 | 15.02 | 20 | 12 | 11 | 3~8 | — | 4~7 | 3~7 | — |
| 25MXL | | 16.17 | 15.66 | 20 | 12 | 11 | 3~8 | — | 4~7 | 3~7 | — |
| 26MXL | | 16.82 | 16.31 | 23 | 13 | 12 | 3~9 | — | 4~8 | 3~8 | — |
| 27MXL | | 17.46 | 16.96 | 23 | 13 | 12 | 4~9 | — | 4~8 | 4~8 | — |
| 28MXL | A | 18.11 | 17.60 | 23 | 13 | 12 | 4~9 | — | 4~8 | 4~8 | — |
| 30MXL | | 19.40 | 18.90 | 25 | 16 | 14 | 4~11 | 8 | 4~10 | 4~8 | — |
| 32MXL | | 20.70 | 20.19 | 25 | 16 | 14 | 4~11 | 8 | 4~10 | 4~8 | — |
| 34MXL | | 21.99 | 21.48 | 25 | 16 | 14 | 4~11 | 8 | 4~10 | 4~8 | — |
| 36MXL | | 23.29 | 22.78 | 28 | 18 | 16 | 5~13 | 8~11 | 5~12 | 5~10 | 8 |
| 38MXL | B | 24.58 | 24.07 | 28 | 18 | 16 | 5~13 | 8~11 | 5~12 | 5~10 | 8 |
| 40MXL | | 25.87 | 25.36 | 31 | 20 | 18 | 5~15 | 8~13 | 5~14 | 5~10 | 8~10 |
| 42MXL | | 27.17 | 26.66 | 31 | 20 | 18 | 5~15 | 8~13 | 5~14 | 5~10 | 8~10 |
| 44MXL | | 28.46 | 27.95 | 33 | 22 | 20 | 5~18 | 8~16 | 5~16 | 5~12 | 8~12 |
| 46MXL | | 29.75 | 29.25 | 33 | 22 | 20 | 5~18 | 8~16 | 5~16 | 5~12 | 8~12 |
| 48MXL | | 31.05 | 30.54 | 35 | 24 | 22 | 5~20 | 8~18 | 5~18 | 5~13 | 8~13 |
| 50MXL | | 32.34 | 31.83 | 35 | 24 | 22 | 5~20 | 8~19 | 5~18 | 5~13 | 8~13 |
| 60MXL | | 38.81 | 38.30 | 44 | 32 | 28 | 5~27 | 8~25 | 5~24 | 5~20 | 8~16 |
| 72MXL | | 46.57 | 46.06 | 52 | 38 | 30 | 5~35 | 8~33 | 5~26 | 5~21 | 8~18 |

## C.2.2　XL 同步带轮

带轮齿形图　　　　　　　　　　　　　带轮形状

A形　　　　　　　　　　　　B形

| 规格 | 形状 | 节径 PD | 外径 OD | 挡边外径 F | 挡边内径 M | 轮毂直径 DM | 内孔 $d$H7 | | | | | |
|---|---|---|---|---|---|---|---|---|---|---|---|---|
| | | | | | | | B 形 | | | A 形 | | |
| | | | | | | | $H$ | $P$ | C.N | $H$ | $P$ | C.N |
| 10XL | A | 16.17 | 15.66 | 23 | 13 | 10 | 4～7 | — | — | 5、6 | 5、6 | — |
| 11XL | | 17.79 | 17.28 | 23 | 13 | 10 | 4～7 | — | — | 5、6 | 5、6 | — |
| 12XL | | 19.40 | 18.90 | 25 | 14 | 12 | 4～10 | 4～6 | — | 6～8 | 5、6 | — |
| 14XL | | 22.64 | 22.13 | 28 | 18 | 15 | 5～13 | 5～9 | 8 | 6～11 | 6～8 | 8 |
| 15XL | | 24.26 | 23.75 | 32 | 20 | 17 | 5～13 | 5～11 | 8～10 | 6～13 | 6～10 | 8、10 |
| 16XL | | 25.87 | 25.36 | 32 | 20 | 17 | 6～13 | 6～13 | 8～13 | 6～13 | 6～10 | 8、10 |
| 18XL | | 29.11 | 28.60 | 35 | 24 | 21 | 6～16 | 6～15 | 8～15 | 6～16 | 6～13 | 8～13 |
| 19XL | | 30.72 | 30.22 | 35 | 24 | 21 | 6～16 | 6～15 | 8～15 | 6～16 | 6～15 | 8～13 |
| 20XL | | 32.34 | 31.83 | 38 | 26 | 24 | 8～19 | 8～16 | 8～16 | 8～19 | 8～15 | 8～15 |
| 21XL | | 33.96 | 33.45 | 38 | 26 | 24 | 8～19 | 8～18 | 8～18 | 8～19 | 8～16 | 8～16 |
| 22XL | | 35.57 | 35.07 | 44 | 32 | 26 | 8～22 | 8～20 | 8～20 | 8～22 | 8～18 | 8～18 |
| 24XL | | 38.81 | 38.30 | 44 | 32 | 26 | 8～22 | 8～22 | 8～22 | 8～22 | 8～18 | 8～18 |
| 25XL | | 40.43 | 39.92 | 48 | 36 | 30 | 8～27 | 8～22 | 8～22 | 8～26 | 8～19 | 8～19 |
| 26XL | | 42.04 | 41.53 | 48 | 36 | 30 | 8～27 | 8～23 | 8～23 | 8～26 | 8～20 | 8～20 |
| 28XL | | 45.28 | 44.77 | 55 | 39 | 35 | 8～32 | 8～25 | 8～25 | 8～31 | 8～25 | 8～20 |
| 30XL | B | 48.51 | 48.00 | 55 | 39 | 35 | 10～32 | 10～30 | 10～30 | 10～31 | 10～25 | 10～20 |
| 32XL | | 51.74 | 51.24 | 60 | 46 | 40 | 10～37 | 10～30 | 10～30 | 10～36 | 10～30 | 10～25 |
| 34XL | | 54.98 | 54.47 | 60 | 46 | 40 | 10～38 | 10～30 | 10～30 | 10～36 | 10～30 | 10～25 |
| 36XL | | 58.21 | 57.70 | 67 | 50 | 40 | 10～42 | 10～30 | 10～30 | 10～36 | 10～30 | 10～25 |
| 38XL | | 61.45 | 60.94 | 67 | 50 | 40 | 10～43 | 10～30 | 10～30 | 10～36 | 10～30 | 10～25 |
| 40XL | | 64.68 | 64.17 | 74 | 53 | 40 | 10～50 | 10～30 | 10～30 | 10～36 | 10～30 | 10～25 |
| 42XL | | 67.91 | 67.41 | 74 | 53 | 40 | 10～50 | 10～30 | 10～30 | 10～36 | 10～30 | 10～25 |
| 44XL | | 71.15 | 70.64 | 78 | 58 | 40 | 10～52 | 10～30 | 10～30 | 10～36 | 10～30 | 10～25 |
| 46XL | | 74.38 | 73.67 | 78 | 58 | 40 | 10～55 | 10～30 | 10～30 | 10～36 | 10～30 | 10～25 |
| 48XL | | 77.62 | 77.11 | 87 | 68 | 40 | 10～59 | 10～30 | 10～30 | 10～36 | 10～30 | 10～25 |
| 50XL | | 80.85 | 80.34 | 87 | 68 | 40 | 10～59 | 10～30 | 10～30 | 10～36 | 10～30 | 10～25 |
| 60XL | | 97.02 | 96.51 | 105 | 84 | 40 | 10～76 | 10～30 | 10～30 | 10～36 | 10～30 | 10～25 |
| 72XL | | 116.43 | 115.92 | 123 | 101 | 40 | 10～80 | 10～30 | 10～30 | 10～36 | 10～30 | 10～25 |

## C.2.3　L 同步带轮

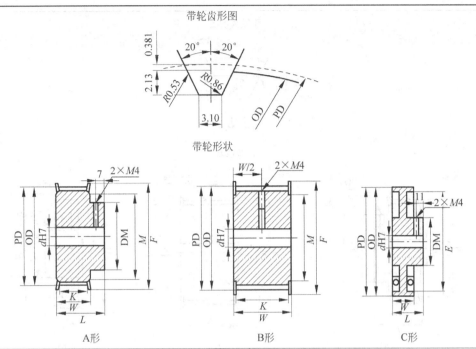

带轮齿形图

带轮形状

A形　　　　　　　B形　　　　　　　C形

| 规格 | 形状 | 节径 PD | 外径 OD | 挡边外径 F | 挡边内径 M | 透孔外径 E | 轮毂直径 DM | 内孔 dH7 | | | | | |
|---|---|---|---|---|---|---|---|---|---|---|---|---|---|
| | | | | | | | | B 形 | | | A,W 形 | | |
| | | | | | | | | H | P | C.N | H | P | C.N |
| 12L | A | 38.38 | 35.62 | 44 | 32 | — | 27 | 8～22 | 8～18 | 8～18 | 8～22 | 8～18 | 8～18 |
| 14L | | 42.45 | 41.68 | 48 | 36 | — | 30 | 8～27 | 8～21 | 8～21 | 8～26 | 8～20 | 8～20 |
| 15L | | 45.48 | 44.72 | 48 | 36 | — | 30 | 8～27 | 8～23 | 8～23 | 8～26 | 8～20 | 8～20 |
| 16L | | 48.51 | 47.75 | 55 | 39 | — | 32 | 10～32 | 10～26 | 10～23 | 10～28 | 10～22 | 10～22 |
| 17L | | 51.54 | 50.78 | 55 | 39 | — | 34 | 10～32 | 10～26 | 10～26 | 10～30 | 10～24 | 10～23 |
| 18L | | 54.57 | 53.81 | 60 | 46 | — | 36 | 10～37 | 10～29 | 10～29 | 10～32 | 10～26 | 10～23 |
| 19L | | 57.61 | 56.84 | 67 | 50 | — | 38 | 12～42 | 12～34 | 12～30 | 12～34 | 12～28 | 12～25 |
| 20L | | 60.64 | 59.88 | 67 | 50 | — | 40 | 12～42 | 12～34 | 12～30 | 12～36 | 12～30 | 12～26 |
| 21L | | 63.67 | 62.91 | 70 | 55 | — | 42 | 12～48 | 12～40 | 12～32 | 12～38 | 12～30 | 12～26 |
| 22L | | 66.70 | 65.94 | 78 | 58 | — | 45 | 12～52 | 12～42 | 12～34 | 12～41 | 12～33 | 12～30 |
| 24L | | 72.77 | 72.00 | 87 | 68 | — | 50 | 12～59 | 12～49 | 12～41 | 12～46 | 12～38 | 12～30 |
| 25L | | 75.80 | 75.04 | 87 | 68 | — | 50 | 12～59 | 12～49 | 12～41 | 12～46 | 12～38 | 12～30 |
| 26L | | 78.83 | 78.07 | 87 | 68 | — | 50 | 12～59 | 12～49 | 12～41 | 12～46 | 12～38 | 12～30 |
| 28L | | 84.89 | 84.13 | 94 | 74 | — | 50 | 12～67 | 12～57 | 12～49 | 12～46 | 12～38 | 12～30 |
| 30L | B | 90.96 | 90.20 | 99 | 78 | — | 56 | 12～72 | 12～62 | 12～50 | 12～52 | 12～42 | 12～34 |
| 32L | | 97.02 | 96.26 | 105 | 84 | — | 56 | 14～76 | 14～65 | 14～50 | 14～52 | 14～42 | 14～34 |
| 34L | | 103.08 | 102.32 | 112 | 90 | — | 63 | 14～80 | 14～65 | 14～50 | 14～59 | 14～49 | 14～41 |
| 36L | | 109.15 | 108.39 | 123 | 101 | — | 63 | 14～80 | 14～65 | 14～50 | 14～59 | 14～49 | 14～41 |
| 38L | | 115.21 | 114.45 | 126 | 100 | — | 63 | 16～80 | 16～65 | 16～50 | 16～59 | 16～49 | 16～50 |
| 40L | | 121.28 | 120.51 | 131 | 111 | — | 63 | 16～80 | 16～65 | 16～50 | 16～67 | 16～49 | 16～41 |
| 42L | | 127.34 | 126.58 | 135 | 115 | — | 71 | 16～80 | 16～65 | 16～50 | 16～67 | 16～57 | 16～41 |
| 44L | | 133.40 | 132.64 | 136 | 118 | — | 71 | 16～80 | 16～65 | 16～50 | 16～67 | 16～57 | 16～49 |
| 46L | | 139.47 | 138.71 | 144 | 111 | — | 71 | 16～80 | 16～65 | 16～50 | 16～67 | 16～57 | 16～49 |
| 48L | | 145.53 | 144.77 | 152 | 134 | — | 71 | 16～80 | 16～65 | 16～50 | 16～67 | 16～57 | 16～49 |
| 50L | | 151.80 | 150.83 | 160 | 140 | — | 71 | 16～80 | 16～65 | 16～50 | 16～67 | 16～57 | 18～49 |
| 60L | W | 181.91 | 181.15 | — | — | 160 | 71 | 16～100 | 16～65 | 16～50 | 16～67 | 16～57 | 16～49 |
| 72L | | 218.30 | 217.54 | — | — | 197 | 71 | 16～100 | 16～65 | 16～50 | 16～67 | 16～57 | 16～49 |

## C.2.4　H 同步带轮

带轮齿形图

带轮形状

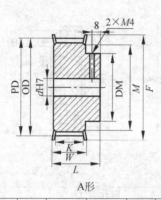

A形

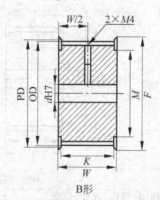

B形

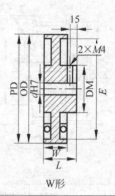

W形

| 规格 | 形状 | 节径 PD | 外径 OD | 挡边外径 F | 挡边内径 M | 透孔外径 E | 轮毂直径 DM | 内孔 dH7 | | | | | |
|---|---|---|---|---|---|---|---|---|---|---|---|---|---|
| | | | | | | | | B形 | | | A形 | | |
| | | | | | | | | H | P | C.N | H | P | C.N |
| 14H | A | 56.60 | 55.22 | 60 | 46 | — | 39 | 12～37 | 12～30 | 12～29 | 12～35 | 12～29 | 12～25 |
| 15H | | 60.64 | 59.27 | 67 | 50 | — | 45 | 12～42 | 12～34 | 12～30 | 12～41 | 12～33 | 12～29 |
| 16H | | 64.68 | 63.31 | 70 | 55 | — | 48 | 12～48 | 12～40 | 12～35 | 12～44 | 12～38 | 12～30 |
| 17H | | 68.72 | 67.35 | 80 | 60 | — | 48 | 12～52 | 12～44 | 12～40 | 12～44 | 12～38 | 12～30 |
| 18H | | 72.77 | 71.39 | 80 | 60 | — | 50 | 12～52 | 12～44 | 12～43 | 12～46 | 12～38 | 12～35 |
| 19H | | 76.81 | 75.44 | 87 | 68 | — | 50 | 14～59 | 14～49 | 14～47 | 14～46 | 14～38 | 14～35 |
| 20H | | 80.85 | 79.48 | 87 | 68 | — | 58 | 14～59 | 14～50 | 14～50 | 14～54 | 14～46 | 14～38 |
| 21H | | 84.89 | 83.52 | 94 | 74 | — | 58 | 14～67 | 14～57 | 14～50 | 14～54 | 14～46 | 14～38 |
| 22H | | 88.94 | 87.56 | 94 | 74 | — | 58 | 14～67 | 14～57 | 14～50 | 16～54 | 14～48 | 14～38 |
| 24H | B | 97.02 | 95.65 | 105 | 84 | — | 58 | 16～76 | 16～65 | 16～50 | 16～59 | 16～48 | 16～38 |
| 25H | | 101.06 | 99.69 | 112 | 90 | — | 63 | 16～80 | 16～65 | 16～50 | 20～59 | 16～49 | 16～41 |
| 26H | | 105.11 | 103.73 | 112 | 90 | — | 63 | 20～80 | 20～65 | 20～50 | 20～59 | 20～49 | 20～41 |
| 28H | | 113.19 | 111.82 | 123 | 101 | — | 63 | 20～80 | 20～65 | 20～50 | 20～59 | 20～49 | 20～41 |
| 30H | | 121.28 | 119.90 | 126 | 100 | — | 63 | 20～80 | 20～65 | 20～50 | 20～59 | 20～49 | 20～41 |
| 32H | | 129.36 | 127.99 | 135 | 115 | — | 63 | 20～80 | 20～65 | 20～50 | 20～67 | 20～49 | 20～43 |
| 34H | | 137.45 | 136.07 | 144 | 111 | — | 71 | 20～80 | 20～65 | 20～50 | 20～67 | 20～57 | 20～49 |
| 36H | | 145.53 | 144.16 | 152 | 134 | — | 71 | 20～80 | 20～65 | 20～50 | 20～67 | 20～57 | 20～49 |
| 38H | B | 153.62 | 152.24 | 165 | 136 | 126 | 88 | 20～80 | 20～65 | 20～50 | 20～67 | 20～57 | 20～49 |
| 40H | | 161.70 | 160.33 | 170 | 150 | 135 | 88 | 20～80 | 20～65 | 20～50 | 20～67 | 20～57 | 20～49 |
| 42H | | 169.79 | 168.41 | 180 | 155 | 143 | 88 | 20～80 | 20～65 | 20～50 | 20～67 | 20～57 | 20～49 |
| 44H | | 177.87 | 176.50 | 190 | 161 | 152 | 88 | 20～80 | 20～65 | 20～50 | 20～67 | 20～57 | 20～49 |
| 48H | | 194.04 | 192.67 | 205 | 185 | 168 | 88 | 20～80 | 20～65 | 20～50 | 20～67 | 20～57 | 20～49 |
| 50H | | 202.13 | 200.75 | 210 | 185 | 175 | 88 | 20～100 | 20～65 | 20～50 | 20～67 | 20～57 | 25～49 |
| 60H | W | 242.55 | 241.18 | — | — | 216 | 88 | — | — | — | 25～67 | 20～57 | 25～49 |
| 72H | | 291.06 | 289.69 | — | — | 265 | 88 | — | — | — | 25～67 | 20～57 | 25～49 |

## C. 2. 5 XH 同步带轮

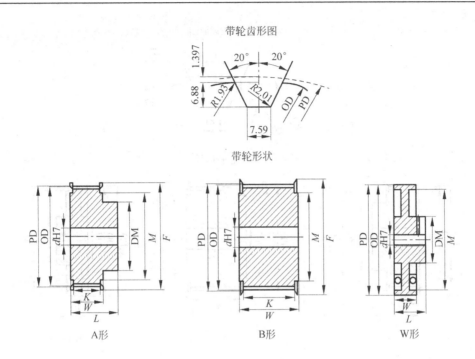

带轮齿形图

带轮形状

A形    B形    W形

| 规格 | 形状 | 节径 PD | 外径 OD | 挡边外径 F | 挡边内径 M | 透孔外径 E | 轮毂直径 DM | 轴孔径 dH7 | | | |
|------|------|--------|---------|-----------|-----------|-----------|------------|------|------|------|------|
| | | | | | | | | B 形 | | A、W 形 | |
| | | | | | | | | H | C. N | H | C. N |
| 18XH | A | 127.34 | 124.55 | 141 | 84 | — | 80 | 24～60 | 24～55 | 24～52 | 24～45 |
| 19XH | | 134.41 | 131.62 | 144 | 111 | — | 90 | 24～60 | 24～60 | 24～55 | 24～45 |
| 20XH | | 141.49 | 138.69 | 155 | 94 | — | 90 | 24～60 | 24～45 | 24～55 | 24～45 |
| 21XH | | 148.56 | 145.77 | 161 | 131 | — | 110 | 24～110 | 24～85 | 24～95 | 24～80 |
| 22XH | | 155.64 | 152.84 | 170 | 135 | — | 110 | 25～110 | 25～85 | 25～95 | 25～80 |
| 24XH | B | 169.79 | 166.99 | 183 | 122 | — | 118 | 25～100 | 25～84 | 25～95 | 25～80 |
| 25XH | | 176.86 | 174.07 | 188 | 130 | — | 120 | 28～110 | 28～100 | 28～90 | 28～85 |
| 26XH | | 183.94 | 181.14 | 197 | 136 | — | 120 | 28～110 | 28～100 | 28～90 | 28～85 |
| 27XH | | 191.01 | 188.22 | 208 | 173 | — | 120 | 28～120 | 28～110 | 28～100 | 28～90 |
| 28XH | | 198.08 | 195.29 | 211 | 150 | — | 120 | 28～120 | 28～110 | 28～100 | 28～90 |
| 30XH | | 212.23 | 209.44 | 224 | 190 | — | 120 | 32～142 | 32～100 | 32～102 | 32～90 |
| 32XH | | 226.38 | 223.59 | 240 | 198 | 173 | 120 | 32～142 | 32～100 | 32～102 | 32～90 |
| 34XH | W | 240.53 | 237.74 | 260 | 224 | 190 | 120 | 35～142 | 35～100 | 35～102 | 35～100 |
| 38XH | | 268.83 | 266.03 | — | — | 216 | 150 | 35～120 | 35～100 | 35～120 | 35～100 |
| 40XH | | 282.98 | 280.18 | — | — | 230 | 150 | 35～120 | 35～100 | 35～120 | 35～100 |
| 48XH | | 339.57 | 336.78 | — | — | 286 | 150 | 40～120 | 40～110 | 40～120 | 40～110 |
| 60XH | | 424.47 | 421.67 | — | — | 370 | 150 | 40～120 | 41～110 | 40～120 | 41～110 |

### C. 2. 6　XXH 同步带轮

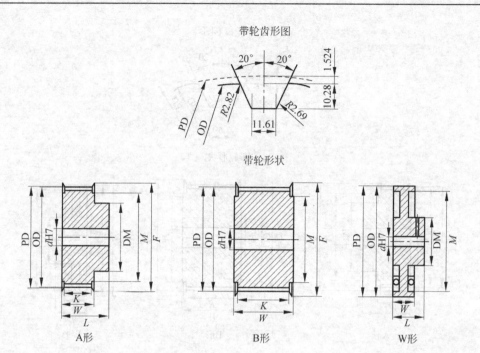

带轮齿形图

带轮形状

A形　　　　　　　　　B形　　　　　　　　　W形

| 规格 | 形状 | 节径 PD | 外径 OD | 挡边外径 F | 挡边内径 M | 透孔外径 E | 轮毂直径 DM | 轴孔径 dH7 | | | |
|---|---|---|---|---|---|---|---|---|---|---|---|
| | | | | | | | | B形 | | A、W 形 | |
| | | | | | | | | H | C. N | H | C. N |
| 18XXH | | 181. 91 | 178. 87 | 198 | 140 | — | 140 | 25～100 | 25～90 | 25～100 | 25～90 |
| 19XXH | A | 192. 02 | 188. 97 | 208 | 140 | — | 140 | 25～100 | 25～90 | 25～100 | 25～90 |
| 20XXH | | 202. 13 | 199. 08 | 208 | 150 | — | 150 | 28～110 | 28～100 | 28～110 | 28～100 |
| 21XXH | B | 212. 23 | 209. 19 | 229 | 160 | — | 150 | 28～110 | 28～100 | 28～110 | 28～100 |
| 22XXH | | 222. 34 | 219. 29 | 239 | 170 | — | 150 | 28～120 | 28～110 | 28～120 | 28～110 |
| 24XXH | | 242. 55 | 239. 50 | — | — | 190 | 150 | 32～120 | 32～110 | 32～120 | 32～110 |
| 25XXH | | 252. 66 | 249. 61 | — | — | 199 | 150 | 32～120 | 32～110 | 32～120 | 32～110 |
| 26XXH | | 262. 77 | 259. 72 | — | — | 209 | 150 | 35～120 | 35～110 | 35～120 | 35～110 |
| 27XXH | | 272. 87 | 269. 82 | — | — | 219 | 150 | 35～125 | 35～120 | 35～125 | 35～120 |
| 30XXH | W | 303. 19 | 300. 14 | — | — | 250 | 150 | 38～125 | 38～120 | 38～125 | 38～120 |
| 40XXH | | 404. 25 | 401. 21 | — | — | 352 | 150 | 45～130 | 45～120 | 45～130 | 45～120 |
| 48XXH | | 485. 10 | 482. 06 | — | — | 432 | 175 | 45～150 | 45～140 | 45～150 | 45～140 |
| 60XXH | | 606. 38 | 603. 33 | — | — | 554 | 175 | 55～150 | 55～145 | 55～150 | 55～145 |
| 72XXH | | 727. 66 | 724. 61 | — | — | 675 | 175 | 55～150 | 55～145 | 55～150 | 55～145 |

# 附录 D 德国西门子 SINAMICS V60 伺服系统技术数据

## D.1 伺服电动机 1FL5

| 类 型 | | 4N·m | 6N·m | 7.7N·m | 10N·m |
|---|---|---|---|---|---|
| 额定转速/(r/min) | | 2000 | | | |
| 最高转速/(r/min) | | 2200 | | | |
| 编码器 | | 2500 线 TTL 编码器 | | | |
| 安装类型(符合 IEC 60034-7 标准) | | IM B5(IM V1,IM V3) | | | |
| 防护等级 | | IP54 | | | |
| 冷却方法 | | 自然冷却 | | | |
| 绝缘等级 | | Th. Cl. 130(B) | | | |
| 认 证 | | CE | | | |
| 环境温度 /℃ | 储存/运输 | $-20 \sim +80$ | | | |
| | 运行 | $0 \sim 55$ | | | |
| 扭矩 /(N·m) | 额定扭矩 $M_n$ | 4 | 6 | 7.7 | 10 |
| | 最大扭矩 $I_{max}$(驱动器最大电流下) | 8 | 12 | 15.4 | 20 |
| 标称功率/kW | | 0.8 | 1.2 | 1.6 | 2.0 |
| 转子惯量/($\times 10^{-4}$ kg·m$^2$) | | 11.01 | 15.44 | 20.17 | 25.95 |
| 电动机抱闸额定电压 | | 24VDC$-15\% \sim +10\%$ | | | |
| 尺寸 /mm | 法兰尺寸 | 130 | 130 | 130 | 130 |
| | 高(包含连接器) | 160 | 160 | 160 | 160 |
| | 长(不含抱闸/含抱闸) | 221/263 | 239/281 | 253/295 | 277/319 |
| 质量(不含抱闸/含抱闸)/kg | | 6/8.6 | 7.6/10.2 | 8.6/11.2 | 10.6/13.2 |

## D. 2　驱动模块 CPM60. 1

| 类　　型 | | 4A | 6A | 7A | 10A |
|---|---|---|---|---|---|
| 额定电压 | | 3AC220～240V−15％～＋10％ | | | |
| 输入频率 | | 50/60Hz(±10％) | | | |
| 逆变类型 | | 非调节型 | | | |
| 直流母线电压 | | 1.35×额定电压 | | | |
| 输出电压 | | 3AC 0～200V | | | |
| 直流电源 | | DC 24V −15％～＋20％(电流功耗：不带抱闸 0.8A，带抱闸 1.4A) | | | |
| 控制脉冲频率/kHz | | ≤333 | | | |
| 冷却 | | 不带风扇自然冷却(要求驱动模块间最小距离 25mm) | | | |
| 环境温度 /℃ | 储存/运输 | −20～＋80℃ | | | |
| | 运行 | 0～45℃无影响 | | | |
| | | 45～55℃额定功率下降(45℃时额定功率下降 0％，55℃时额定功率下降 30％) | | | |
| 空气湿度/％ | | ＜95％ | | | |
| 海拔/m | | 1000m 以下无影响，1000～2000m 额定功率下降(降至 80％) | | | |
| 导线截面积/mm² | | 最大 2.5 | | | |
| 配套电机 | | 1FL5 | | | |
| 防护等级 | | IP20 | | | |
| 编码器 | | 2500 线 TTL 编码器 | | | |
| 输出电流 /A | 额定输出电流 $I_n$ | 4 | 6 | 7 | 10 |
| | 最大输出电流 $I_{max}$ | 8 | 12 | 14 | 20 |
| 额定输出功率(基于 $I_n$)/kW | | 0.8 | 1.2 | 1.6 | 2 |
| 额定输出频率/kHz | | 8 | 8 | 8 | 8 |
| 功率损耗/W | | 36 | 47 | 54 | 70 |
| 所需冷却空气流量/(m³/s) | | 0.005 | 0.005 | 0.005 | 0.005 |
| 声压水平 $L_{ph}$(1m)/dB | | ＜45 | ＜45 | ＜45 | ＜45 |
| 尺寸 /mm | 宽 | 106 | 106 | 106 | 123 |
| | 高 | 226 | 226 | 226 | 226 |
| | 长 | 200 | 200 | 200 | 200 |
| 质量/kg | | 2.63 | 2.63 | 2.63 | 3.44 |

## D.3 额定转矩-转速图

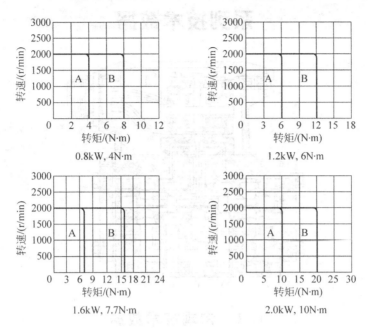

0.8kW, 4N·m

1.2kW, 6N·m

1.6kW, 7.7N·m

2.0kW, 10N·m

注：A—连续工作区；B—短时工作区。

# 附录 E　美国 MOOG 电液伺服阀 G631 系列技术数据

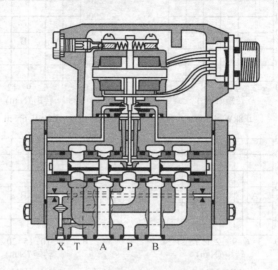

X T A P B

## E.1　常规技术数据

| 工作压力 | 油口 P、X、A 和 B | ≤31.5MPa |
| --- | --- | --- |
| | 油口 T | ≤14MPa |
| 温度范围 | 油液温度 | −29~135℃ |
| | 环境温度 | −29−135℃ |
| 密封件材料 | | 氟橡胶(也可根据用户需要选用其他密封材料) |
| 系统过滤 | | 选用无旁路、带报警装置的高压过滤器安装在系统的主油路中。如有可能,直接将滤油器安装在伺服阀的供油口处 |
| 清洁等级 | | 油液的清洁度极大地影响着伺服阀工作性能(如阀芯定位、分辨率等)和磨损情况(如节流边、压力增益、泄漏等) |
| 推荐清洁等级 | 常规使用 | ISO 4406＜16/13 |
| | 长寿命使用 | ISO 4406＜15/12 |
| 过滤精度(推荐值) | 常规使用 | $\beta_{10} \geqslant 75$ |
| | 长寿命使用 | $\beta_5 \geqslant 75$ |
| 安装要求 | | 可安装在任意固定位置或跟系统一起运动 |
| 振动 | | 三轴,15g |
| 质量 | | 2.1kg |
| 保护等级 | | EB5052P:IP65 级(带配套插头时) |
| 保护底板 | | 发货时带有保护底板 |

# E.2　技术参数

| 安装型式 | | ISO 4401-05-05-0-94（主油口） |
|---|---|---|
| 阀体结构 | | 四通<br>带阀芯阀套的两级伺服阀 |
| 先导级 | | 喷嘴挡板阀 |
| 先导级控制 | | 可选择内控式或外控式 |
| 供油 | | G631 系列伺服阀在恒定的供油压力下工作 |
| 供油压力 | 最小 | 1.4MPa |
| | 最大 | 31.5MPa |
| 耐压 | P 口 | 46.5MPa |
| | T 口 | 21MPa |
| 额定流量误差（$\Delta P_N=7\text{MPa}$） | | ±10% |
| 对称性 | | <10% |
| 分辨率 | | <1.0% |
| 滞环 | | <3.0% |
| 零漂 | 温度变化 38℃ | <4.0% |
| | 供油压力每变化 7MPa | <4.0% |
| 阀芯位移 | | 1.27mm |
| 阀芯驱动面积 | | 75mm$^2$ |

# E.3　负载流量图

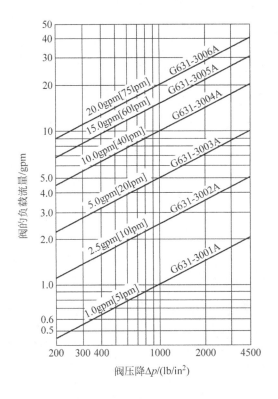

## E.4　典型响应特性曲线

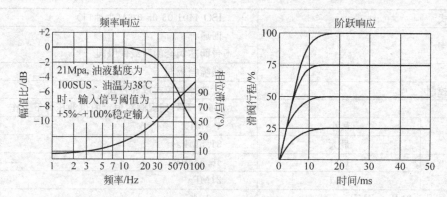

注：上述曲线在先导控制力 21MPa、油液黏度 100SUS、油液温度 38℃情况下测得。

# 附录 F  德国 TURCK 传感器技术数据

## F.1  编  码  器

### F.1.1  增量型编码器

| 系　列 | | Ri-04 | Ri-05 | Ri-09 | Ri-10 | Ri-12 |
|---|---|---|---|---|---|---|
| 机械参数 | 轴型 | √ | | | √ | |
| | 轴套型 | | √ | | | √ |
| | 通孔轴 | | √ | √ | | |
| 轴/孔径 | | 6mm | 6/8mm | 6/8mm | 6/8/9/10mm | 9/10/12/14/15mm |
| 法兰 | | 夹紧法兰，同步法兰 | 带长力矩支撑槽安装 | 固定弹簧片 | 方形法兰，夹紧法兰，同步法兰 | 带长力矩支撑槽安装 |
| 接口形式 | | 推挽 | 推挽/RS422 | 推挽/RS422 | 推挽/RS422 | 推挽/RS422 |
| 最高分辨率（脉冲） | | 2500 | 2500 | 1024 | 5000 | 5000 |
| 连接方式 | 接插件 | √ | | | √ | √ |
| | 导线 | √ | √ | √ | √ | √ |
| 外形尺寸 | | $\phi36.5mm\times$35mm 或 $\phi36.5mm\times$31.5mm | $\phi36.5mm\times$35mm 或 $\phi36.5mm\times$31.5mm | $\phi37mm\times$28mm | $\phi50mm\times$53mm 或 $\phi58mm\times$53mm | $\phi50mm\times$53mm 或 $\phi58mm\times$53mm |
| 最高转速/(r/min) | | 12000 | 12000 | 6000 | 12000 | 12000 |
| 工作温度/℃ | | −20～＋85 | −20～＋85 | −20～＋70 | −40～＋85 | −40～＋85 |
| 最高防护等级 | | IP65 外壳端 | IP65 外壳端 | IP67 外壳端 | IP67 | IP67 |

### F.1.2  绝对型编码器/单圈系列

| 系　列 | | RS-24 | RS-25 | RS-31 | RS-44 | RS-48 |
|---|---|---|---|---|---|---|
| 机械参数 | 轴型 | √ | √ | | √ | √ |
| | 轴套型 | | | √ | | |
| 轴/孔径 | | 6/10mm | 6/10mm | 12/15mm | 8mm | 9mm |
| 法兰 | | 夹紧法兰，同步法兰 | 夹紧法兰，同步法兰 | 带长力矩支撑槽安装 | 夹紧法兰同步法兰 | 带长力矩支撑槽安装 |

续表

| 系　列 | | RS-24 | RS-25 | RS-31 | RS-44 | RS-48 |
|---|---|---|---|---|---|---|
| 接口形式 | | SSI/BiSS | CANopen，EtherCat，PROFIBUS | SSI/BiSS | SSI/BiSS | SSI/BiSS |
| 最高分辨率/bit | | 17 | 16 | 17 | 17 | 17 |
| 连接方式 | 接插件 | √ | √ | √ | | |
| | 导线 | √ | √ | √ | √ | √ |
| 外形尺寸 | | $\phi58\text{mm}\times38\text{mm}$ | $\phi58\text{mm}\times50\text{mm}$ | $\phi58\text{mm}\times38\text{mm}$ | $\phi36\text{mm}$ | $\phi36\text{mm}$ |
| 最高转速/(r/min) | | 12000 | 9000 | 12000 | 12000 | 12000 |
| 工作温度/℃ | | $-40\sim+90$ | $-40\sim+80$ | $-40\sim+90$ | $-40\sim+90$ | $-40\sim+90$ |
| 最高防护等级 | | IP67 | IP67 | IP67 | IP67 | IP67 |

## F.1.3　绝对型编码器/双圈系列

| 系　列 | | RM-28 | RM-29 | RM-35 | RM-36 | RM-46 | RM-50 |
|---|---|---|---|---|---|---|---|
| 机械参数 | 轴型 | √ | √ | | | √ | |
| | 轴套型 | | | √ | √ | | √ |
| 轴/孔径 | | 6/10mm | 6/10mm | 10/12/14/15mm | 12/13mm | 6/8mm | 8/10mm |
| 法兰 | | 夹紧法兰，同步法兰 | 夹紧法兰，同步法兰 | 带长力矩支撑槽安装 | 带长力矩支撑槽安装 | 夹紧法兰，同步法兰 | 带长力矩支撑槽安装 |
| 接口形式 | | SSI/BiSS | CANopen，Profibus，EtherCat | SSI/BiSS | CANopen，Profibus，EtherCat | SSI/BiSS | SSI/BiSS |
| 最高分辨率/bit | | 17 ST/12 MT | 16 ST/12 MT | 17 ST/12 MT | 16 ST/12 MT | 17 ST/12 MT | 17 ST/12 MT |
| 连接方式 | 接插件 | √ | √ | √ | √ | | |
| | 导线 | √ | √ | √ | | √ | √ |
| 外形尺寸 | | $\phi58\text{mm}\times49.5\text{mm}$ | $\phi58\text{mm}\times70\text{mm}$ | $\phi58\text{mm}\times49.5\text{mm}$ | $\phi58\text{mm}\times70\text{mm}$ | $\phi36\text{mm}$ | $\phi36\text{mm}$ |
| 最高转速/(r/min) | | 12000 | 9000 | 1200 | 9000 | 12000 | 12000 |
| 工作温度/℃ | | $-40\sim+90$ | $-40\sim+80$ | $-40\sim+90$ | $-40\sim+80$ | $-40\sim+90$ | $-40\sim+90$ |
| 最高防护等级 | | IP67 | IP67 | IP67 | IP67 | IP67 | IP67 |

# F.2　光电传感器

## F.2.1　产品选型指南

| 产品图片 | | | | | | |
|---|---|---|---|---|---|---|
| 系列 | Q10F | Q10 | M12 | Q18 | BM18 | K12 |
| 产品描述 | 微型光电传感器 | 微型光电传感器 | 小型光电传感器 | 小型光电传感器 | 小型光电传感器 | 槽型对射式光电传感器 |
| 最大检测距离 | 对射式：1.8m；直反式：0.5mm | 对射式：2m；反射板式：1.5m；偏振反射板式：1m；定区域式：50mm | 对射式：5m；直反式：400m；反射板式：2.5m；偏振反射板式：1.5m；定区域式：75mm | 对射式：20m；直反式：1500mm；反射板式：6m；偏振反射板式：4m；定区域式：100mm | 对射式：20m；偏振反射板式：5.5m；定区域式：100mm | 槽宽10,20,30,50,80,120,180,220mm |
| 外形尺寸 | 21.6mm×20mm×10mm | 23mm×12mm×8mm | $\phi$12mm×67.5mm | 32mm×12mm×20mm | 42mm×30mm×30mm | 最大：12mm×252mm×140mm |
| 外壳材质 | ABS | 热塑性弹性体 | 铜镀镍 | ABS | 铜镀镍 | 锌 ABS |
| 防护等级 | IP67 | IP67 | IP67 | IP67 | IP67 | IP67 |
| 工作温度/℃ | −40～+70 | −20～+55 | −20～+60 | −20～+60 | −40～+70 | −20～+60 |
| 供电电压 | 10～30VDC | 10～30VDC | 10～30VDC | 10～30VDC | 10～30VDC | 10～30VDC |
| 输出 | PNP，NPN | 双极性NPN/PNP，NPN，PNP | 固态 | 固态 | 固态 | 双极性NPN/PNP，NPN，PNP |
| 输出响应时间 | 对射式：8ms开，4ms关；直反式：3ms开关 | 对射式：1.3ms开，900$\mu$s关；其他模式：700$\mu$s开关 | 对射式：350$\mu$s开，375$\mu$s关；其他模式：500$\mu$s开关 | 对射式：1ms开，600$\mu$s关；其他模式：800$\mu$s开关 | 对射式：1.5ms开，0.75ms关；反射板式：3ms开关；定区域式3ms开，1.5ms关 | 500$\mu$s |

| 产品图片 | | | | | | |
|---|---|---|---|---|---|---|
| 系列 | BS18 | BT18&BQ18 | BS30 | BT30 | Q45 | Q60 |
| 产品描述 | 标准圆柱螺纹型光电传感器 | 用途最广的光电传感器 | 标准圆柱形光电传感器 | 通用型光电传感器 | 高级光电传感器 | 长距离可调区域式光电传感器 |
| 最大检测距离 | 对射式：20m；直反式：300mm；反射板式：2m；偏振反射板式：2m；定区域式：100mm | 对射式：20m；直反式：1m；反射板式：6.5m；偏振反射板式：3.5m；定区域式：100mm；玻璃或塑料光纤式：取决于光纤 | 对射式：60m；偏振反射板式：6m；定区域式：600mm | 对射式：60m；直反式：1m；可调区域式：600mm；偏振反射板式：8m；定区域式：600mm；高能对射式：213m | 对射式：60m；直反式：3m；反射板式：9m；偏振反射板式：6m；激光反射板：70m；激光偏振反射板：40m | 可调区域式：2m |
| 外形尺寸 | $\phi$18mm×59mm | 35mm×15mm×31mm | $\phi$30mm×69mm | 44mm×22mm×35mm 44mm×22mm×52mm | 88mm×45mm×55mm | 67mm×25mm×52mm |
| 外壳材质 | PBT 聚酯 | ABS | PBT 聚酯 | PC/ABS | PBT 聚酯 | ABS/聚碳酸酯 |
| 防护等级 | IP67 | IP67 | IP67 | IP67 | IP67 | IP67 |
| 工作温度/℃ | −40～70 | −20～60 | −40～70 | −20～60 | −40～70 | −20～55 |
| 供电电压 | 10～30VDC | 10～30VDC | 10～30VDC | 10～30VDC，12～250VDC或24～250VAC | 10～30VDC | 10～30VDC，12～250VDC或24～250VAC |
| 输出 | 固态 | 固态 | 固态 | 双极性NPN/PNP | 双极性NPN/PNP | DC：双极性NPN/PNP；AC/DC：SPST或SPDT继电器 |
| 输出响应时间 | 对射式：3ms开，1.5ms关；其他模式3ms开关 | 对射式：1ms开，600$\mu$s关；其他模式800$\mu$s开关 | 对射式：16ms开，8ms关；直反式：16ms开关 | 对射式：5ms开关；高能对射式：30ms开关；可调区域式：5ms开关；其他模式：2ms开关 | 对射式：2ms开，1ms关；激光反射板：小于2ms开关；其他模式：2ms开关 | DC：2ms开关；AC：15ms开关 |

## F.2.2　产品外形尺寸

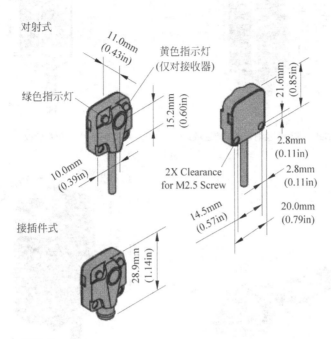

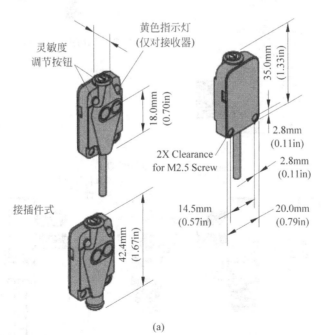

(a)

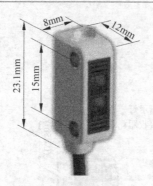

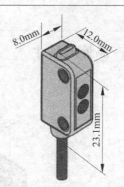

对射式、非偏振反射板式、定区域式　　　　　　偏振反射板式

(b)

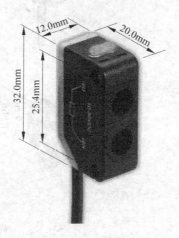

$\phi$12mm

对射式
非偏振反射板式
偏振反射板式

直反式，反射板式，定区域式，对射式

(c)　　　　　　　　　　　　　　　(d)

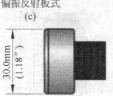

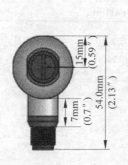

绿色电源LED
双色红/绿信号LED
示教按键

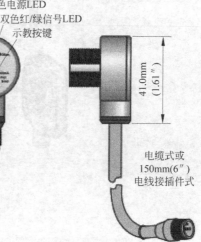

电缆式或
150mm(6″)
电线接插件式

(e)

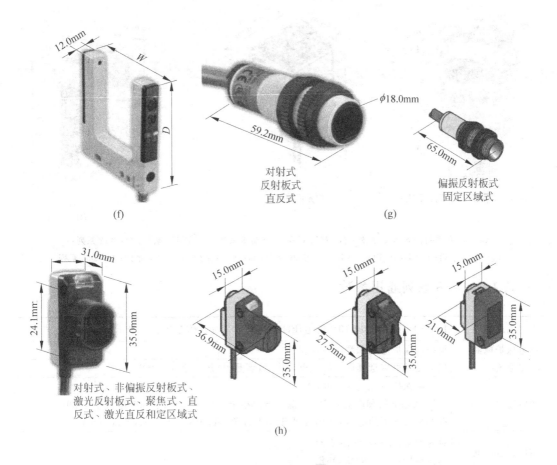

(f)

对射式
反射板式
直反式

φ18.0mm

59.2mm

偏振反射板式
固定区域式

65.0mm

(g)

对射式、非偏振反射板式、
激光反射板式、聚焦式、直
反式、激光直反和定区域式

(h)

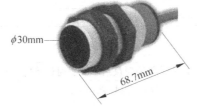

φ30mm

68.7mm

对射、偏振反射板和定区域

(i)

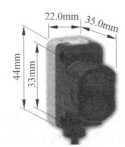

偏振反射板式，直反式，可调区域式

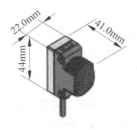

对射高能型

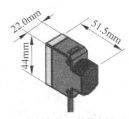

对射式，反射板式，
直反式和固定区域式

(j)

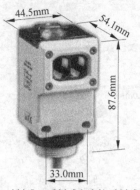

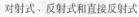

对射式、反射式和直接反射式
(k)

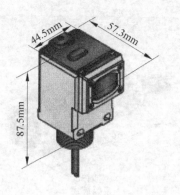

激光反射板式

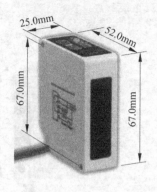

(l)

(a) Q10F 系列；(b) Q10 系列；(c) M12 系列；(d) Q18 系列；(e) BM18 系列；(f) K12 系列；
(g) BS18 系列；(h) BT18/BQ18 系列；(i) BS30 系列；(j) BT30 系列；(k) Q45 系列；(l) Q60 系列

### F. 2. 3　Q18 系列通用参数

| | |
|---|---|
| 供电电压和电流 | 10～30V 直流供电(10％的电压波纹)，满负荷时负载电路小于 18mA |
| 供电保护电路 | 反极性保护电路和瞬时过压保护 |
| 输出形式 | 根据型号可以选择固态继电器输出，或者是 PNP，或者是 NPN |
| 额定输出 | 在短路保护时电流为 100mA<br>OFF 状态下的漏电流：NPN：漏极电流小于 200$\mu$A；PNP：源极电流小于 20$\mu$A<br>在 ON 状态下的电压：NPN：小于 16V，100mA；PNP：小于 3.0V，100mA |
| 输出相应时间 | 对射型号：1ms/600$\mu$s OFF<br>其他型号：800$\mu$sON/OFF |
| 上电延时 | 100ms，在这段时间内输出没有动作 |
| 重复精度 | 对射：140$\mu$s<br>其他：155$\mu$s |
| 调整方式 | 直反式、非偏振反射板和偏振反射板式：通过单圈旋钮调整传感器灵敏度阈值 |
| 指示灯 | 发射器：绿色指示灯表示电源灯光<br>其他：<br>　有两个指示灯<br>　绿色：电源灯指示；黄色：检测到指示 |
| 材质 | 外壳材料：ASB　镜头材料：PPMA　增益调整材料：PBT |
| 连接形式 | 2m4 芯 PVC 电缆，4 芯带 150mm 电缆的 PICO 型接插件，4 芯带 150mm 电缆的 EURO 型接插件连接形式取决于型号，接插件也可以单独购买 |
| 工作环境 | 温度：－20～60℃；相对湿度：95％50℃(无冷凝) |
| 防护等级 | IEC IP67；NEMA6 和 1200PSI 高压水冲 NEMA-ICSS ANNEXF-2002 |
| 抗机械震动性 | 所有型号参考 MILSTD202F 中所要求的测试条件 201A(震动：10～60Hz 最大，双振幅 0.06″最大加速度达到 10$g$)，同时也参考了 IEC-947-5-2：11ms 持续保持 30$g$ 的加速度，半正弦波 |
| 认证 | CE |
| 接线图 | 发射器：DC02；其他型号：DC03 |

## F. 2. 4 Q18 系列数据表

| 型 号 | 检测模式 | 检测距离 | 光源 | 输出形式 | 响应时间 | 接线方式 |
| --- | --- | --- | --- | --- | --- | --- |
| EO12M-Q18-6X | 对射式<br>(发射端) | 12m | 可见红光 | — | — | 2m 电缆 |
| EO20M-Q18-6X | 对射式<br>(发射端) | 20m | 红外光 | — | — | 2m 电缆 |
| EO20M-Q18-6X-V1141-0. 15 | 对射式<br>(发射端) | 20m | 红外光 | — | — | 4 针带 150mm 电缆的<br>Pico 型接插件 |
| EO20M-Q18-6X-H1141-0. 15 | 对射式<br>(发射端) | 20m | 红外光 | — | — | 4 针带 150mm 电缆的<br>Euro 型接插件 |
| EO20M-Q18-6X-V1141-0. 15 | 对射式<br>(发射端) | 12m | 可见红光 | — | — | 4 针带 150mm 电缆的<br>Pico 型接插件 |
| EO12M-Q18-6X-H1141-0. 15 | 对射式<br>(发射端) | 12m | 可见红光 | — | — | 4 针带 150mm 电缆的<br>Euro 型接插件 |
| RO12M-Q18-VN6X2 | 对射式<br>(接收端) | 12m | — | NPN | 1ms<br>ON/600$\mu$s<br>OFF | 2m 电缆 |
| RO20M-Q18-VN6X2 | 对射式<br>(接收端) | 20m | — | NPN | 1ms<br>ON/600$\mu$s<br>OFF | 2m 电缆 |
| RO20M-Q18-VN6X2-V1141-0. 15 | 对射式<br>(接收端) | 20m | — | NPN | 1ms<br>ON/600$\mu$s<br>OFF | 4 针带 150mm 电缆的<br>Pico 型接插件 |
| RO20M-Q18-VN6X2-H1141-0. 15 | 对射式<br>(接收端) | 20m | — | NPN | 1ms<br>ON/600$\mu$s<br>OFF | 4 针带 150mm 电缆的<br>Euro 型接插件 |
| RO12M-Q18-VN6X2-V1141-0. 15 | 对射式<br>(接收端) | 12m | — | NPN | 1ms<br>ON/600$\mu$s<br>OFF | 4 针带 150mm 电缆的<br>Pico 型接插件 |
| RO12M-Q18-VN6X2-H1141-0. 15 | 对射式<br>(接收端) | 12m | — | NPN | 1ms<br>ON/600$\mu$s<br>OFF | 4 针带 150mm 电缆的<br>Euro 型接插件 |
| RO12M-Q18-VP6X2 | 对射式<br>(接收端) | 12m | — | PNP | 1ms<br>ON/600$\mu$s<br>OFF | 2m 电缆 |
| RO20M-Q18-VP6X2 | 对射式<br>(接收端) | 20m | — | PNP | 1ms<br>ON/600$\mu$s<br>OFF | 2m 电缆 |
| RO20M-Q18-VP6X2-V1141-0. 15 | 对射式<br>(接收端) | 20m | — | PNP | 1ms<br>ON/600$\mu$s<br>OFF | 4 针带 150mm 电缆的<br>Pico 型接插件 |

| 型　号 | 检测模式 | 检测距离 | 光源 | 输出形式 | 响应时间 | 接线方式 |
|---|---|---|---|---|---|---|
| RO20M-Q18-VP6X2-H1141-0.15 | 对射式（接收端） | 20m | — | PNP | 1ms ON/600$\mu$s OFF | 4 针带 150mm 电缆的 Euro 型接插件 |
| RO12M-Q18-VP6X2-V1141-0.15 | 对射式（接收端） | 12m | — | PNP | 1ms ON/600$\mu$s OFF | 4 针带 150mm 电缆的 Pico 型接插件 |
| RO12M-Q18-VP6X2-H1141-0.15 | 对射式（接收端） | 12m | — | PNP | 1ms ON/600$\mu$s OFF | 4 针带 150mm 电缆的 Eure 型接插件 |
| DO250-Q18-VN6X2 | 直反式 | 250mm | 可见红光 | NPN | 800$\mu$s ON/OFF | 2m 电缆 |
| DO800-Q18-VN6X2 | 直反式 | 800mm | 可见红光 | NPN | 800$\mu$s ON/OFF | 2m 电缆 |
| DO800-Q18-VN6X2-V1141-0.15 | 直反式 | 800mm | 可见红光 | NPN | 800$\mu$s ON/OFF | 4 针带 150mm 电缆的 Pico 型接插件 |
| DO800-Q18-VN6X2-H1141-0.15 | 直反式 | 800mm | 可见红光 | NPN | 800$\mu$s ON/OFF | 4 针带 150mm 电缆的 Euro 型接插件 |
| DO250-Q18-VN6X2-V1141-0.15 | 直反式 | 250mm | 可见红光 | NPN | 800$\mu$s ON/OFF | 4 针带 150mm 电缆的 Pico 型接插件 |
| DO250-Q18-VN6X2-H1141-0.15 | 直反式 | 250mm | 可见红光 | NPN | 800$\mu$s ON/OFF | 4 针带 150mm 电缆的 Euro 型接插件 |
| DO1.5M-Q18-VN6X2 | 直反式 | 1500mm | 红外光 | NPN | 800$\mu$s ON/OFF | 2m 电缆 |
| DO1.5M-Q18-VN6X2-V1141-0.15 | 直反式 | 1500mm | 红外光 | NPN | 800$\mu$s ON/OFF | 4 针带 150mm 电缆的 Pico 型接插件 |
| DO1.5M-Q18-VN6X2-H1141-0.15 | 直反式 | 1500mm | 红外光 | NPN | 800$\mu$s ON/OFF | 4 针带 150mm 电缆的 Euro 型接插件 |
| DO250-Q18-VN6X2 | 直反式 | 250mm | 可见红光 | PNP | 800$\mu$s ON/OFF | 2m 电缆 |
| DO800-Q18-VP6X2 | 直反式 | 800mm | 可见红光 | PNP | 800$\mu$s ON/OFF | 2m 电缆 |
| DO800-Q18-VP6X2-V1141-0.15 | 直反式 | 800mm | 可见红光 | PNP | 800$\mu$s ON/OFF | 4 针带 150mm 电缆的 Pico 型接插件 |
| DO800-Q18-VP6X2-H1141-0.15 | 直反式 | 800mm | 可见红光 | PNP | 800$\mu$s ON/OFF | 4 针带 150mm 电缆的 Euro 型接插件 |
| DO250-Q18-VP6X2-V1141-0.15 | 直反式 | 250mm | 可见红光 | PNP | 800$\mu$s ON/OFF | 4 针带 150mm 电缆的 Pico 型接插件 |
| DO250-Q18-VP6X2-H1141-0.15 | 直反式 | 250mm | 可见红光 | PNP | 800$\mu$s ON/OFF | 4 针带 150mm 电缆的 Euro 型接插件 |
| DO1.5M-Q18-VP6X2 | 直反式 | 1500mm | 红外光 | PNP | 800$\mu$s ON/OFF | 2m 电缆 |

续表

| 型　号 | 检测模式 | 检测距离 | 光源 | 输出形式 | 响应时间 | 接线方式 |
|---|---|---|---|---|---|---|
| DO1.5M-Q18-VP6X2-V1141-0.15 | 直反式 | 1500mm | 红外光 | PNP | 800$\mu$s ON/OFF | 4 针带 150mm 电缆的 Pico 型接插件 |
| DO1.5M-Q18-VP6X2-H1141-0.15 | 直反式 | 1500mm | 红外光 | PNP | 800$\mu$s ON/OFF | 4 针带 150mm 电缆的 Euro 型接插件 |
| LO6M-Q18-VN6X2 | 反射板式 | 6m | 可见红光 | NPN | 800$\mu$s ON/OFF | 2m 电缆 |
| LO6M-Q18-VN6X2-V1141-0.15 | 反射板式 | 6m | 可见红光 | NPN | 800$\mu$s ON/OFF | 4 针带 150mm 电缆的 Pico 型接插件 |
| LO6M-Q18-VN6X2-H1141-0.15 | 反射板式 | 6m | 可见红光 | NPN | 800$\mu$s ON/OFF | 4 针带 150mm 电缆的 Euro 型接插件 |
| LO6M-Q18-VP6X2 | 反射板式 | 6m | 可见红光 | PNP | 800$\mu$s ON/OFF | 2m 电缆 |
| LO6M-Q18-VP6X2-V1141-0.15 | 反射板式 | 6m | 可见红光 | PNP | 800$\mu$s ON/OFF | 4 针带 150mm 电缆的 Pico 型接插件 |
| LO6M-Q18-VP6X2-H1141-0.15 | 反射板式 | 6m | 可见红光 | PNP | 800$\mu$s ON/OFF | 4 针带 150mm 电缆的 Euro 型接插件 |
| LOP4M-Q18-VN6X2 | 偏振反射板式 | 4m | 可见红光 | NPN | 800$\mu$s ON/OFF | 2m 电缆 |
| LOP4M-Q18-VN6X2-V1141-0.15 | 偏振反射板式 | 4m | 可见红光 | NPN | 800$\mu$s ON/OFF | 4 针带 150mm 电缆的 Pico 型接插件 |
| LOP4M-Q18-VN6X2-H1141-0.15 | 偏振反射板式 | 4m | 可见红光 | NPN | 800$\mu$s ON/OFF | 4 针带 150mm 电缆的 Euro 型接插件 |
| LOP4M-Q18-VP6X2 | 偏振反射板式 | 4m | 可见红光 | PNP | 800$\mu$s ON/OFF | 2m 电缆 |
| LOP4M-Q18-VP6X2-V1141-0.15 | 偏振反射板式 | 4m | 可见红光 | PNP | 800$\mu$s ON/OFF | 4 针带 150mm 电缆的 Pico 型接插件 |
| LOP4M-Q18-VP6X2-H1141-0.15 | 偏振反射板式 | 4m | 可见红光 | PNP | 800$\mu$s ON/OFF | 4 针带 150mm 电缆的 Euro 型接插件 |
| XSO100-Q18-VN6X2 | 定区域式 | 0～100mm cutoff | 可见红光 | NPN | 800$\mu$s ON/OFF | 2m 电缆 |

| 型　号 | 检测模式 | 检测距离 | 光源 | 输出形式 | 响应时间 | 接线方式 |
|---|---|---|---|---|---|---|
| XSO100-Q18-VN6X2-V1141-0.15 | 定区域式 | 0～100mm cutoff | 可见红光 | NPN | 800μs ON/OFF | 4 针带 150mm 电缆的 Pico 型接插件 |
| XSO100-Q18-VN6X2-H1141-0.15 | 定区域式 | 0～100mm cutoff | 可见红光 | NPN | 800μs ON/OFF | 4 针带 150mm 电缆的 Euro 型接插件 |
| XSO150-Q18-VN6X2 | 定区域式 | 0～150mm cutoff | 可见红光 | NPN | 800μs ON/OFF | 2m 电缆 |
| XSO150-Q18-VN6X2-V1141-0.15 | 定区域式 | 0～150mm cutoff | 可见红光 | NPN | 800μs ON/OFF | 4 针带 150mm 电缆的 Pico 型接插件 |
| XSO150-Q18-VN6X2-H1141-0.15 | 定区域式 | 0～150mm cutoff | 可见红光 | NPN | 800μs ON/OFF | 4 针带 150mm 电缆的 Euro 型接插件 |
| XSO50-Q18-VN6X2 | 定区域式 | 0～50mm cutoff | 可见红光 | NPN | 800μs ON/OFF | 2m 电缆 |
| XSO50-Q18-VM6X2-V1141-0.15 | 定区域式 | 0～50mm cutoff | 可见红光 | NPN | 800μs ON/OFF | 4 针带 150mm 电缆的 Pico 型接插件 |
| XSO50-Q18-VM6X2-H1141-0.15 | 定区域式 | 0～50mm cutoff | 可见红光 | NPN | 800μs ON/OFF | 4 针带 150mm 电缆的 Euro 型接插件 |
| XSO100-Q18-VP6X2 | 定区域式 | 0～100mm cutoff | 可见红光 | PNP | 800μs ON/OFF | 2m 电缆 |
| XS100-Q18-VP6X2-V1141-0.15 | 定区域式 | 0～100mm cutoff | 可见红光 | PNP | 800μs ON/OFF | 4 针带 150mm 电缆的 Pico 型接插件 |
| XSO100-Q18-VP6X2-H1141-0.15 | 定区域式 | 0～100mm cutoff | 可见红光 | PNP | 800μs ON/OFF | 4 针带 150mm 电缆的 Euro 型接插件 |
| XSO150-Q18-VP6X2 | 定区域式 | 0～150mm cutoff | 可见红光 | PNP | 800μs ON/OFF | 2m 电缆 |
| XSO150-Q18-VP6X2-V1141-0.15 | 定区域式 | 0～150mm cutoff | 可见红光 | PNP | 800μs ON/OFF | 4 针带 150mm 电缆的 Pico 型接插件 |
| XSO150-Q18-VP6X2-H1141-0.15 | 定区域式 | 0～100mm cutoff | 可见红光 | PNP | 800μs ON/OFF | 4 针带 150mm 电缆的 Euro 型接插件 |
| XSO50-Q18-VP6X2 | 定区域式 | 0～50mm cutoff | 可见红光 | PNP | 800μs ON/OFF | 2m 电缆 |
| XSO50-Q18-VP6X2-V1141-0.15 | 定区域式 | 0～50mm cutoff | 可见红光 | PNP | 800μs ON/OFF | 4 针带 150mm 电缆的 Pico 型接插件 |
| XSO50-Q18-VP6X2-H1141-0.15 | 定区域式 | 0～50mm cutoff | 可见红光 | PNP | 800μs ON/OFF | 4 针带 150mm 电缆的 Euro 型接插件 |

# 附录 G  MCS-51 单片机常用扩展芯片引脚排列图及引脚说明

## G.1  EPROM 芯片

### 2716 （2K×8）

```
           2716
    A7 ┌1        24┐ VCC
    A6 ┌2        23┐ A8
    A5 ┌3        22┐ A9
    A4 ┌4        21┐ VPP
    A3 ┌5        20┐ OE
    A2 ┌6        19┐ A10
    A1 ┌7        18┐ CE
    A0 ┌8        17┐ O7
    O0 ┌9        16┐ O6
    O1 ┌10       15┐ O5
    O2 ┌11       14┐ O4
   GND ┌12       13┐ O3
           2K×8
```

| 引脚 | 说　　明 |
|---|---|
| A0～A10 | 地址线 |
| O0～O7 | 数据线 |
| $\overline{CE}$ | 片选线,低电平有效 |
| $\overline{OE}$ | 数据输出选通线 |
| $V_{PP}$ | 编程电源 |
| $V_{CC}$ | 工作电源 |
| GND | 接地端 |

### 2732A （4K×8）

```
          2732A
    A7 ┌1        24┐ VCC
    A6 ┌2        23┐ A8
    A5 ┌3        22┐ A9
    A4 ┌4        21┐ A11
    A3 ┌5        20┐ OE/VPP
    A2 ┌6        19┐ A10
    A1 ┌7        18┐ CE
    A0 ┌8        17┐ O7
    O0 ┌9        16┐ O6
    O1 ┌10       15┐ O5
    O2 ┌11       14┐ O4
   GND ┌12       13┐ O3
           4K×8
```

| 引脚 | 说　　明 |
|---|---|
| A0～A11 | 地址端 |
| O0～O7 | 数据输出端 |
| $\overline{CE}$ | 片选端 |
| $\overline{OE}$ | 数据输出允许端 |
| $V_{PP}$ | 编程电源端 |
| $V_{CC}$ | 主电源端 |
| GND | 接地端 |

### 2764A （8K×8）

```
          2764A
   VPP ┌1        28┐ VCC
   A12 ┌2        27┐ PGM
    A7 ┌3        26┐ NC
    A6 ┌4        25┐ A8
    A5 ┌5        24┐ A9
    A4 ┌6        23┐ A11
    A3 ┌7        22┐ OE
    A2 ┌8        21┐ A10
    A1 ┌9        20┐ CE
    A0 ┌10       19┐ O7
    O0 ┌11       18┐ O6
    O1 ┌12       17┐ O5
    O2 ┌13       16┐ O4
   GND ┌14       15┐ O3
           8K×8
```

| 引脚 | 说　　明 |
|---|---|
| A0～A12 | 地址线 |
| O0～O7 | 数据输出线 |
| $\overline{CE}$ | 片选线 |
| $\overline{OE}$ | 数据输出选通线 |
| $\overline{PGM}$ | 编程脉冲输入端 |
| $V_{PP}$ | 编程电源 |
| $V_{CC}$ | 主电源 |
| GND | 接地端 |

**27128A**

```
          ┌──∪──┐
  V_PP ─┤1      28├─ V_CC
  A12 ─┤2      27├─ PGM
  A7  ─┤3      26├─ A13
  A6  ─┤4      25├─ A8
  A5  ─┤5      24├─ A9
  A4  ─┤6      23├─ A11
  A3  ─┤7      22├─ OE
  A2  ─┤8      21├─ A10
  A1  ─┤9      20├─ CE
  A0  ─┤10     19├─ O7
  O0  ─┤11     18├─ O6
  O1  ─┤12     17├─ O5
  O2  ─┤13     16├─ O4
  GND ─┤14     15├─ O3
          └─────┘
        16K × 8
```

| 引脚 | 说　　明 |
|---|---|
| A0～A13 | 地址线 |
| O0～O7 | 数据输出线 |
| $\overline{CE}$ | 片选线 |
| $\overline{OE}$ | 数据输出选通线 |
| PGM | 编程脉冲输入端 |
| $V_{PP}$ | 编程电源 |
| $V_{CC}$ | 主电源 |
| GND | 接地端 |

**27256**

```
          ┌──∪──┐
  V_PP ─┤1      28├─ V_CC
  A12 ─┤2      27├─ A14
  A7  ─┤3      26├─ A13
  A6  ─┤4      25├─ A8
  A5  ─┤5      24├─ A9
  A4  ─┤6      23├─ A11
  A3  ─┤7      22├─ OE
  A2  ─┤8      21├─ A10
  A1  ─┤9      20├─ CE
  A0  ─┤10     19├─ O7
  O0  ─┤11     18├─ O6
  O1  ─┤12     17├─ O5
  O2  ─┤13     16├─ O4
  GND ─┤14     15├─ O3
          └─────┘
        32K × 8
```

| 引脚 | 说　　明 |
|---|---|
| A0～A14 | 地址线 |
| O0～O7 | 数据输出线 |
| $\overline{CE}$ | 片选线 |
| $\overline{OE}$ | 数据输出选通线 |
| $V_{PP}$ | 编程电源 |
| $V_{CC}$ | 主电源 |
| GND | 接地端 |

**27512**

```
          ┌──∪──┐
  A15 ─┤1      28├─ V_CC
  A12 ─┤2      27├─ A14
  A7  ─┤3      26├─ A13
  A6  ─┤4      25├─ A8
  A5  ─┤5      24├─ A9
  A4  ─┤6      23├─ A11
  A3  ─┤7      22├─ OE/V_PP
  A2  ─┤8      21├─ A10
  A1  ─┤9      20├─ CE
  A0  ─┤10     19├─ O7
  O0  ─┤11     18├─ O6
  O1  ─┤12     17├─ O5
  O2  ─┤13     16├─ O4
  GND ─┤14     15├─ O3
          └─────┘
        64K × 8
```

| 引脚 | 说　　明 |
|---|---|
| A0～A15 | 地址线 |
| O0～O7 | 数据输出线 |
| $\overline{CE}$ | 片选线 |
| $\overline{OE}/V_{PP}$ | 数据输出选通/编程电源 |
| $V_{CC}$ | 主电源 |
| GND | 接地端 |

## G. 2　EEPROM 芯片

```
            2817A
RDY/BUSY □1      28□ V_CC
      NC □2      27□ WE
      A7 □3      26□ NC
      A6 □4      25□ A8
      A5 □5      24□ A9
      A4 □6      23□ A11
      A3 □7      22□ OE
      A2 □8      21□ A10
      A1 □9      20□ CE
      A0 □10     19□ I/O7
    I/O0 □11     18□ I/O6
    I/O1 □12     17□ I/O5
    I/O2 □13     16□ I/O4
     GND □14     15□ I/O3
```

| 引脚 | 说　　　明 |
|---|---|
| A0～A10 | 地址线 |
| I/O0～I/O7 | 读/写数据线 |
| $\overline{CE}$ | 片选线 |
| $\overline{OE}$ | 读允许线,低电平有效 |
| $\overline{WE}$ | 写允许线,低电平有效 |
| RDY/$\overline{BUSY}$ | 低电平时,表示芯片正在写操作;高电平时,表示写操作完毕 |
| $V_{cc}$ | +5V 电源 |
| GND | 接地端 |

## G. 3　静态 RAM 芯片

```
            6116
      A7 □1      24□ V_CC
      A6 □2      23□ A8
      A5 □3      22□ A9
      A4 □4      21□ WE
      A3 □5      20□ OE
      A2 □6      19□ A10
      A1 □7      18□ CE
      A0 □8      17□ I/O7
    I/O0 □9      16□ I/O6
    I/O1 □10     15□ I/O5
    I/O2 □11     14□ I/O4
     GND □12     13□ I/O3
```

| 引脚 | 说　　　明 |
|---|---|
| A0～A10 | 地址线 |
| I/O0～I/O7 | 读/写数据线 |
| $\overline{CE}$ | 片选线 |
| $\overline{WE}$ | 写允许线 |
| $\overline{OE}$ | 读允许线 |
| $V_{cc}$ | 主电源 |
| GND | 接地端 |

```
            6264
      NC □1      28□ V_CC
     A12 □2      27□ WE
      A7 □3      26□ CE2
      A6 □4      25□ A8
      A5 □5      24□ A9
      A4 □6      23□ A11
      A3 □7      22□ OE
      A2 □8      21□ A10
      A1 □9      20□ CE1
      A0 □10     19□ I/O7
    I/O0 □11     18□ I/O6
    I/O1 □12     17□ I/O5
    I/O2 □13     16□ I/O4
     GND □14     15□ I/O3
```

| 引脚 | 说　　　明 |
|---|---|
| A0～A12 | 地址线 |
| I/O0～I/O7 | 双向数据线 |
| $\overline{CE1}$ | 片选端 |
| CE2 | 第二片选端 |
| $\overline{WE}$ | 写允许信号线 |
| $\overline{OE}$ | 读允许信号线 |
| $V_{cc}$ | 主电源 |
| GND | 接地端 |

# G.4　I/O 芯片

| 　 | 引脚 | 说　　明 |
|---|---|---|
| PA3 ☐1 　 40☐ PA4 | A0～A1 | 地址线 |
| PA2 ☐2 　 39☐ PA5 | | |
| PA1 ☐3 　 38☐ PA6 | D0～D7 | 三态双向数据线 |
| PA0 ☐4 　 37☐ PA7 | | |
| $\overline{RD}$ ☐5 　 36☐ $\overline{WR}$ | $\overline{CS}$ | 片选信号线 |
| $\overline{CS}$ ☐6 　 35☐ RESET | | |
| GND ☐7 　 34☐ D0 | $\overline{WR}$ | 写入信号线 |
| A1 ☐8 　 33☐ D1 | | |
| A0 ☐9 　 32☐ D2 | $\overline{RD}$ | 读出信号线 |
| PC7 ☐10 　 31☐ D3 | | |
| PC6 ☐11 8255A 30☐ D4 | PA0～PA7 | A 口输入/输出线 |
| PC5 ☐12 　 29☐ D5 | | |
| PC4 ☐13 　 28☐ D6 | PB0～PB7 | B 口输入/输出线 |
| PC0 ☐14 　 27☐ D7 | | |
| PC1 ☐15 　 26☐ $V_{CC}$ | PC0～PC7 | C 口输入/输出线 |
| PC2 ☐16 　 25☐ PB7 | | |
| PC3 ☐17 　 24☐ PB6 | RESET | 复位信号线 |
| PB0 ☐18 　 23☐ PB5 | | |
| PB1 ☐19 　 22☐ PB4 | $V_{CC}$ | +5V 电源 |
| PB2 ☐20 　 21☐ PB3 | | |
| | GND | 接地端 |

# 附录 H 德国西门子 S7-200 系列 PLC 技术数据

## H.1 S7-200 模块类型

| | 型号 | CPU221 | CPU222 | CPU224 | CPU224XP | CPU226 | CPU226XM |
|---|---|---|---|---|---|---|---|
| CPU模块 | 本机 DI/DO 点数 | 6/4 | 8/16 | 14/10 | | 24/16 | |
| | 本机 AI/AO 点数 | 0/0 | | | 2/1 | 0/0 | |
| 扩展模块 | 数字量 I/O 扩展模块 | 数字量输入扩展模块 | EM221(8 点,16 点) | | | | |
| | | 数字量输出扩展模块 | EM222(4 点,8 点) | | | | |
| | | 数字量混合扩展模块 | EM223(4 入/4 出,8 入/8 出,16 入/16 出,32 入/32 出) | | | | |
| | 模拟量 I/O 扩展模块 | 模拟量输入扩展模块 | EM231(4 点,8 点) | | | | |
| | | 模拟量输出扩展模块 | EM232(2 点,4 点) | | | | |
| | | 模拟量混合扩展模块 | EM235(4 入/1 出) | | | | |
| 特殊功能模块 | 温度测量模块 | 热电偶模块 | EM231TC(4 点,8 点) | | | | |
| | | 热电阻模块 | EM231RTD(2 点,4 点) | | | | |
| | 通信模块 | PROFIBUS-DP 模块 | EM277 | | | | |
| | | 调制解调模块 | EM241 | | | | |
| | | 工业以太网模块 | CP243-1 | | | | |
| | | Internet 模块 | CP243-1 IT | | | | |
| | | AS-i 接口模块 | CP243-2 | | | | |
| | 定位控制模块 | | EM253 | | | | |

# H. 2　S7-200 存储器单元及其有效范围

| 类　　型 | 描　　述 | 有　效　范　围 |
|---|---|---|
| 输入过程映像寄存器(I) | 与 PLC 数字量输入端子相对应 | I0.0～I15.7 |
| 输出过程映像寄存器(Q) | 与 PLC 数字量输出端子相对应 | Q0.0～Q15.7 |
| 变量存储器(V) | 存储数据及中间结果 | CPU221、CPU222：VB0～VB2047，CPU224、CPU224XP：VB0～VB8191，CPU226、CPU226XM：VB0～VB10239 |
| 位存储器(M) | 类似于继电接触器控制中的中间继电器,无 I/O 端子相对应 | M0.0～M31.7 |
| 定时器(T) | 延时控制 | T0～T255 |
| 计数器(C) | 记数控制 | C0～C255 |
| 高速计数器(HC) | 工作原理同计数器,但是用于累计比 CPU 扫描速率更快的高速事件 | CPU221、CPU222：HC0,HC3～HC5,CPU224、CPU224XP、CPU226、CPU226XM：HC0～HC5 |
| 累加器(AC) | 向非中断服务子程序传递/返回参数,存储中间结果 | AC0～AC3 |
| 特殊存储器(SM) | 存储系统状态变量和有关控制信息 | CPU221：SM0.0～SM179.7,CPU222：SM0.0～SM299.7,CPU224、CPU224XP、CPU226、CPU226XM：SM0.0～SM549.7 |
| 局部存储器(L) | 与变量存储器类似,但是局部有效 | LB0～LB63 |
| 模拟量输入(AI) | 存放 A/D 转换后的数据 | CPU222：AIW0～AIW30,CPU224、CPU224XP、CPU226、CPU226XM：AIW0～AIW62 |
| 模拟量输出(AQ) | 存放 D/A 转换后的数据 | CPU222：AQW0～AQW30,CPU224、CPU224XP、CPU226、CPU226XM：AQW0～AQW62 |
| 顺控继电器(S) | 与顺控指令配合,实现顺序(步进)控制 | S0.0～S31.7 |

# H.3　S7-200 基本单元接线图

## H.3.1　CPU 221 模块

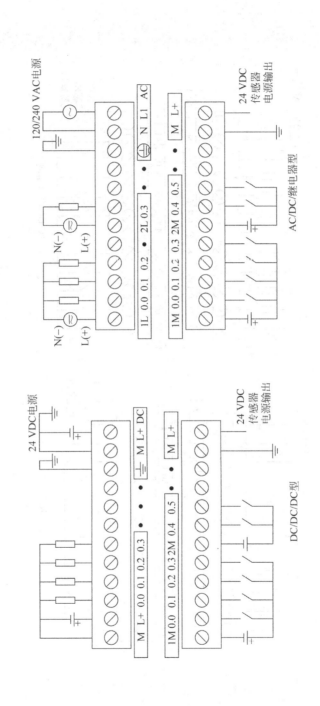

## H.3.2　CPU 222 模块

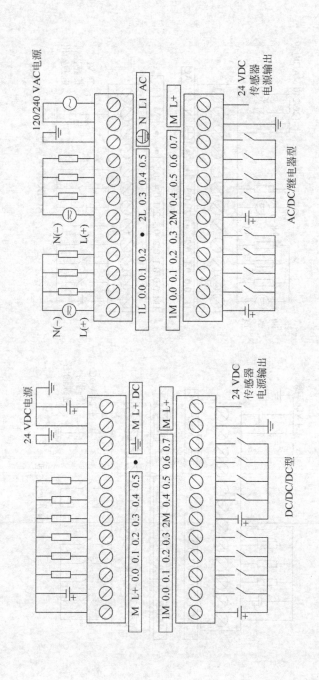

**H.3.3 CPU 224 模块**

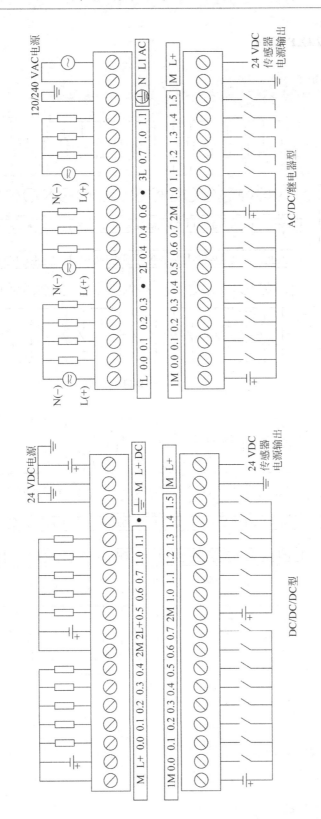

## H.3.4 CPU 224XP 模块

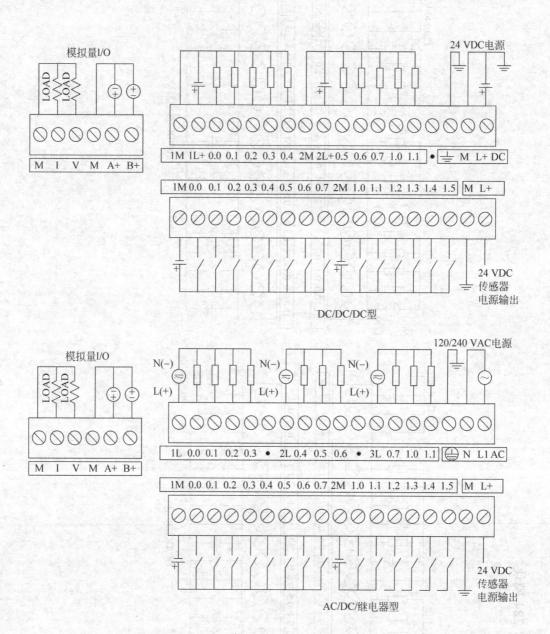

模拟量I/O

DC/DC/DC型

AC/DC/继电器型

## H. 3. 5 CPU 226 模块

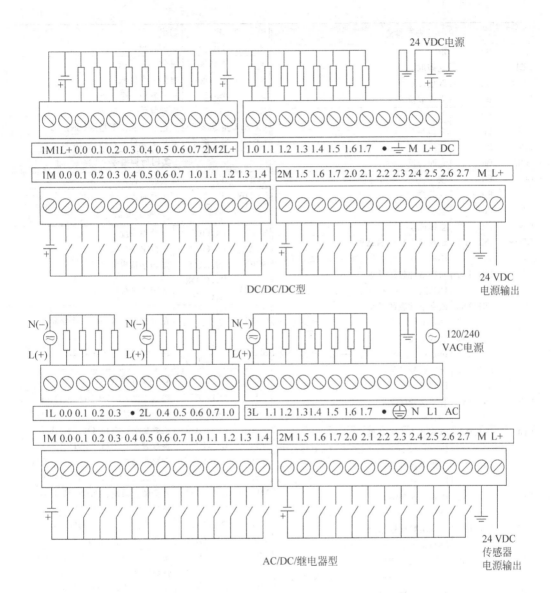

DC/DC/DC型

AC/DC/继电器型

# H.4　S7-200 指令集

| 布尔指令 | | |
|---|---|---|
| LD | Bit | 取 |
| LDI | Bit | 立即取 |
| LDN | Bit | 取反 |
| LDNI | Bit | 立即取反 |
| A | Bit | 与 |
| AI | Bit | 立即与 |
| AN | Bit | 与反 |
| ANI | Bit | 立即与反 |
| O | Bit | 或 |
| OI | Bit | 立即或 |
| ON | Bit | 或反 |
| ONi | Bit | 立即或反 |
| LDBx | IN1,IN2 | 装载字节比较的结果 |
| | | IN1(x: <,<=,=,>=,>,<>)IN2 |
| ABx | IN1,IN2 | 与字节比较的结果 |
| | | IN1(x: <,<=,=,>=,>,<>)IN2 |
| OBx | IN1,IN2 | 或字节比较的结果 |
| | | IN1(x: <,<=,=,>=,>,<>)IN2 |
| LDWx | IN1,IN2 | 装载字比较结果 |
| | | IN1(x: <,<=,=,>-,>,<>)IN2 |
| AWx | IN1,IN2 | 与字比较结果 |
| | | IN1(x: <,<=,=,>=,>,<>)IN2 |
| OWx | IN2,IN2 | 装字比较结果 |
| | | IN1(x: <,<=,=,>=,>,<>)IN2 |
| LDDx | IN1,IN2 | 将载双字比较结果 |
| | | IN1(x: <,<=,=,>=,>,<>)IN2 |
| ADx | IN1,IN2 | 与双字比较结果 |
| | | IN1(x: <,<=,=,>=,>,<>)IN2 |
| ODx | IN1,IN2 | 或双字比较结果 |
| | | IN1(x: <,<=,=,>=,>,<>)IN2 |
| LDRx | IN1,IN2 | 装载实数比较结果 |
| | | IN1(x: <,<=,=,>=,>,<>)IN2 |
| ARx | IN1,IN2 | 与实数比较结果 |
| | | IN1(x: <,<=,=,>=,>,<>)IN2 |
| ORx | IN1,IN2 | 或实数比较结果 |
| | | IN1(x: <,<=,=,>=,>,<>)IN2 |
| LDSx | IN1,IN2 | 装载字符串比较结果 |
| | | IN1(x: =,<>)IN2 |
| ASx | IN1,IN2 | 与字符串比较结果 |
| | | IN1(x: =,<>)IN2 |
| OSx | IN1,IN2 | 或字符串比较结果 |
| | | IN1(x: =,<>)IN2 |
| NOT | | 堆栈取反 |
| EU | | 上升沿脉冲 |
| ED | | 下降沿脉冲 |

| = | Bit | 输出 |
|---|---|---|
| =1 | Bit | 立即输出 |
| S | Bit,N | 置位一个区域 |
| R | Bit,N | 复位一个区域 |
| SI | Bit,N | 立即置位一个区域 |
| RI | Bit,N | 立即复位一个区域 |
| (无 STL 指令形式) | | 置位优先触发器指令(SR) |
| (无 STL 指令形式) | | 复位优先触发器指令(RS) |

| 实时时钟指令 | | |
|---|---|---|
| TODR | T | 读实时时钟 |
| TODW | T | 写实时时钟 |

| 字符串指令 | | |
|---|---|---|
| SLEN | IN,OUT | 字符串长度 |
| SCAT | IN,OUT | 连接字符串 |
| SCPY | IN,OUT | 复制字符串 |
| SSCPY | IN,INDX,N,OUT | 复制子字符串 |
| CFND | IN1,IN2,OUT | 在字符串中查找第一个字符 |
| SFND | IN1,IN2,OUT | 在字符串中查找字符串 |

| 数学、增减指令 | | |
|---|---|---|
| +I | IN1,OUT | 整数加法：IN1+OUT=OUT |
| +D | IN1,OUT | 双整数加法：IN1+OUT=OUT |
| +R | IN1,OUT | 实数加法：IN1+OUT=OUT |
| −I | IN1,OUT | 整数减法：OUT−IN1=OUT |
| −D | IN1,OUT | 双整数减法：OUT−IN1=OUT |
| −R | IN1,OUT | 实数减法：OUT−IN1=OUT |
| MUL | IN1,OUT | 完全整数乘法：IN1×OUT=OUT |
| *I | IN1,OUT | 整数乘法：IN1×OUT=OUT |
| *D | IN1,OUT | 双整数乘法：IN1×OUT=OUT |
| *R | IN1,OUT | 实数乘法：IN1×OUT=OUT |
| DIV | IN1,OUT | 安全整数除法：OUT/IN1=OUT |
| /I | IN1,OUT | 整数除法：OUT/NI1=OUT |
| /D | IN1,OUT | 双整数除法：OUT/IN1=OUT |
| /R | IN1,OUT | 实数除法：OUT/IN1=OUT |
| SQRT | IN,OUT | 平方根 |
| LN | IN,OUT | 自然对数 |
| EXP | IN,OUT | 自然指数 |
| SIN | IN,OUT | 正弦 |
| COS | IN,OUT | 余弦 |
| TAN | IN,OUT | 正切 |
| INCB | OUT | 字节增1 |
| INCW | OUT | 字增1 |
| INCD | OUT | 双字增1 |

续表

| | | |
|---|---|---|
| DECB | OUT | 字节减 1 |
| DECW | OUT | 字减 1 |
| DECD | OUT | 双字减 1 |

| 定时器和计数器指令 | | |
|---|---|---|
| TON | Txxx,PT | 接通延时定时器 |
| TOF | Txxx,PT | 断开延时定时器 |
| TONR | Txxx,PT | 带记忆的接通延时定时器 |
| CTU | Cxxx,PV | 增计数 |
| CTD | Cxxx,PV | 减计数 |
| CTUD | Cxxx,PV | 增/减计数 |

| 程序控制指令 | | |
|---|---|---|
| END | | 程序的条件结束 |
| STOP | | 切换到 STOP 模式 |
| WDR | | 看门狗复位(300ms) |
| JMP | N | 跳到定义的标号 |
| LBL | N | 定义一个跳转的标号 |
| CALL SBR-N | | 调用子程序 |
| CRET | | 从子程序条件返回 |
| FOR | INDX,INIT, FINAL | For/Next 循环 |
| NEXT | | |
| LSCR | S_bit | 顺控继电器段的启动 |
| SCRT | S_bit | 状态转移 |
| CSCRE | | 顺控继电器段条件结束 |
| SCRE | | 顺控继电器段结束 |

| 传送、移位、循环和填充指令 | | |
|---|---|---|
| MOVB | IN,OUT | 字节传送 |
| MOVW | IN,OUT | 字传送 |
| MOVD | IN,OUT | 双字传送 |
| MOVR | IN,OUT | 实数传送 |
| BIR | IN,OUT | 字节立即读 |
| BIW | IN,OUT | 字节立即写 |
| BMB | IN,OUT,N | 字节块传送 |
| BMW | IN,OUT,N | 字块传送 |
| BMD | IN,OUT,N | 双字块传送 |
| SWAP | IN | 交换字节 |
| SHRB | DATA,S_BIT,N | 寄存器移位 |
| SRB | OUT,N | 字节右移 |
| SRW | OUT,N | 字右移 |
| SRD | OUT,N | 双字右移 |
| SLB | OUT,N | 字节左移 |
| SLW | OUT,N | 字左移 |
| SLD | OUT,N | 双字左移 |
| RRB | OUT,N | 字节循环右移 |
| RRW | OUT,N | 字循环右移 |
| RRD | OUT,N | 双字循环右移 |
| RLB | OUT,N | 字节循环左移 |
| RLW | OUT,N | 字循环左移 |

| | | |
|---|---|---|
| RLD | OUT,N | 双字循环左移 |
| FILL | IN,OUT,N | 用指定的元素填充存储器空间 |

| 逻辑操作 | | |
|---|---|---|
| ALD | | 栈装载与 |
| OLD | | 栈装载或 |
| LPS | | 逻辑入栈 |
| LRD | | 逻辑读栈 |
| LPP | | 逻辑出栈 |
| LDS | | 装载堆栈 |
| AENO | | ENO 与 |
| ANDB | IN1,OUT | 字节逻辑与 |
| ANDW | IN1,OUT | 字逻辑与 |
| ANDD | IN1,OUT | 双字逻辑与 |
| ORB | IN1,OUT | 字节逻辑或 |
| ORW | IN1,OUT | 字逻辑或 |
| ORD | IN1,OUT | 双字逻辑或 |
| XORB | IN1,OUT | 字节逻辑异或 |
| XORW | IN1,OUT | 字逻辑异或 |
| XORD | IN1,OUT | 双字逻辑异或 |
| INVB | OUT | 字节取反 |
| INVB | OUT | 字取反 |
| INVD | OUT | 双字取反 |

| 表指令 | | |
|---|---|---|
| ATT | DATA,TBL | 把数据加入到表中 |
| LIFO | TBL,DATA | 从表中取数据(后进先出) |
| FIFO | TBL,DATA | 从表中取数据(先进先出) |
| FND= | TBL,PTN,INDX | 根据比较条件在表中查找数据 |
| FND<> | TBL,PTN,INDX | |
| FND< | TBL,PTN,INDX | |
| FND> | TBL,PTN,INDX | |

| 转换指令 | | |
|---|---|---|
| BCDI | OUT | BCD 码转换成整数 |
| IBCD | OUT | 整数转换成 BCD 码 |
| BTI | IN,OUT | 字节转换成整数 |
| ITB | IN,OUT | 整数转换成字节 |
| ITD | IN,OUT | 整数转换成双整数 |
| DTI | IN,OUT | 双整数转换成整数 |
| DTR | IN,OUT | 双字转换成实数 |
| TRUNC | IN,OUT | 实数转换成双字(舍去小数) |
| ROUND | IN,OUT | 实数转换成双整数(保留小数) |
| ATH | IN,OUT,LEN | ASCII 码转换成 16 进制格式 |
| HTA | IN,OUT,LEN | 16 进制格式转换成 ASCII 码 |
| ITA | IN,OUT,FMT | 整数转换成 ASCII 码 |
| DTA | IN,OUT,FMT | 双整数转换成 ASCII 码 |
| RTA | IN,OUT,FMT | 实数转换成 ASCII 码 |

续表

| ITS | IN,FMT,OUT | 整数转换为字符串 |
|---|---|---|
| DTS | IN,FMT,OUT | 双整数转换为字符串 |
| RTS | IN,FMT,OUT | 实数转换为字符串 |
| STI | IN,INDX,OUT | 字符串转换为整数 |
| STD | IN,INDX,OUT | 字符串转换为双整数 |
| STR | IN,INDX,OUT | 字符串转换为实数 |
| DECO | IN,OUT | 解码 |
| ENCO | IN,OUT | 编码 |
| SEG | IN,OUT | 产生7段码显示器格式 |
| **中　断** | | |
| CRETI | | 从中断条件返回 |
| ENI | | 允许中断 |
| DISI | | 禁止中断 |
| ATCH | INT,EVNT | 给事件分配中断程序 |
| DTCH | EVNT | 解除中断事件 |

| **通　信** | | |
|---|---|---|
| XMT | TBL,PORT | 自由口发送 |
| RCV | TBL,PORT | 自由口接收 |
| NETR | TBL,PORT | 网络读 |
| NETW | TBL,PORT | 网络写 |
| GPA | ADDR,PORT | 获取口地址 |
| SPA | ADDR,RORT | 设置口地址 |
| **高速指令** | | |
| HDEF | HSC,MODE | 定义高速计数器模式 |
| HSC | N | 激活高速计数器 |
| PLS | Q 0. X | |
| **PID控制指令** | | |
| PID | TBL,LOOP | PID运算 |

# 参 考 文 献

[1] 张建民,等. 机电一体化系统设计[M]. 2版. 北京:高等教育出版社,2004.

[2] 梁景凯,盖玉先. 机电一体化技术与系统[M]. 北京:机械工业出版社,2007.

[3] 张立勋,黄筱调,王亮. 机电一体化系统设计[M]. 北京:高等教育出版社,2007.

[4] 李建勇. 机电一体化技术[M]. 北京:科学出版社,2004.

[5] 徐航,徐九南,熊威. 机电一体化技术基础[M]. 北京:北京理工大学出版社,2010.

[6] 刘龙江. 机电一体化技术[M]. 北京:北京理工大学出版社,2012.

[7] 姜培刚,等. 机电一体化系统设计[M]. 北京:机械工业出版社,2004.

[8] 计时鸣,等. 机电一体化控制技术与系统[M]. 西安:西安电子科技大学出版社,2009.

[9] 石祥钟. 机电一体化系统设计[M]. 北京:化学工业出版社,2009.

[10] 朱喜林,张代治. 机电一体化设计基础[M]. 北京:科学出版社,2004.

[11] 王苗,李颖卓,张波. 机电一体化系统设计[M]. 北京:化学工业出版社,2005.

[12] 周祖德,陈幼平. 机电一体化控制技术与系统[M]. 2版. 武汉:华中科技大学出版社,2003.

[13] 于爱兵,马廉洁,李雪梅. 机电一体化概论[M]. 北京:机械工业出版社,2013.

[14] 王孙安. 机械电子工程原理[M]. 北京:机械工业出版社,2010.

[15] 高安邦,等. 机电一体化系统设计禁忌[M]. 北京:机械工业出版社,2008.

[16] 徐元昌. 机电系统设计[M]. 北京:化学工业出版社,2005.

[17] DEVDAS SHETTY. 机电一体化系统设计[M]. 北京:机械工业出版社,2005.

[18] 刘少强,张靖. 现代传感器技术—面向物联网应用[M]. 北京:电子工业出版社,2014.

[19] 杨圣,张韶宇,蒋依泰. 先进传感技术[M]. 合肥:中国科学技术大学出版社,2014.

[20] 刘君华,等. 智能传感器系统[M]. 西安:西安电子科技大学出版社,2010.

[21] 何金田,刘晓旻. 智能传感器原理、设计与应用[M]. 北京:电子工业出版社,2012.

[22] 高国富,罗均,谢少荣,等. 智能传感器及其应用[M]. 北京:化学工业出版社,2005.

[23] 蒋蓁,罗均,谢少荣. 微型传感器及其应用[M]. 北京:化学工业出版社,2005.

[24] 钱平. 伺服系统[M]. 北京:机械工业出版社,2011.

[25] 金钰,等. 伺服系统设计指导[M]. 北京:北京理工大学出版社,2000.

[26] 李科杰. 现代传感技术[M]. 北京:电子工业出版社,2005.

[27] 王友钊,黄静,戴燕云. 现代传感器技术、网络及应用[M]. 北京:清华大学出版社,2015.

[28] 谢宜仁,谢炜,谢东辰. 单片机实用技术问答[M]. 北京:人民邮电出版社,2003.

[29] 林宋,郭瑜茹. 光机电一体化技术应用100例[M]. 2版. 北京:机械工业出版社,2010.

[30] 赵丁选. 光机电一体化设计使用手册[M]. 北京:化学工业出版社,2003.

[31] 张国勋,孙海. 单片机原理及应用[M]. 北京:中国电力出版社,2004.

[32] 舒志兵. 机电一体化系统应用案例精解[M]. 北京:中国电力出版社,2011.

[33] 高学山. 光机电一体化系统典型实例[M]. 北京:机械工业出版社,2007.

[34] 芮延年. 机电一体化系统综合设计及应用实例[M]. 北京:中国电力出版社,2011.

[35] 高安邦,田敏,成建生. 机电一体化系统实用设计案例精选[M]. 北京:中国电力出版社,2010.

[36] 谢云,杨宜民. 全自主机器人足球系统的研究综述[J]. 机器人,2004(5):474-480.

[37] 刘祚时,倪潇娟. 三坐标测量机(CMM)的现状和发展趋势[J]. 机械制造,2004(8):32-34.

[38] 荣烈润. 三坐标测量机的现状和发展动向[J]. 机电一体化,2001(6):8-11.

[39]　许上武. 传感器在 ATM 中的应用[J]. 国内外机电一体化技术,2001(6)：33-34.

[40]　杨林权. 足球竞赛与设计技术[M]. 武汉：华中科技大学出版社,2009.

[41]　李开复,王咏刚. 人工智能[M]. 北京：文化发展出版社,2017.

[42]　谭栋,黎明. 电涡流式钞票厚度检测传感器设计[J]. 电子技术,2014(3)：74-76.

[43]　朱艳青,等. 3D 打印技术发展现状[J]. 制造技术与机床,2015(12)：50-57.